工业和信息化精品系列教材
云计算技术

微课版

# Docker
# 容器技术与应用
## 项目教程

崔升广 ● 主编
郝大海 赵海洋 冯丹 徐辉 ● 副主编

人民邮电出版社
北京

图书在版编目（CIP）数据

Docker容器技术与应用项目教程：微课版 / 崔升广主编. -- 北京：人民邮电出版社，2022.1（2024.5重印）

工业和信息化精品系列教材．云计算技术

ISBN 978-7-115-57711-5

Ⅰ．①D… Ⅱ．①崔… Ⅲ．①Linux操作系统－程序设计－教材 Ⅳ．①TP316.85

中国版本图书馆CIP数据核字(2021)第213073号

## 内 容 提 要

本书基于 Docker 容器技术与应用实际需求，由浅入深、全面系统地讲解了主流容器平台 Docker 的应用和运维的技术方法。全书共 10 个项目，内容包括了解云计算基础、初识 Docker、Docker 镜像管理、Docker 容器管理、Docker 编排与部署、Docker 仓库部署与管理、Docker 网络管理、Docker 存储管理、Docker 集群管理与应用，以及 Docker 安全运维管理。本书内容丰富，注重系统性、实用性和可操作性，重要知识点都配以相应的操作示例，便于读者快速掌握。

本书既可作为高校计算机相关专业的教材，也可作为广大计算机爱好者自学 Docker 容器技术的参考用书，还可作为云计算运维与管理的参考用书及社会培训教材。

◆ 主　　编　崔升广

　　副主编　郜大海　赵海洋　冯　丹　徐　辉

　　责任编辑　郭　雯

　　责任印制　王　郁　彭志环

◆ 人民邮电出版社出版发行　北京市丰台区成寿寺路 11 号

邮编　100164　电子邮件　315@ptpress.com.cn

网址　https://www.ptpress.com.cn

三河市兴达印务有限公司印刷

◆ 开本：787×1092　1/16

印张：16.25　　　　　　　　　　2022 年 1 月第 1 版

字数：457 千字　　　　　　　　　2024 年 5 月河北第 7 次印刷

定价：59.80 元

读者服务热线：(010)81055256　印装质量热线：(010)81055316

反盗版热线：(010)81055315

广告经营许可证：京东市监广登字 20170147 号

# 前言 FOREWORD

党的二十大报告提出：教育、科技、人才是全面建设社会主义现代化国家的基础性、战略性支撑。必须坚持科技是第一生产力、人才是第一资源、创新是第一动力，深入实施科教兴国战略、人才强国战略、创新驱动发展战略，开辟发展新领域新赛道，不断塑造发展新动能新优势。在党的领导下，我们实现了第一个百年奋斗目标，全面建成了小康社会，正在向着第二个百年奋斗目标迈进。我国主动顺应信息革命时代浪潮，以信息化培育新动能，用数字新动能推动新发展，数字技术不断创造新的可能。为了适应时代发展步伐，本书在编写过程中融入党的二十大精神，遵循网络工程师职业素养养成和专业技能积累的规律，突出职业能力、职业素养、工匠精神和质量意识培育。

近年来，互联网产业飞速发展，云计算作为一种弹性 IT 资源的提供方式应运而生，云计算提供的计算机资源服务是与水、电、煤气和电话类似的公共资源服务。目前，通过技术发展和经验积累，云计算技术和产业已进入一个相对成熟的阶段，成为当前 IT 产业发展和应用创新的热点。在众多的云计算相关技术中，Docker 容器技术得到越来越多企业的认可，历经多个版本，其功能也越来越完善，已经成为实施云计算的主流技术之一。Docker 是目前较为流行的容器平台，为快速发布、测试和部署应用程序提供了一整套技术方法，软件开发人员、IT 实施和运维工程师几乎都需要掌握这些技术方法。

很多高等院校的 IT 相关专业将"Docker 容器技术与应用"作为一门重要的专业课程。本书旨在帮助高等院校教师全面、系统地讲授这门课程，使学生能够掌握 Docker 应用和运维的方法及技能。

本书融入了编者丰富的教学经验和多位长期从事云计算运维工作的资深工程师的实践经验，从云计算初学者的视角出发，采用"教、学、做一体化"的教学方法，为培养高端应用型人才提供合适的教学与训练教材。本书以实际项目转化的案例为主线，以"学做合一"的理念为指导，在完成技术讲解的同时，对读者提出相应的自学要求和指导。在学习本书的过程中，读者不仅能够完成快速入门的基本技术学习，还能够进行实际项目的开发与实现。

本书主要特点如下。

① 内容丰富、技术新颖、图文并茂、通俗易懂，具有很强的实用性。

② 合理、有效的结构。本书按照由浅入深的顺序，在逐渐丰富系统功能的同时，引入相关技术与知识，实现技术讲解与训练合二为一，有助于"教、学、做一体化"教学方法的实施。

③ 本书内容从实际项目开发出发，同时与理论教学紧密结合。

本书的训练紧紧围绕着实际项目进行。为了使读者快速地掌握相关技术并按实际项目开发要求熟练运用，本书在各个项目的重要知识点后面根据实际项目设计了相关实例配置，实现项目功能，讲解了详细配置过程。

为方便读者使用，书中全部实例的源代码及电子教案均免费赠送给读者，读者可登录人民邮电出版社教育社区（www.ryjiaoyu.com）下载。

　　本书由崔升广任主编，郗大海、赵海洋、冯丹、徐辉任副主编，崔升广编写项目 1 至项目 8，郗大海、赵海洋、冯丹、徐辉编写项目 9 和项目 10，崔升广负责全书的统稿和定稿。

　　由于编者水平有限，书中不妥之处在所难免，殷切希望广大读者批评指正。读者可加入人邮网络技术教师服务群（QQ 群号：159528354），与编者进行联系。

编　者

2023 年 5 月

# 目录 CONTENTS

## 项目 1

# 了解云计算基础 ················································································ 1
### 1.1 项目描述 ·································································································· 1
### 1.2 必备知识 ·································································································· 1
#### 1.2.1 云计算概述 ····················································································· 1
#### 1.2.2 虚拟化技术 ····················································································· 5
### 1.3 项目实施 ································································································ 12
#### 1.3.1 VMware Workstation 安装 ····························································· 12
#### 1.3.2 Linux 操作系统安装 ······································································· 14
### 项目小结 ········································································································ 19
### 课后习题 ········································································································ 19

## 项目 2

# 初识 Docker ··················································································· 20
### 2.1 项目描述 ································································································ 20
### 2.2 必备知识 ································································································ 20
#### 2.2.1 Linux 操作系统的相关知识 ····························································· 20
#### 2.2.2 Docker 技术的相关知识 ································································· 26
### 2.3 项目实施 ································································································ 36
#### 2.3.1 远程连接、管理 Linux 操作系统 ····················································· 36
#### 2.3.2 Docker 的安装与部署 ····································································· 42
### 项目小结 ········································································································ 56
### 课后习题 ········································································································ 57

## 项目 3

# Docker 镜像管理 ············································································ 58
### 3.1 项目描述 ································································································ 58
### 3.2 必备知识 ································································································ 58
#### 3.2.1 Docker 镜像的相关知识 ································································· 58
#### 3.2.2 使用 Docker 的常用命令 ································································ 62
#### 3.2.3 Dockerfile 的相关知识 ··································································· 66
### 3.3 项目实施 ································································································ 73

3.3.1　离线环境下导入镜像 …… 73
3.3.2　通过 commit 命令创建镜像 …… 74
3.3.3　利用 Dockerfile 创建镜像 …… 76
项目小结 …… 80
课后习题 …… 81

# 项目 4

# Docker 容器管理 …… 82

## 4.1　项目描述 …… 82
## 4.2　必备知识 …… 82
### 4.2.1　Docker 容器的相关知识 …… 82
### 4.2.2　Docker 容器的实现原理 …… 94
### 4.2.3　Docker 容器资源控制相关概念 …… 95
## 4.3　项目实施 …… 96
### 4.3.1　Docker 容器创建和管理 …… 96
### 4.3.2　Docker 容器资源控制管理 …… 108
项目小结 …… 112
课后习题 …… 112

# 项目 5

# Docker 编排与部署 …… 114

## 5.1　项目描述 …… 114
## 5.2　必备知识 …… 114
### 5.2.1　Docker Compose 的相关知识 …… 114
### 5.2.2　编写 Docker Compose 文件 …… 119
### 5.2.3　Docker Compose 常用命令 …… 126
## 5.3　项目实施 …… 133
### 5.3.1　安装 Docker Compose 并部署 WordPress …… 133
### 5.3.2　从源代码开始构建、部署和管理应用程序 …… 142
项目小结 …… 152
课后习题 …… 152

# 项目 6

# Docker 仓库部署与管理 …… 153

## 6.1　项目描述 …… 153
## 6.2　必备知识 …… 153
### 6.2.1　Docker 仓库的相关知识 …… 153

|       6.2.2  Docker Harbor 的架构 ································· 155
6.3  项目实施 ······················································· 156
|       6.3.1  私有镜像仓库 Harbor 部署 ····························· 156
|       6.3.2  Harbor 项目管理 ·········································· 160
|       6.3.3  Harbor 系统管理 ·········································· 164
|       6.3.4  Harbor 维护管理 ·········································· 171
项目小结 ································································ 172
课后习题 ································································ 173

# 项目 7

# Docker 网络管理 ············································ 174

7.1  项目描述 ······················································· 174
7.2  必备知识 ······················································· 174
|       7.2.1  Docker 网络基础知识 ···································· 174
|       7.2.2  Docker 容器网络模式 ···································· 176
|       7.2.3  Docker 容器网络通信 ···································· 179
7.3  项目实施 ······················································· 182
|       7.3.1  Docker 网络管理 ·········································· 182
|       7.3.2  配置容器的网络连接 ···································· 184
项目小结 ································································ 197
课后习题 ································································ 197

# 项目 8

# Docker 存储管理 ············································ 198

8.1  项目描述 ······················································· 198
8.2  必备知识 ······················································· 198
|       8.2.1  Docker 存储的相关知识 ································· 198
|       8.2.2  Docker 存储的挂载类型 ································· 201
|       8.2.3  Docker 卷管理及文件系统挂载语法 ················· 203
8.3  项目实施 ······················································· 204
|       8.3.1  创建和管理卷 ·············································· 204
|       8.3.2  使用容器填充卷、使用只读卷和使用匿名卷 ····· 207
|       8.3.3  使用容器进行绑定挂载 ································· 211
|       8.3.4  创建、备份、恢复卷容器 ····························· 214
项目小结 ································································ 214
课后习题 ································································ 215

## 项目 9

# Docker 集群管理与应用 …………………………………………… 216

## 9.1 项目描述 ………………………………………………………… 216
## 9.2 必备知识 ………………………………………………………… 216
### 9.2.1 Docker Swarm 概述 …………………………………………… 216
### 9.2.2 Docker Swarm 服务网络通信 ………………………………… 222
## 9.3 项目实施 ………………………………………………………… 224
### 9.3.1 配置 Docker Swarm 集群环境 ……………………………… 224
### 9.3.2 Docker Swarm 集群部署和管理服务 ………………………… 230
### 9.3.3 配置和管理 Docker Swarm 网络 …………………………… 235
## 项目小结 …………………………………………………………… 239
## 课后习题 …………………………………………………………… 239

## 项目 10

# Docker 安全运维管理 …………………………………………… 241

## 10.1 项目描述 ………………………………………………………… 241
## 10.2 必备知识 ………………………………………………………… 241
### 10.2.1 Docker 存在的安全问题 …………………………………… 241
### 10.2.2 Docker 架构的缺陷与安全机制 …………………………… 242
### 10.2.3 Docker 容器监控与日志管理 ……………………………… 244
## 10.3 项目实施 ………………………………………………………… 246
### 10.3.1 容器监控及其配置 …………………………………………… 246
### 10.3.2 Docker 守护进程配置与管理 ……………………………… 249
## 项目小结 …………………………………………………………… 252
## 课后习题 …………………………………………………………… 252

# 项目1
## 了解云计算基础

**01**

【学习目标】
- 了解云计算的起源以及云计算的基本概念。
- 理解虚拟化的基本概念。
- 掌握VMware Workstation以及虚拟机的安装方法。

## 1.1 项目描述

云计算是一种新技术,也是一种新概念、新模式,而不是单纯地指某项具体的应用或标准,它是近十年来在IT领域出现并飞速发展的新技术之一。对于云计算中的"计算"一词,大家并不陌生,而对于云计算中的"云",可以将其理解为一种提供资源的方式,或者说提供资源的硬件和软件系统被统称为"云"。"云"中的资源在使用者看来是可以无限扩展的,并且可以随时获取、按需使用、随时扩展、按使用量付费。云计算模式是对计算资源使用方式的巨大变革。所以,对云计算可以初步理解为通过网络随时随地获取到特定的计算资源。

## 1.2 必备知识

### 1.2.1 云计算概述

云计算提供的计算机资源服务是与水、电、煤气和电话类似的公共资源服务。亚马逊云计算服务(Amazon Web Services,AWS)提供专业的云计算服务,于2006年推出,以Web服务的形式向企业提供IT基础设施服务,其主要优势之一是能够根据业务发展来扩展较低可变成本以替代前期资本基础设施费用,它已成为公有云的事实标准。而OpenStack是开源云计算管理平台的一面"旗帜",也已经成为开源云架构的事实标准。

**1. 云计算的起源**

1959年,克里斯托弗·斯特雷奇(Christopher Strachey)提出虚拟化的基本概念,2006年3月,亚马逊公司首先提出弹性计算云服务,2006年8月,谷歌公司首席执行官埃里克·施密特(Eric Schmidt)在搜索引擎大会上首次提出"云计算"(Cloud Computing)的概念。从那时候起,云计算开始受到关注,这也标志着云计算的诞生。2010年,中华人民共和国工业和信息化部联合中华人民共和国国家发展和改革委员会印发《关于做好云计算服务创新发展试点示范

V1-1 云计算的起源

工作的通知》，2015 年，中华人民共和国工业和信息化部印发《云计算综合标准化体系建设指南》，云计算由最初的美好愿景到概念落地，目前已经进入广泛应用阶段。

云计算经历了集中时代向网络时代的转变，此后向分布式时代转换，并在分布式时代基础之上形成了云时代，如图 1.1 所示。

云计算作为一种计算技术和服务理念，有着极其浓厚的技术背景。谷歌作为搜索引擎提供商，首创这一概念有着很大的必然性。随着众多的互联网厂商的发展，各家互联网公司对云计算的研发不断加深，陆续形成了完整的云计算技术架构、硬件网络。服务器方面逐步向数据中心、全球网络互联、软件系统等方向发展，完善了操作系统、文件系统、并行计算架构、并行计算数据库和开发工具等云计算系统关键部件。

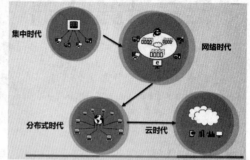

图 1.1　云计算的演变

云计算的最终目标是将计算、服务和应用作为公共设施提供给公众，使人们能够便捷地使用这些计算资源。

**2. 云计算的基本概念**

相信读者都听说过阿里云、华为云、百度云、腾讯云等，那么到底什么是云计算？云计算又能做什么呢？

（1）云计算的定义。

云计算是一种基于网络的超级计算模式，基于用户的不同需求提供所需要的资源，包括计算资源、网络资源、存储资源等。云计算服务通常运行在若干台高性能物理服务器之上，具备约 10 万亿次/秒的运算能力，可以用来模拟核爆炸、预测气候变化以及市场发展趋势等。

云计算将计算任务分布在大量计算机构成的资源池上，使各种应用系统能够根据需要获取计算力、存储空间和各种软件服务，这种资源池中的资源称为"云"。"云"是可以自我维护和管理的虚拟计算资源，通常为大型服务器集群，包括计算服务器、存储服务器、宽带资源服务器等。之所以称为"云"，是因为它在某些方面具有现实中云的特征：云一般较大；云的规模可以动态伸缩，它的边界是模糊的；云在空中飘忽不定，无法也无须确定它的具体位置，但它确实存在于某处。云计算将所有的计算资源集中起来，并由软件实现自动管理，无须人为参与。

云计算的定义有狭义和广义之分。

狭义上讲，"云"实质上就是一种网络，云计算就是一种提供资源的网络，包括硬件、软件和平台。使用者可以随时获取"云"上的资源，按需求量使用，并且容易扩展，只要按使用量付费即可。"云"就像自来水厂一样，人们可以随时接水，并且不限量，只要按照自己家的用水量付费给自来水厂即可；在用户看来，水的资源是无限的。

广义上讲，云计算是与 IT、软件、互联网相关的一种服务，通过网络以按需、易扩展的方式提供所需要的服务。云计算把许多计算资源集合起来，通过软件实现自动化管理，只需要很少的人参与，就能让资源被快速提供。也就是说，计算能力作为一种商品，可以在互联网上流通，就像水、电、煤气一样，可以方便地取用，且价格较为低廉。这种服务可以是与 IT 和软件、互联网相关的，也可以是其他领域的。

总之，云计算不是一种全新的网络技术，而是一种全新的网络应用概念。云计算的核心思想就是以互联网为中心，在网站上提供快速且安全的计算与数据存储服务，云计算上的每一个用户都可以使用网络中的庞大计算资源与数据中心。

云计算是继计算机、互联网之后的一种革新，是信息时代的一个巨大飞跃，未来的时代可能是云计算的时代。虽然目前有关云计算的定义有很多，但总体上来说，云计算的基本含义是一致的，即云计算具有很强的扩展性和必要性，可以为用户提供全新的体验，云计算可以将很多的计算资源协调在一起。因此，用户通过网络就可以获取到几乎不受时间和空间限制的大量资源。

（2）云计算的服务模式。

云计算的服务模式由 3 部分组成，包括基础设施即服务（Infrastructure as a Service，IaaS）、平台即服务（Platform as a Service，PaaS）和软件即服务（Software as a Service，SaaS），如图 1.2 所示。

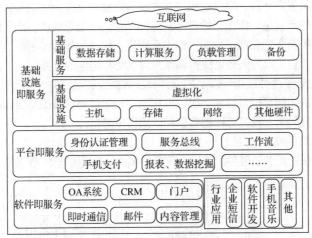

图 1.2 云计算的服务模式

① 基础设施即服务。什么是基础设施呢？服务器、硬盘、网络带宽、交换机等物理设备都是基础设施。云计算服务提供商购买服务器、硬盘、网络设施等来搭建基础服务设施。人们便可以在云平台上根据需求购买相应的计算能力、内存空间、磁盘空间、网络带宽，搭建自己的云计算平台。这类云计算服务提供商的典型代表便是阿里云、腾讯云、华为云等。

优点：能够根据业务需求灵活配置资源，扩展、伸缩方便。

缺点：开发、维护需要较多人力，专业性要求较高。

② 平台即服务。什么是平台呢？可以将平台理解成中间件。这类云计算厂商在基础设施上进行开发，搭建操作系统，提供一套完整的应用解决方案，开发大多数所需中间件服务（如 MySQL 数据库服务、RocketMQ 服务等），用户无须深度开发，只专注业务代码即可。典型的云计算厂商代表便是 Pivatol Cloud Foundary、Google App Engine 等。

优点：用户无须开发中间件，所需即所用，能够快速使用；部署快速，减少了人力投入。

缺点：应用开发时的灵活性、通用性较低，过度依赖平台。

③ 软件即服务。SaaS 是大多数人每天都能接触到的，如办公自动化（Office Automation，OA）系统、腾讯公众号平台。SaaS 可直接通过互联网为用户提供软件和应用程序等服务，用户可通过租赁的方式获取安装在厂商或者服务提供商那里的软件。虽然这些服务是用于商业或者娱乐的，但是它们也属于云计算，其一般面向的对象是普通用户，常见的服务模式是提供给用户一组账号和密码。

优点：所见即所得，无需开发。

缺点：需定制，无法快速满足个性化需求。

IaaS 主要对应基础设施，可实现底层资源虚拟化以及实际云应用平台部署，完成网络架构由规划架构到最终物理实现的过程；PaaS 基于 IaaS 技术和平台，部署终端用户使用的软件或应用程序，提供对外服务的接口或者服务产品，最终实现对整个平台的管理和平台的可伸缩化；SaaS 基于现成的 PaaS，提供终端用户的最终接触产品，完成现有资源的对外服务以及服务的租赁化。

（3）云计算的部署类型。

① 公有云：在这种部署类型下，应用程序、资源和其他服务都由云服务提供商来提供给用户。这些服务多半是免费的，部分按使用量来收费。这种部署类型只能通过互联网来访问和使用。同时，这种部署类型在私人信息和数据保护方面也比较有保障。这种部署类型通常可以提供可扩展的云服务并能高效设置。

② 私有云：这种部署类型专门为某一个企业服务。不管是企业自己管理还是第三方管理，不管是企业自己负责还是第三方托管，只要使用的方式没有问题，就能为企业带来很显著的成效。但这种部署类型所要面临的问题是，纠正、检查等安全问题需企业自己负责，出了问题也只能自己承担后果。此外，整套系统需要企业自己购买、建设和管理。这种云计算部署类型可产生正面效益。从模式的名称也可看出，它可以为所有者提供具备充分优势和功能的服务。

③ 混合云：混合云是两种或两种以上的云计算部署类型的混合体，如公有云和私有云混合。它们相互独立，但在云的内部又相互结合，可以发挥出多种云计算部署类型各自的优势。它们通过标准的或专有的技术组合起来，具有可移植数据和应用程序的特性。

（4）云计算的生态系统。

云计算的生态系统主要涉及硬件、软件、服务、网络、应用和安全 6 个方面，如图 1.3 所示。

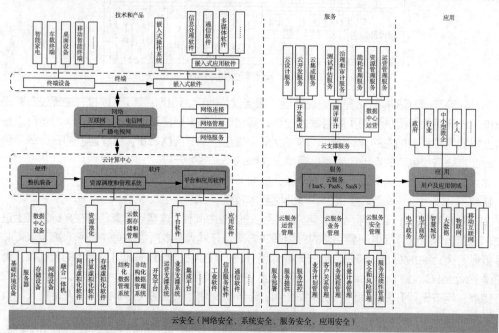

图 1.3　云计算的生态系统

① 硬件。云计算相关硬件包括基础环境设备、服务器、存储设备、网络设备、融合一体机等数据中心成套装备以及提供和使用云服务的终端设备。

② 软件。云计算相关软件主要包括资源调度和管理系统、云平台软件和应用软件等。

③ 服务。服务包括云服务和面向云计算系统建设应用的云支撑服务。

④ 网络。云计算具有泛在网络访问特性，用户无论通过电信网、互联网还是广播电视网，都能够使用云服务，以及网络连接的终端设备和嵌入式软件等。

⑤ 应用。云计算的应用领域非常广泛，涵盖工作和生活的各个方面。其典型的应用包括电子政

务、电子商务、智慧城市、大数据、物联网、移动互联网等。

⑥ 安全。云安全涉及服务可用性、数据机密性和完整性、隐私保护、物理安全、恶意攻击防范等诸多方面,是影响云计算发展的关键因素之一。云安全领域主要包括网络安全、系统安全、服务安全和应用安全。

## 1.2.2 虚拟化技术

虚拟化(Virtualization)是指为运行的程序或软件营造它所需要的执行环境。在采用虚拟化技术后,程序或软件不再独享底层的物理计算资源,只运行在完全相同的物理计算资源中,而对底层的影响可能与之前所运行的计算机结构完全不同。虚拟化的主要目的是对 IT 基础设施和资源管理方式进行简化。虚拟化的消费者可以是最终用户、应用程序、操作系统、访问资源或与资源交互相关的其他服务。虚拟化是云计算的基础,使得在一台物理服务器上可以运行多台虚拟机。虚拟机共享物理机的中央处理器(Central Processing Unit,CPU)、内存、输入/输出(Input/Output,I/O)硬件资源,但逻辑上虚拟机之间是相互隔离的。IaaS 是基础架构设施平台,可实现底层资源虚拟化。云计算、OpenStack 都离不开虚拟化,因为虚拟化是云计算重要的支撑技术之一。OpenStack 作为 IaaS 云操作系统,主要的服务就是为用户提供虚拟机。在目前的 OpenStack 实际应用中,主要使用 KVM 和 Xen 这两种 Linux 虚拟化技术。

**1. 虚拟化的基本概念**

(1)虚拟化的定义。

虚拟化是指把物理资源转变为逻辑上可以管理的资源,以打破物理结构之间的壁垒,让程序或软件在虚拟环境而不是真实的环境中运行,是一个为了简化管理、优化资源的解决方案。所有的资源都透明地运行在各种各样的物理平台上,资源的管理都将按逻辑方式进行,虚拟化技术可以完全实现资源的自动化分配。

① 虚拟化前。一台主机对应一个操作系统,后台多个应用程序会对特定的资源进行争抢,存在相互冲突的风险;在实际情况中,业务系统与硬件进行绑定,不能灵活部署;就数据的统计来说,虚拟化前的系统资源利用率一般只有 15% 左右。

② 虚拟化后。一台主机可以"虚拟出"多个操作系统,独立的操作系统和应用拥有独立的 CPU、内存和 I/O 资源,相互隔离;业务系统独立于硬件,可以在不同的主机之间进行迁移;充分利用系统资源,对机器的系统资源利用率可以达到 60% 左右。

(2)虚拟化体系结构。

虚拟化主要通过软件实现,常见的虚拟化体系结构如图 1.4 所示,这表示一个直接在物理机上运行虚拟机管理程序的虚拟化系统。在 x86 平台虚拟化技术中,虚拟机管理程序通常被称为虚拟机监控器(Virtual Machine Monitor,VMM),又称为 Hypervisor。它是运行在物理机和虚拟机之间的软件层,物理机被称为主机,虚拟机被称为客户机。

① 主机。一般指物理存在的计算机,又称宿主计算机。当虚拟机嵌套时,运行虚拟机的虚拟机也是宿主机,但不是物理机。主机操作系统是指宿主计算机的操作系统,在主机操作系统上安装的虚拟机软件可以在计算机中模拟出一台或多台虚拟机。

② 虚拟机。一般指在物理机上运行的操作系统中模拟出

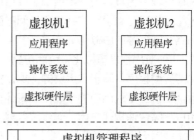

图 1.4 常见的虚拟化体系结构

来的计算机,又称客户机,理论上完全等同于实体的物理机。每个虚拟机都可以安装自己的操作系统或应用程序,并连接网络。运行在虚拟机上的操作系统称为客户机操作系统。

Hypervisor 基于主机的硬件资源给虚拟机提供了一个虚拟的操作平台并管理每个虚拟机的运行,所有虚拟机独立运行并共享主机的所有硬件资源。Hypervisor 就是提供虚拟机硬件模拟的专门软件,可分为两类:原生(Native)型和宿主(Hosted)型。

① 原生型。原生型又称为裸机(Bare-metal)型。Hypervisor 作为一个精简的操作系统(操作系统也是软件,只不过是比较特殊的软件)直接运行在硬件之上以控制硬件资源并管理虚拟机,比较常见的有 VMware 公司的 ESXi、微软公司的 Hyper-V 等。

② 宿主型。宿主型又称为托管型。Hypervisor 运行在传统的操作系统之上,同样可以模拟出一整套虚拟硬件平台,比较著名的有 VMware Workstation(后文简称为 VMware)、Oracle VM、VirtualBox 等。

从性能角度来看,无论是原生型 Hypervisor 还是宿主型 Hypervisor 都会有性能损耗,但宿主型 Hypervisor 比原生型 Hypervisor 的损耗更大,所以企业生产环境中基本使用的是原生型 Hypervisor,宿主型的 Hypervisor 一般用于实验或测试环境。

(3)虚拟化分类。

虚拟化分类包括平台虚拟化(Platform Virtualization)、资源虚拟化(Resource Virtualization)、应用程序虚拟化(Application Virtualization)等。

① 平台虚拟化是针对计算机和操作系统的虚拟化,又分为服务器虚拟化和桌面虚拟化。

- 服务器虚拟化是一种通过区分资源的优先次序,将服务器资源分配给最需要它们的工作负载的虚拟化模式,它通过减少为单个工作负载峰值而储备的资源来简化管理和提高效率,如微软公司的 Hyper-V、Citrix 公司的 XenServer、VMware 公司的 ESXi。

- 桌面虚拟化是为提高人们对计算机的操控力,降低计算机使用的复杂性,为用户提供更加方便适用的使用环境的一种虚拟化模式,如微软公司的 Remote Desktop Services、Citrix 公司的 XenDesktop、VMware 公司的 View。

平台虚拟化主要通过 CPU 虚拟化、内存虚拟化和 I/O 接口虚拟化来实现。

② 资源虚拟化,是针对特定的计算资源进行的虚拟化,例如,存储虚拟化、网络资源虚拟化等。存储虚拟化是指把操作系统有机地分布于若干内、外存储器中,所有内、外存储器结合成为虚拟存储器。网络资源虚拟化的典型应用是网格计算,网格计算通过使用虚拟化技术来管理网络上的数据,并在逻辑上将其作为一个系统呈现给消费者。它动态地提供了符合用户和应用程序需求的资源,同时将提供对基础设施的共享和访问的简化。当前,有些研究人员提出利用软件代理技术来实现计算网络空间资源的虚拟化。

③ 应用程序虚拟化,包括仿真、模拟、解释技术等。Java 虚拟机是典型的在应用层进行虚拟化的应用程序。基于应用层的虚拟化技术,通过保存用户的个性化计算环境的配置信息,可以在任意计算机上重现用户的个性化计算环境。服务虚拟化是近年来研究的一个热点,服务虚拟化可以使用户按需快速构建应用。通过服务聚合,可降低服务资源使用的复杂性,使用户更易于直接将业务需求映射到虚拟化的服务资源上。现代软件体系结构及其配置的复杂性阻碍了软件开发,通过在应用层建立虚拟化的模型,可以提供较好的开发测试和运行环境。

(4)全虚拟化与半虚拟化。

根据虚拟化实现技术的不同,虚拟化可分为全虚拟化(Full Virtualization)和半虚拟化(Para Virtualization)两种。其中,全虚拟化产品将是未来虚拟化的主流。

① 全虚拟化,也称为原始虚拟化技术,用全虚拟化模拟出来的虚拟机中的操作系统是与底层的硬件完全隔离的。虚拟机中所有的硬件资源都通过虚拟化软件来模拟,包括处理器、内存和外部设

备,支持运行任何理论上可在真实物理平台上运行的操作系统,为虚拟机的配置提供了较大的灵活性。在客户机操作系统看来,完全虚拟化的虚拟平台和现实平台是一样的,客户机操作系统察觉不到程序是运行在一个虚拟平台上的,这样的虚拟平台可以运行现有的操作系统,无须对操作系统进行任何修改,因此这种方式被称为全虚拟化。全虚拟化的运行速度要快于硬件模拟的运行速度,但是性能不如裸机,因为 Hypervisor 需要占用一些资源。

② 半虚拟化,是一种类似于全虚拟化的技术,需要修改虚拟机中的操作系统来集成一些虚拟化方面的代码,以减小虚拟化软件的负载。半虚拟化模拟出来的虚拟机整体性能会更好一些,因为修改后的虚拟机操作系统承载了部分虚拟化软件的工作。其不足之处是,由于要修改虚拟机的操作系统,用户会感知到使用的环境是虚拟化环境,而且兼容性比较差,用户使用起来比较麻烦,需要获得集成虚拟化代码的操作系统。

**2. 虚拟化与云计算的关系**

云计算是中间件、分布式计算(网格计算)、并行计算、效用计算、网络存储、虚拟化和负载均衡等网络技术发展、融合的产物。

虚拟化技术不一定必须与云计算相关,如 CPU 虚拟化技术、虚拟内存等也属于虚拟化技术,但与云计算无关,如图 1.5 所示。

V1-2 虚拟化与云计算的关系

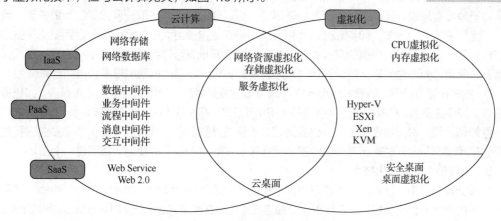

图 1.5 云计算与虚拟化的关系

(1)虚拟化技术的特征。

① 更高的资源利用率。虚拟化技术可实现物理资源和资源池的动态共享,提高资源利用率,特别是针对那些平均需求资源远低于需要为其提供专用资源的不同负载。

② 降低管理成本。虚拟化技术可通过以下途径提高工作人员的效率:减少必须进行管理的物理资源的数量;降低物理资源的复杂性;通过实现自动化、获得更好的信息和实现集中管理以简化公共管理任务;实现负载管理自动化。另外,虚拟化技术可以支持在多个平台上使用公共的工具。

③ 提高使用灵活性。通过虚拟化技术可实现动态的资源部署和重配置,以满足不断变化的业务需求。

④ 提高安全性。虚拟化技术可实现较简单的共享机制无法实现的隔离和划分,也可对数据和服务进行可控和安全的访问。

⑤ 更高的可用性。虚拟化技术可在不影响用户的情况下对物理资源进行删除、升级或改变。

⑥ 更高的可扩展性。根据不同的产品,资源分区和汇聚可实现比个体物理资源更少或更多的虚拟资源,这意味着用户可以在不改变物理资源配置的情况下进行大规模调整。

⑦ 提供互操作性和兼容性。互操作性又称互用性,是指不同的计算机系统、网络、操作系统和

应用程序一起工作并共享信息的能力,虚拟资源可提供底层物理资源无法提供的对各种接口和协议的兼容性。

⑧ 改进资源供应。与个体物理资源单位相比,虚拟化技术能够以更小的单位进行资源分配。

(2)云计算的特征。

① 按需自动服务。消费者不需要或很少需要云服务提供商的协助,就可以单方面按需获取云端的计算资源。例如,服务器、网络存储等资源是按需自动部署的,消费者不需要与服务提供商进行人工交互。

② 广泛的网络访问。消费者可以随时随地使用云终端设备接入网络并使用云端的计算资源。常见的云终端设备包括手机、平板电脑、笔记本电脑、掌上电脑和台式计算机等。

③ 资源池化。云端计算资源需要被池化,以便通过多租户形式共享给多个消费者。只有将资源池化才能根据消费者的需求动态分配或再分配各种物理的和虚拟的资源。消费者通常不知道自己正在使用的计算资源的确切位置,但是在自助申请时可以指定大概的区域范围(如在哪个国家、哪个省或者哪个数据中心)。

④ 快速弹性。消费者能方便、快捷地按需获取和释放计算资源,也就是说,需要时能快速获取资源,以便提高计算能力,不需要时能迅速释放资源,以便降低计算能力,从而减少资源的使用费用。对于消费者来说,云端的计算资源是无限的,可以随时申请并获取任何数量的计算资源。但是我们一定要消除一个误解,即实际的云计算系统不一定是投资巨大的工程,不一定需要成千上万台计算机,不一定具备超大规模的运算能力。其实一台计算机就可以组建一个最小的云端,云端建设方案务必采用可伸缩性策略。建设开始时采用几台计算机,然后根据用户规模来增减计算资源。

⑤ 按需按量可计费。消费者使用云端计算资源是要付费的,付费的计量方法有很多,如根据某类资源(如存储资源、CPU、网络带宽等)的使用量和使用时间计费,也可以按照使用次数来计费。但不管如何计费,对消费者来说,价码要清楚,计量方法要明确,而云服务提供商需要监视和控制资源的使用情况,并及时输出各种资源的使用报表,做到供需双方的费用结算清楚、明白。

### 3. 云计算中的虚拟化技术

在云计算环境中,计算服务通过应用程序接口(Application Programming Interface,API)服务器来控制虚拟机管理程序。它具备一个抽象层,可以在部署时选择一种虚拟化技术创建虚拟机,向用户提供云服务,可用的虚拟化技术如下。

(1)KVM。

基于内核的虚拟机(Kernel-based Virtual Machine,KVM)是通用的开放虚拟化技术,也是 OpenStack 用户使用较多的虚拟化技术,它支持 OpenStack 的所有特性。

(2)Xen。

Xen 是部署快速、安全、开源的虚拟化软件技术,可使多个具有同样的操作系统或不同操作系统的虚拟机运行在同一主机上。Xen 技术主要包括服务器虚拟化平台(XenServer)、云基础架构(Xen Cloud Platform,XCP)、管理 XenServer 和 XCP 的 API 程序(XenAPI)、基于 Libvert 的 Xen。OpenStack 通过 XenAPI 支持 XenServer 和 XCP 这两种虚拟化技术,但在红帽企业级 Linux(Red Hat Enterprise Linux,RHEL)等平台上,OpenStack 使用的是基于 Libvert 的 Xen。

(3)容器。

容器是在单一 Linux 主机上提供多个隔离的 Linux 环境的操作系统级虚拟化技术。不像基于虚拟管理程序的传统虚拟化技术,容器并不需要运行专用的客户机操作系统,目前的容器有以下两种。

① Linux 容器(Linux Container,LXC),提供了在单一可控主机上支持多个相互隔离的服务器容器同时执行的机制。

② Docker,一个开源的应用容器引擎,让开发者可以把应用以及依赖包打包到一个可移植的

容器中，并将其发布到任何流行的 Linux 平台上。Docker 也可以实现虚拟化，容器完全使用沙盒机制，二者之间不会有任何接口。

Docker 的目的是尽可能减少容器中运行的程序，减少到只运行单个程序，并通过 Docker 来管理这个程序。LXC 可以快速兼容所有应用程序和工具，以及任意对其进行管理和编制层次，以替代虚拟机。

虚拟化管理程序提供了更好的进程隔离能力，呈现了一个完全的系统。LXC/Docker 除了一些基本隔离功能，并未提供足够的虚拟化管理功能，缺乏必要的安全机制，基于容器的方案无法运行与主机内核不同的其他内核，也无法运行一个与主机完全不同的操作系统。目前，OpenStack 社区对容器的驱动支持还不如虚拟化管理程序，在 OpenStack 项目中，LXC 属于计算服务项目 Nova，通过调用 Libvirt 来实现，Docker 驱动是一种新加入虚拟化管理程序的驱动，目前无法替代虚拟化管理程序。

（4）Hyper-V。

Hyper-V 是微软公司推出的企业级虚拟化解决方案，Hyper-V 的设计借鉴了 Xen，其管理程序采用了微内核的架构，兼顾了安全性和性能要求。Hyper-V 作为一种免费的虚拟化方案，在 OpenStack 中得到了支持。

（5）ESXi。

VMware 公司提供了业界领先且可靠的服务器虚拟化平台和软件定义计算产品。其 ESXi 虚拟化平台用于创建和运行虚拟机及虚拟设备，在 OpenStack 中也得到了支持。但是如果没有 vCenter 和企业级许可，它的一些 API 的使用会受到限制。

（6）Baremetal 与 Ironic。

有些云平台除了提供虚拟化和虚拟机服务，还提供传统的主机服务。在 OpenStack 中可以将 Baremetal 与其他部署虚拟化管理程序的节点通过不同的计算池（可用区域）一起管理。Baremetal 是计算服务的后端驱动，与 Libvirt 驱动、VMware 驱动类似，只不过它是用来管理没有虚拟化的硬件的，主要通过预启动执行环境（Preboot Execution Environment，PXE）和智能平台管理接口（Intelligent Platform Management Interface，IPMI）进行控制管理。

现在 Baremetal 已经由 Ironic 所替代，Nova 是 OpenStack 中的计算机服务项目，Nova 管理的是虚拟机的生命周期，而 Ironic 管理的是主机的生命周期。Ironic 提供了一系列管理主机的 API，可以对具有"裸"操作系统的主机进行管理，从主机上架安装操作系统到主机下架维修，可以像管理虚拟机一样管理主机。创建一个 Nova 计算物理节点，只需告诉 Ironic，并自动地从镜像模板中加载操作系统到 nova-computer 中即可。Ironic 解决主机的添加、删除、电源管理、操作系统部署等问题，目标是成为主机管理的成熟解决方案，让 OpenStack 可以在软件层面解决云计算问题，也让服务提供商可以为自己的服务器开发 Ironic 插件。

**4．基于 Linux 内核的虚拟化解决方案**

KVM 是一种基于 Linux 的 x86 硬件平台开源全虚拟化解决方案，也是主流 Linux 虚拟化解决方案，支持广泛的客户机操作系统。KVM 需要 CPU 的虚拟化指令集的支持，如 Intel 虚拟化技术（Virtualization Technology，Intel VT）或 AMD 虚拟化技术（AMD Virtualization，AMD-V）。

（1）KVM 模块。

KVM 模块是一个可加载的内核模块 kvm.ko。由于 KVM 对 x86 硬件架构的依赖，因此 KVM 还需要处理规范模块。如果使用 Intel 架构，则加载 kvm-intel.ko 模块；如果使用 AMD 架构，则加载 kvm-adm.ko 模块。

KVM 模块负责对虚拟机的虚拟 CPU 和内存进行管理及调试，主要任务是初始化 CPU 硬件，进入虚拟化模式，使虚拟机运行在虚拟模式下，并对虚拟机的运行提供一定的支持。

至于虚拟机的外部设备交互,如果是真实的物理硬件设备,则利用 Linux 操作系统内核来进行管理;如果是虚拟的外部设备,则借助快速仿真(Quick Emulator,QEMU)来处理。

由此可见,KVM 本身只关注虚拟机的调试和内存管理,是一个轻量级的 Hypervisor,很多 Linux 发行版将 KVM 作为虚拟化解决方案,CentOS 也不例外。

(2)QEMU。

KVM 模块本身无法作为 Hypervisor 模拟出完整的虚拟机,而且用户不能直接对 Linux 内核进行操作,因此需要借助其他软件来进行操作,QEMU 就是 KVM 所需要的这种软件。

QEMU 并非 KVM 的一部分,而是一个开源的虚拟机软件。与 KVM 不同,作为宿主型的 Hypervisor,没有 KVM,QEMU 也可以通过模拟来创建和管理虚拟机,只因为它是纯软件实现的,所以其性能较低。QEMU 的优点是,在支持 QEMU 的平台上就可以实现虚拟机的功能,甚至虚拟机可以与主机不使用同一个架构。KVM 在 QEMU 的基础上进行了修改。虚拟机运行期间,QEMU 会通过 KVM 模块提供的系统调用进入内核,KVM 模块负责将虚拟机置于处理器的特殊模式运行,遇到虚拟机进行 I/O 操作,KVM 模块将任务转交给 QEMU 解析和模拟这些设备。

QEMU 使用 KVM 模块的虚拟化功能,为自己的虚拟机提供硬件虚拟化的加速能力,从而极大地提高了虚拟机的性能。除此之外,虚拟机的配置和创建、虚拟机运行依赖的虚拟设备、虚拟机运行时的用户操作环境和交互以及一些针对虚拟机的特殊技术(如动态迁移),都是由 QEMU 自己实现的。

KVM 的创建和运行是用户空间的 QEMU 程序和内核空间的 KVM 模块相互配合的过程。KVM 模块作为整个虚拟化环境的核心,工作在系统空间中,负责 CPU 和内存的调试;QEMU 作为模拟器,工作在用户空间中,负责虚拟机 I/O 模拟。

(3)KVM 架构。

从上面的分析来看,KVM 作为 Hypervisor,主要包括两个重要的组成部分:一个是 Linux 内核的 KVM 模块,主要负责虚拟机的创建、虚拟内存的分配、虚拟 CPU 寄存器的读写以及虚拟 CPU 的运行;另一个是提供硬件仿真的 QEMU,用于模拟虚拟机的用户空间组件、提供 I/O 设备模型和访问外部设备的途径。KVM 的基本架构如图 1.6 所示。

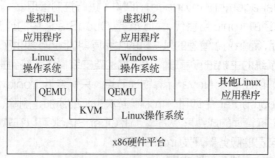

图 1.6　KVM 的基本架构

在 KVM 中,每一个虚拟机都是一个由 Linux 调度程序管理的标准进程,可以在用户空间启动客户机操作系统。普通的 Linux 进程有两种运行模式,即内核模式和用户模式,而 KVM 增加了第 3 种模式,即客户模式,客户模式又有自己的内核模式和用户模式。当新的虚拟机在 KVM 上启动时,它就成为主机操作系统的一个进程,因此可以像调度其他进程一样调度它。但与传统的 Linux 进程不一样,虚拟机被 Hypervisor 标识为处于客户模式(独立于内核模式和用户模式),每个虚拟机都是通过/dev/kvm 设备映射的,它们拥有自己的虚拟地址空间,该空间映射到主机内核的物理地址空间。如前所述,KVM 使用层硬件的虚拟化支持来提供完整的(原生)虚拟化,I/O 请求通过主机内核映射到在主机(Hypervisor)上执行的 QEMU 进程。

（4）KVM 虚拟磁盘（镜像）文件格式。

在 KVM 中往往使用镜像（Image）来表示虚拟磁盘，主要有以下 3 种文件格式。

① raw。这是原始的格式，它直接将文件系统的存储单元分配给虚拟机使用，采取直读直写的策略。该格式实现简单，不支持诸如压缩、快照、加密和写时复制（Copy-on-Write，CoW）等特性。

② qcow2。这是 QEMU 引入的镜像文件格式，也是目前 KVM 默认的格式。qcow2 文件存储数据的基本单元是簇（Cluster），每一簇由若干个数据扇区组成，每个数据扇区的大小是 512B。在 qcow2 中，要定位镜像文件的簇，需要经过两次地址查询操作，qcow2 根据实际需要来决定占用空间的大小，而且支持更多的主机文件系统格式。

③ qed。这是 qcow2 的一种改进格式，qed 的存储、定位、查询方式以及数据块大小与 qcow2 的一样，它的目的是改正 qcow2 格式的一些缺点，提高性能，但目前还不够成熟。

如果需要使用虚拟机快照，则需要选择 qcow2 格式，对于大规模数据的存储，可以选择 raw 格式。qcow2 格式只能增加文件容量，不能减少文件容量，而 raw 格式可以增加或减少文件容量。

**5. Libvirt 套件**

仅有 KVM 模块和 QEMU 组件是不够的，为了使 KVM 的整个虚拟环境易于管理，还需要 Libvirt 服务和基于 Libvirt 开发出来的管理工具。

Libvirt 是一个软件集合，是为方便管理平台虚拟化技术而设计的开源的 API、守护进程和管理工具。它不仅提供了对虚拟机的管理，还提供了对虚拟网络和存储的管理。Libvirt 最初是为了 Xen 虚拟化平台设计的 API，目前还支持其他多种虚拟化平台，如 KVM、ESX 和 QEMU 等。在 KVM 解决方案中，QEMU 用来进行平台模拟，面向上层管理和操作；而 Libvirt 用来管理 KVM，面向下层管理和操作，Libvirt 架构如图 1.7 所示。

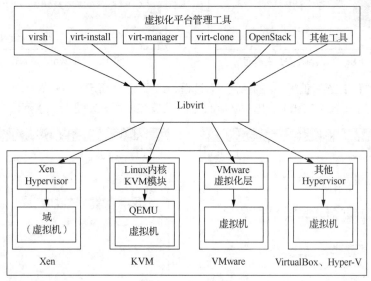

图 1.7　Libvirt 架构

Libvirt 是目前广泛使用的虚拟机管理 API，一些常用的虚拟机管理工具（如 virsh）和云计算框架平台（如 OpenStack）都是在底层使用 Libvirt 的 API 的。

Libvirt 包括两部分，一部分是服务（守护进程名为 Libvirtd），另一部分是 Libvirt API。作为运行在主机上的服务端守护进程，Libvirtd 为虚拟化平台及其虚拟机提供本地和远程的管理功能，基于 Libvirt 开发出来的管理工具可通过 Libvirtd 服务来管理整个虚拟化环境。也就是说，Libvirtd 在管理工具和虚拟化平台之间起到了一个桥梁的作用。Libvirt API 是一系列标准的库文件，给多种虚拟化平台提供了统一的编程接口，这说明管理工具是基于 Libvirt 的标准接口来进行开发的，开发完成后的工具可支持多种虚拟化平台。

## 1.3 项目实施

### 1.3.1 VMware Workstation 安装

虚拟机软件有很多，本书选用 VMware Workstation 软件。VMware Workstation（后文简称 VMware）是一款功能强大的桌面虚拟机软件，可以在单一桌面上同时运行不同操作系统，并完成程序开发、调试、部署等。

（1）下载 VMware-workstation-full-16.1.2-17966106 安装包，双击安装包，弹出 VMware 安装主界面，如图 1.8 所示。

（2）单击"下一步"按钮，弹出 VMware 安装界面，如图 1.9 所示。

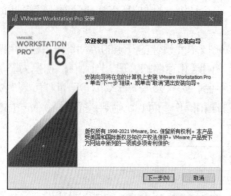

图 1.8　VMware 安装主界面

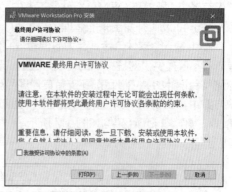

图 1.9　VMware 安装界面

（3）选中"我接受许可协议中的条款"复选框，如图 1.10 所示。

（4）单击"下一步"按钮，弹出 VMware 自定义安装界面，如图 1.11 所示。

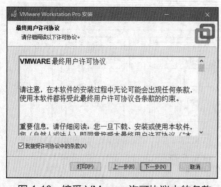

图 1.10　接受 VMware 许可协议中的条款

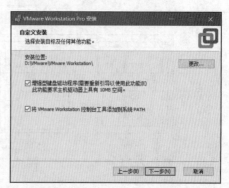

图 1.11　VMware 自定义安装界面

（5）选中图 1.11 所示的复选框，单击"下一步"按钮，弹出 VMware 用户体验设置界面，如图 1.12 所示。

（6）保留默认设置，单击"下一步"按钮，弹出 VMware 快捷方式界面，如图 1.13 所示。

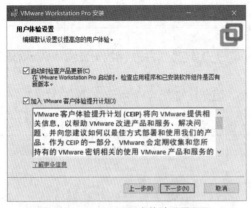
图 1.12　VMware 用户体验设置界面

图 1.13　VMware 快捷方式界面

（7）保留默认设置，单击"下一步"按钮，弹出 VMware 准备安装界面，如图 1.14 所示。

（8）单击"安装"按钮，开始安装，弹出 VMware 正在安装界面，如图 1.15 所示。

图 1.14　VMware 准备安装界面
　　　　　　　　　　　　　　图 1.15　VMware 正在安装界面 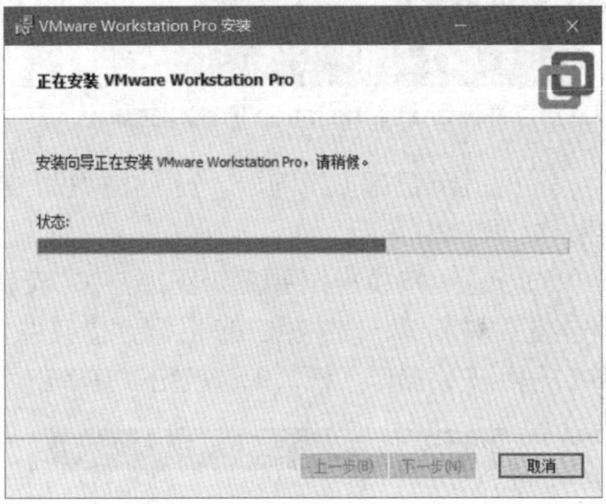

（9）单击"下一步"按钮，完成安装，弹出 VMware 安装向导已完成界面，如图 1.16 所示。单击"完成"按钮，完成安装。

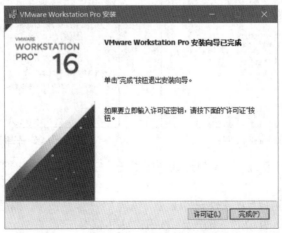
图 1.16　VMware 安装向导已完成界面

## 1.3.2 Linux 操作系统安装

（1）从 CentOS 官网下载 Linux 发行版的 CentOS 安装包，本书使用的安装包为 CentOS-7-x86_64-DVD-1810.iso，当前版本为 7.6.1810。

（2）双击桌面上的"VMware Workstation Pro"图标，如图 1.17 所示，打开软件。

（3）此时会弹出 VMware 界面，如图 1.18 所示。

图 1.17　"VMware Workstation Pro"图标　　　　图 1.18　VMware 界面

（4）使用新建虚拟机向导，安装虚拟机，默认选中"典型(推荐)"单选按钮，单击"下一步"按钮，如图 1.19 所示。

（5）安装客户机操作系统，可以选中"安装程序光盘"或选中"安装程序光盘映像文件(iso)"单选按钮，并浏览、选中相应的 ISO 镜像文件，也可以选中"稍后安装操作系统"单选按钮。这里选中"稍后安装操作系统"单选按钮，并单击"下一步"按钮，如图 1.20 所示。

图 1.19　新建虚拟机向导　　　　图 1.20　安装客户机操作系统

（6）选择客户机操作系统，创建的虚拟机将包含一个空白硬盘，单击"下一步"按钮，如图 1.21 所示。

（7）命名虚拟机，选择系统文件安装位置，单击"下一步"按钮，如图 1.22 所示。

（8）指定磁盘容量，并单击"下一步"按钮，如图 1.23 所示。

（9）已准备好创建虚拟机，如图 1.24 所示。

图 1.21 选择客户机操作系统

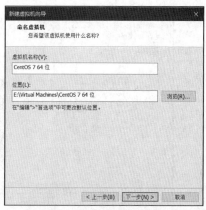
图 1.22 命名虚拟机

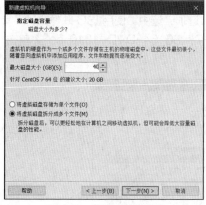
图 1.23 指定磁盘容量

图 1.24 已准备好创建虚拟机

（10）单击"自定义硬件"按钮，进行虚拟机硬件相关信息配置，如图 1.25 所示。

图 1.25 虚拟机硬件相关信息配置

（11）单击"关闭"按钮，虚拟机初步配置完成，如图 1.26 所示。

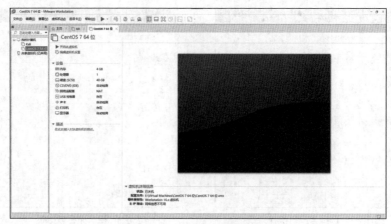

图 1.26 虚拟机初步配置完成

（12）进行虚拟机设置，选择"CD/DVD(IDE)"选项，选中"使用 ISO 映像文件"单选按钮，单击"浏览"按钮，选择 ISO 镜像文件"CentOS-7-x86_64-DVD-1810.iso"，单击"确定"按钮，如图 1.27 所示。

图 1.27　选择 ISO 镜像文件

（13）安装 CentOS，如图 1.28 所示。

（14）设置语言，选择"中文"→"简体中文（中国）"选项，如图 1.29 所示，单击"继续"按钮。

（15）进行安装信息摘要的配置，如图 1.30 所示，可以进行"安装位置"的配置，并自定义分区。

（16）进行软件选择的配置，可以安装桌面化 CentOS。选择安装"GNOME 桌面"，并选择相关环境的附加选项，如图 1.31 所示。

（17）单击"完成"按钮，返回 CentOS 7 安装界面，继续进行安装，配置用户设置，如图 1.32 所示。

图 1.28　安装 CentOS　　　　　　　图 1.29　设置语言

图 1.30　安装信息摘要的配置　　　　图 1.31　软件选择的配置

（18）安装 CentOS 7 的时间稍长，请耐心等待。可以选择"ROOT 密码"选项，进行 ROOT 密码设置，如图 1.33 所示，设置完成后单击"完成"按钮，返回 CentOS 7 安装界面。

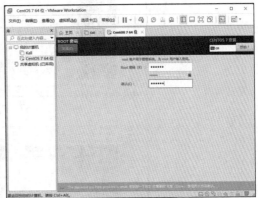

图 1.32　配置用户设置　　　　　　　图 1.33　ROOT 密码设置

（19）CentOS 7 安装完成，如图 1.34 所示。
（20）单击"重启"按钮，系统重启后，进入系统，可以进行系统初始设置，如图 1.35 所示。
（21）单击"退出"按钮，弹出 CentOS 7 Linux EULA 许可协议界面，选中"我同意许可协议"复选框，如图 1.36 所示。
（22）单击"我已完成安装"按钮，弹出初始设置界面，如图 1.37 所示。
（23）单击"完成配置"按钮，弹出欢迎界面，选择语言为汉语，如图 1.38 所示。

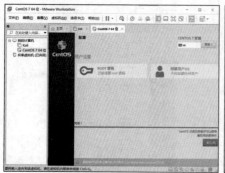
图 1.34 CentOS 7 安装完成
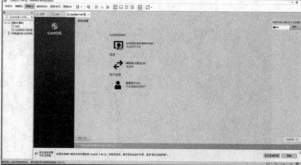
图 1.35 系统初始设置

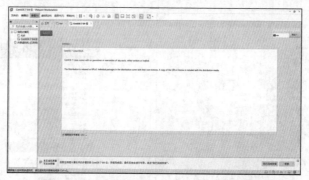
图 1.36 CentOS 7 Linux EULA 许可协议界面

图 1.37 初始设置界面

图 1.38 选择语言为汉语

（24）单击"前进"按钮，弹出时区界面，在查找地址栏中输入"上海"，选择"上海，上海，中国"选项。

（25）单击"前进"按钮，弹出在线账号界面，如图 1.39 所示。
（26）单击"跳过"按钮，弹出准备好了界面，如图 1.40 所示。

图 1.39　在线账号界面

图 1.40　准备好了界面

## 项目小结

本项目包含 4 个任务。

任务 1.1：云计算概述，主要讲解了云计算的起源、云计算的基本概念。

任务 1.2：虚拟化技术，主要讲解了虚拟化的基本概念、虚拟化与云计算的关系、云计算中的虚拟化技术、基于 Linux 内核的虚拟化解决方案、Libvirt 套件。

任务 1.3：VMware 安装，主要讲解了 VMware 的安装过程。

任务 1.4：Linux 操作系统安装，主要讲解了在虚拟机中安装 Linux 操作系统的过程。

## 课后习题

**1．选择题**

（1）云计算的服务模式不包括（　　）。
　　A．IaaS　　　　B．PaaS　　　　C．SaaS　　　　D．LaaS

（2）【多选】从部署类型角度可以把云计算分为（　　）3 类。
　　A．公有云　　　B．私有云　　　C．金融云　　　D．混合云

（3）PaaS 是指（　　）。
　　A．基础设施即服务　　　　　　B．平台即服务
　　C．软件即服务　　　　　　　　D．安全即服务

（4）【多选】云计算的生态系统主要涉及（　　）。
　　A．硬件　　　　B．软件　　　　C．服务　　　　D．网络

**2．简答题**

（1）简述云计算的定义。
（2）简述云计算的服务模式。
（3）简述云计算的部署类型。
（4）简述云计算的生态系统。
（5）简述虚拟化体系结构。
（6）简述云计算的特征。

# 项目2
## 初识Docker

【学习目标】
- 掌握Linux操作系统的相关知识。
- 掌握Docker技术的相关知识。
- 掌握Docker的部署步骤与方法。

## 2.1 项目描述

随着计算机网络近几十年的快速发展,大量优秀的系统和软件诞生了。软件开发人员可以自由地选择各种应用软件,这带来的问题就是需要维护一个非常庞大的开发、测试和生产环境。面对这种情况,Docker 容器技术横空出世,它提供了简单、灵活、高效的解决方案,人们不需要过多地改变现有的使用习惯,就可以使用已有的工具,如 OpenStack 等。Docker 是当下流行的容器技术,在云计算领域应用广泛。因此,掌握 Docker 相关技术也是学习云计算的必经之路。

## 2.2 必备知识

### 2.2.1 Linux 操作系统的相关知识

Linux 操作系统是一个类似 UNIX 的操作系统,UNIX 是一种主流、经典的操作系统。Linux 来源于 UNIX,Linux 是 UNIX 在计算机上的完整实现之一。UNIX 操作系统是 1969 年由肯·汤普森(Ken Thompson)工程师在美国贝尔实验室开发的一种操作系统,他在 1972 年与丹尼斯·里奇(Dennis Ritchie)工程师一起用 C 语言重写了 UNIX 操作系统,大幅提高了其可移植性。由于 UNIX 具有良好而稳定的性能,又在几十年中不断地改进和迅速发展,使得其在计算机领域中得到了广泛应用。

**1. Vi、Vim 编辑器的使用**

可视化接口(Visual Interface,Vi)也称为可视化界面,它为用户提供了一个全屏幕的窗口编辑器,窗口中一次可以显示一屏幕的编辑内容,内容可以上下滚动。Vi 是所有 UNIX 和 Linux 操作系统中的操作标准的编辑器,类似于 Windows 操作系统中的 Notepad(记事本)编辑器。由于在 UNIX 和 Linux 系统的任何版本下,Vi 编辑器是完全相同的,因此可以在其他任何介绍 Vi 的地

V2-1 Vi、Vim 编辑器的使用

方进一步了解它。Vi 也是 Linux 中非常基本的文本编辑器，学会它后，用户几乎可以在 Linux 的世界畅通无阻，尤其是在终端中。

改良的可视化接口（Visual Interface Improved，Vim）可以看作 Vi 的改进升级版，Vi 和 Vim 都是 Linux 操作系统中的编辑器。不同的是，Vi 用于文本编辑，Vim 更适用于面向开发者的云端开发平台。

Vim 可以执行输出、移动、删除、查找、替换、复制、粘贴、撤销、块操作等众多文件操作，而且用户可以根据自己的需要对其进行定制，这是其他编辑程序没有的功能。Vim 不是排版程序，它不像 Word 或 WPS 那样可以对字体、格式、段落等其他属性进行编排，它只是一个文件编辑程序。Vim 是全屏幕文件编辑器，没有菜单，只有命令。

在命令行中执行命令 vim filename，如果 filename 文件已经存在，则 filename 文件被打开且显示其内容；如果 filename 文件不存在，则 Vim 在第一次存盘时自动在硬盘上新建 filename 文件。

Vim 有 3 种基本工作模式：命令模式、编辑模式、末行模式。考虑到各种用户的需要，采用状态切换的方法实现工作模式的转换。一旦熟练地使用 Vim，就能体会到其方便之处。

（1）命令模式（在其他模式下按 Esc 键/末行模式下输入错误命令）。

命令模式是用户进入的 Vim 初始状态。在此模式下，用户可以输入 Vim 命令，使 Vim 完成不同的工作任务，如光标移动、复制、粘贴、删除等操作，也可以从其他模式返回到命令模式，在编辑模式下按 Esc 键或在末行模式下输入错误命令都会回到命令模式。Vim 命令模式的光标移动命令如表 2.1 所示；Vim 命令模式的复制和粘贴命令如表 2.2 所示；Vim 命令模式的删除操作命令如表 2.3 所示；Vim 命令模式的撤销与恢复操作命令如表 2.4 所示。

表 2.1　Vim 命令模式的光标移动命令

| 命令或操作 | 功能说明 |
| --- | --- |
| gg | 将光标移动到文章的首行 |
| G | 将光标移动到文章的尾行 |
| w 或 W | 将光标移动到下一个单词 |
| H | 将光标移动到该屏幕的顶端 |
| M | 将光标移动到该屏幕的中间 |
| L | 将光标移动到该屏幕的底端 |
| h（按左方向键） | 将光标向左移动一格 |
| l（按右方向键） | 将光标向右移动一格 |
| j（按下方向键） | 将光标向下移动一格 |
| k（按上方向键） | 将光标向上移动一格 |
| 0（按 Home 键） | 数字 0，将光标移动到行首 |
| $（按 End 键） | 将光标移动到行尾 |
| 按 PageUp 键/按 PageDown 键 | （按 Ctrl+B/Ctrl+F 组合键）上下翻屏 |

表 2.2　Vim 命令模式的复制和粘贴命令

| 命令或操作 | 功能说明 |
| --- | --- |
| yy 或 Y | 复制光标所在的整行 |
| 3yy 或 y3y | 复制 3 行（含当前行的后 3 行），如复制 5 行的命令即为 5yy 或 y5y |
| y1G | 复制至行文件首 |
| yG | 复制至行文件尾 |
| yw | 复制一个单词 |

续表

| 命令或操作 | 功能说明 |
| --- | --- |
| y2w | 复制两个字 |
| p | 粘贴到光标的后（下）面，如果复制的是整行，则粘贴到光标所在行的下一行 |
| P | 粘贴到光标的前（上）面，如果复制的是整行，则粘贴到光标所在行的上一行 |

表 2.3　Vim 命令模式的删除操作命令

| 命令或操作 | 功能说明 |
| --- | --- |
| dd | 删除当前行 |
| 3dd 或 d3d | 删除 3 行（含当前行的后 3 行），如删除 5 行的命令即为 5dd 或 d5d |
| d1G | 删除至文件首 |
| dG | 删除至文件尾 |
| D 或 d$ | 删除至行尾 |
| dw | 删除至词尾 |
| $n$dw | 删除后面的 $n$ 个单词 |

表 2.4　Vim 命令模式的撤销与恢复操作命令

| 命令或操作 | 功能说明 |
| --- | --- |
| u | 取消上一个动作（常用） |
| U | 取消一行内的所有动作 |
| 按 Ctrl+R 组合键 | 重做前一个动作（常用），通常与 u 配合使用 |
| . | 重复前一个动作，在想要重复删除、复制、粘贴等操作时使用（常用） |

（2）编辑模式（在命令模式下按 A、I 或 O 键）。

在编辑模式下，可对编辑的文件添加新的内容并进行修改，该模式的功能即文本输入。要进入该模式，可在命令模式下按 A、I 或 O 键。Vim 编辑模式的常用命令如表 2.5 所示。

表 2.5　Vim 编辑模式的常用命令

| 命令 | 功能说明 |
| --- | --- |
| a | 在光标之后插入内容 |
| A | 在光标当前行的末尾插入内容 |
| i | 在光标之前插入内容 |
| I | 在光标当前行的开始部分插入内容 |
| o | 在光标所在行的下面新增一行 |
| O | 在光标所在行的上面新增一行 |

（3）末行模式（在命令模式下输入":""/""?"）。

末行模式主要提供一些文字编辑辅助功能，如查找、替换、文件保存等。在命令模式下输入":"字符即可进入末行模式。若执行了输入的命令或命令出错，则会退出 Vim 或返回到命令模式。Vim 末行模式的常用命令如表 2.6 所示，按 Esc 键返回命令模式。

表 2.6  Vim 末行模式的常用命令

| 命令 | 功能说明 |
|---|---|
| ZZ | 保存当前文件并退出 |
| :wq 或 :x | 保存当前文件并退出 |
| :q | 结束 Vim 程序,如果文件被修改,则必须先存储文件 |
| :q! | 强制结束 Vim 程序,修改后的文件不会存储 |
| :w[文件路径] | 保存当前文件,将其保存为另一个文件(类似另存为新文件) |
| :r[filename] | 在编辑的数据中,读入另一个文件的数据,即将 filename 文件的内容加到光标所在行的后面 |
| :!command | 暂时返回到命令模式下执行 command,如执行":!ls/home",即可在 Vim 中查看 /home 中以 ls 输出的文件信息 |
| :set nu | 显示行号,设定之后,会在每一行的前面显示该行的行号 |
| :set nonu | 与 :set nu 的作用相反,取消行号 |

在末行模式下可以进行查找与替换操作,其命令格式如下:
:[range]  s/pattern/string/[c,e,g,i]
查找与替换操作各参数选项及功能说明如表 2.7 所示。

表 2.7  查找与替换操作各参数选项及功能说明

| 参数选项 | 功能说明 |
|---|---|
| range | 指的是范围,"1,5"指从第 1 行至第 5 行,"1,$"指从第 1 行至最后一行,也就是整篇文章 |
| s(search) | 表示查找 |
| pattern | 要被替换的字符串 |
| string | 将用 string 替换 pattern 内容 |
| c(confirm) | 每次替换前会询问 |
| e(error) | 不显示错误 |
| g(globe) | 不询问,将整行替换 |
| i(ignore) | 不区分字母大小写 |

在命令模式下输入"/"或"?"字符即可进入末行模式,在末行模式下可以进行查找操作,其命令格式如下:
/word 或 ?word
查找操作各参数及功能说明如表 2.8 所示。

表 2.8  查找操作各参数及功能说明

| 参数 | 功能说明 |
|---|---|
| /word | 在光标之下寻找一个 word 字符串,如要在文件内查找"welcome"字符串,则输入 /welcome 即可 |
| ?word | 在光标之上寻找一个 word 字符串 |
| n | 这个 n 是指英文按键,代表重复前一个查找的操作。例如,如果刚刚执行 /welcome 去向下查找 welcome 字符串,则按 n 键后,会向下继续查找下一个 welcome 字符串;如果执行 ?welcome,那么按 n 键会向上继续查找 welcome 字符串 |
| N | 这个 N 是指英文按键,代表反向进行前一个查找操作。例如,执行 /welcome 后,按 N 键表示向上查找 welcome 字符串 |

## 2. 系统克隆

人们经常用虚拟机做各种实验，初学者免不了误操作，导致系统崩溃、无法启动。在使用集群的时候，通常需要使用多台服务器进行测试，如搭建 MySQL 服务、Redis 服务、Tomcat 等。搭建一台服务器费时费力，一旦系统崩溃、无法启动，就需要重新安装操作系统或部署多台服务器，这将会浪费很多时间。那么如何进行操作呢？系统克隆可以很好地解决这个问题。

V2-2　系统克隆

在虚拟机安装好原始的操作系统后进行系统克隆，多克隆出几份系统并备用，方便日后用多台机器进行实验测试，这样就可以避免重新安装操作系统。

（1）打开 VMware 虚拟机主窗口，关闭虚拟机中的操作系统，选择要克隆的操作系统，选择"虚拟机"→"管理"→"克隆"选项，如图 2.1 所示。

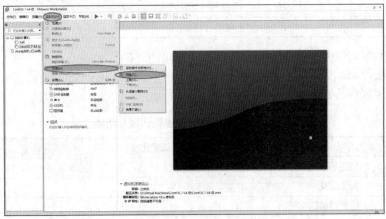

图 2.1　系统克隆

（2）弹出克隆虚拟机向导界面，如图 2.2 所示。单击"下一步"按钮，弹出选择克隆源界面，如图 2.3 所示，可以选中"虚拟机中的当前状态"或"现有快照（仅限关闭的虚拟机）"单选按钮。

（3）单击"下一步"按钮，弹出选择克隆类型界面，如图 2.4 所示。选择克隆方法时，可以选中"创建链接克隆"单选按钮，也可以选中"创建完整克隆"单选按钮。

（4）单击"下一步"按钮，弹出新虚拟机名称界面，如图 2.5 所示，为虚拟机命名并进行安装位置的设置。

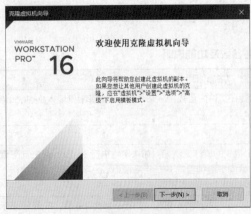

图 2.2　克隆虚拟机向导界面

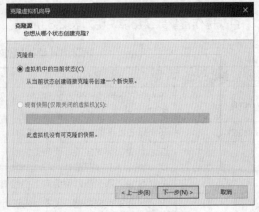

图 2.3　选择克隆源界面

项目 2
初识 Docker

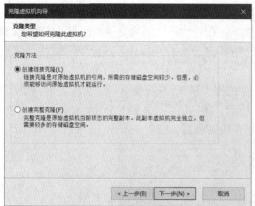
图 2.4　选择克隆类型界面

图 2.5　新虚拟机名称界面

（5）单击"完成"按钮，弹出正在克隆虚拟机界面，如图 2.6 所示。单击"关闭"按钮，返回 VMware 虚拟机主窗口，系统克隆完成，如图 2.7 所示。

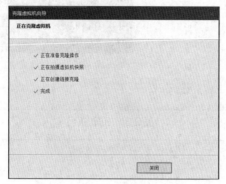
图 2.6　正在克隆虚拟机界面

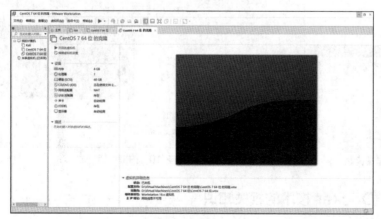
图 2.7　系统克隆完成

### 3. 快照管理

VMware 快照是 VMware 的一个特色功能，当用户创建一个虚拟机快照时，它会创建一个特定的文件 delta。delta 文件是 VMware 虚拟机磁盘格式（Virtual Machine Disk Format，VMDK）文件的变更位图，因此，它不能比 VMDK 文件还大。每为虚拟机创建一个快照，都会创建一个 delta 文件，当快

V2-3　系统快照

25

照被删除或在快照管理中被恢复时,文件将自动被删除。

可以将虚拟机某个时间点的内存、磁盘文件等的状态保存为一个镜像文件。通过这个镜像文件,用户可以在以后的任何时间来恢复虚拟机创建快照时的状态。当日后操作系统出现问题时,可以从快照中进行恢复。

(1)打开 VMware 虚拟机主窗口,启动虚拟机中的操作系统,选择要保存备份的内容,选择"虚拟机"→"快照"→"拍摄快照"选项,如图 2.8 所示。命名快照,如图 2.9 所示。

(2)单击"拍摄快照"按钮,返回 VMware 虚拟机主窗口,拍摄快照完成,如图 2.10 所示。

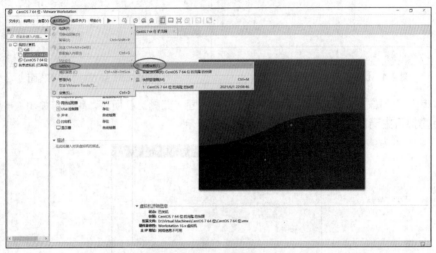

图 2.8　拍摄快照

图 2.9　命名快照　　　　　　　　图 2.10　拍摄快照完成

## 2.2.2　Docker 技术的相关知识

随着 IT 技术的飞速发展,促使人类进入云计算时代,云计算时代孕育出众多的云计算平台。但众多的云平台的标准、规范不统一,每个云平台都有独立的资源管理策略、网络映射策略和内部依赖关系,导致各个平台无法做到相互兼容、相互连接。同时,应用的规模愈发庞大、逻辑愈发复杂,任何一款产品都难以顺利地从一个云平台迁移到另外一个云平台。但 Docker 的出现打破了这种局面。Docker 利用容器弥合了各个平台之间的差异,通过容器来打包应用、解耦应用和运行平台。在进行产品迁移的时候,只需要在新的服务器上启动所需的容器即可,而所付出的成本是极小的。

Docker 以其轻便、快速的特性，可以使应用快速迭代，Docker 产品的 Logo 如图 2.11 所示。在 Docker 中，每次进行小变更后，马上就能看到效果，而不用将若干个小变更积攒到一定程度再变更。每次变更一小部分其实是一种非常安全的方式，在开发环境中能够快速提高工作效率。

图 2.11　Docker 产品的 Logo

Docker 容器能够帮助开发人员、系统管理员和项目工程师在一个生产环节中协同工作。制定一套容器标准后，当系统管理员更改容器的时候，开发人员不需要关心容器的变化，只需要专注于自己的应用程序代码即可。这样做的好处是隔离了开发和管理，简化了重新部署、调试等琐碎工作，减小了开发和部署的成本，极大地提高了工作效率。

**1. Docker 的发展历程**

Docker 公司位于美国的旧金山，由法裔美籍开发者和企业家所罗门·海克思（Solomon Hykes）创立，Docker 公司起初是一家名为 dotCloud 的 PaaS 提供商。底层技术上，dotCloud 公司利用了 LXC 技术。为了方便创建和管理容器，dotCloud 公司开发了一套内部工具，之后被命名为 Docker，Docker 就这样诞生了。

2013 年，dotCloud 公司的 PaaS 业务并不景气，公司需要寻求新的突破，于是聘请了本·戈卢布（Ben Golub）作为新的 CEO，将公司重命名为 Docker，放弃了 dotCloud PaaS 平台，怀揣着将 Docker 和容器技术推向全世界的使命，开启了一段新的征程。

2013 年 3 月，Docker 开源版本正式发布；2013 年 11 月，RHEL 6.5 正式版本集成了对 Docker 的支持；2014 年 4～6 月，亚马逊、谷歌、微软等公司的云计算服务相继宣布支持 Docker；2014 年 6 月，随着 DockerCon 2014 大会的召开，Docker 1.0 正式发布；2015 年 6 月，Linux 基金会在 DockerCon 2015 大会上与亚马逊、思科、Docker 等公司共同宣布成立开放容器项目（Open Container Project，OCP），旨在实现容器标准化，该组织后更名为开放容器标准（Open Container Initiative，OCI）；2015 年，浙江大学实验室携手华为、谷歌、Docker 等公司成立了云原生计算基金会（Cloud Native Computing Foundation，CNCF），共同推进面向云原生应用的云平台发展。

如今 Docker 公司被普遍认为是一家创新型科技公司，据说其市场价值约为 10 亿美元。Docker 公司已经通过多轮融资，吸纳了来自硅谷的几家风投公司的累计超过 2.4 亿美元的投资。几乎所有的融资都发生在公司更名为 Docker 之后。

早期的 Docker 代码实现直接基于 LXC，LXC 可以提供轻量级的虚拟化，以便隔离进程和资源，而且不需要提供指令解释机制以及全虚拟化的其他复杂性。容器有效地将由单个操作系统管理的资源划分到孤立的组中，以更好地在孤立的组之间平衡有冲突的资源使用需求。Docker 底层使用了 LXC 来实现，LXC 将 Linux 进程沙盒化，使得进程之间相互隔离，并且能够控制各进程的资源分配。在 LXC 的基础之上，Docker 提供了一系列更强大的功能。

对 LXC 的依赖自始至终都是 Docker 存在的一个问题。首先，LXC 是基于 Linux 的。这对于一个立志于跨平台的项目来说是一个问题。其次，如此核心的组件依赖于外部工具，这会给项目带来巨大风险，甚至影响其发展。因此，Docker 公司开发了名为 Libcontainer 的自研工具，以替代 LXC。

Libcontainer 的目标是成为与平台无关的工具，可基于不同内核为 Docker 上层提供必要的容器交互功能。在 Docker 0.9 中，Libcontainer 取代 LXC 成为默认的执行驱动。

Docker 引擎主要有两个版本：企业版（Enterprise Edition，EE）和社区版（Community Edition，CE）。每个季度，企业版和社区版都会发布一个稳定版本，社区版会提供 4 个月的支持，而企业版会提供 12 个月的支持。

### 2. Docker 的定义

目前，Docker 的官方定义如下：Docker 是以 Docker 容器为资源分割和调度的基本单位，封装整个软件运行时的环境，为开发者和系统管理员设计，用于构建、发布和运行分布式应用的平台。它是一个跨平台、可移植且简单易用的容器解决方案。Docker 的源代码托管在 GitHub 上，基于 Go 语言开发，并遵从 Apache 2.0 协议。Docker 可在容器内部快速自动化地部署应用，并通过操作系统内核技术为容器提供资源隔离与安全保障。

Docker 借鉴集装箱装运货物的场景，让开发人员将应用程序及其依赖打包到一个轻量级、可移植的容器中，然后将其发布到任何运行 Docker 容器引擎的环境中，以容器方式运行该应用程序。与装运集装箱时不用关心其中的货物一样，Docker 在操作容器时不关心容器中有什么软件。采用这种方式部署和运行应用程序非常方便。Docker 为应用程序的开发、发布提供了一个基于容器的标准化平台，容器运行的是应用程序，Docker 平台用来管理容器的整个生命周期。使用 Docker 时不必担心开发环境和生产环境之间的不一致，其使用也不局限于任何平台或编程语言。Docker 可以用于整个应用程序的开发、测试和研发周期，并通过一致的用户界面进行管理，Docker 具有为用户在各种平台上安全可靠地部署可伸缩服务的能力。

### 3. Docker 的优势

Docker 容器的运行速度很快，可以在秒级时间内实现系统启动和停止，比传统虚拟机快很多。Docker 解决的核心问题是如何利用容器来实现类似虚拟机的功能，从而利用更少的硬件资源给用户提供更多的计算资源。Docker 容器除了运行其中的应用之外，基本不消耗额外的系统资源，在保证应用性能的同时，减小了系统开销，这使得一台主机上同时运行数千个 Docker 容器成为可能。Docker 操作方便，通过 Dockerfile 配置文件可以进行灵活的自动化创建和部署。

Docker 重新定义了应用程序在不同环境中的移植和运行方式，为跨不同环境运行的应用程序提供了新的解决方案，其优势表现在以下几个方面。

（1）更快的交付和部署。

容器消除了线上和线下的环境差异，保证了应用生命周期环境的一致性和标准化。Docker 开发人员可以使用镜像来快速构建一套标准的开发环境，开发完成之后，测试和运维人员可以直接部署软件镜像来进行测试和发布，以确保开发、测试过的代码可以在生产环境中无缝运行，大大简化了持续集成、测试和发布的过程。Docker 可以快速创建和删除容器，实现快速迭代，节约了大量开发、测试、部署的时间。此外，整个过程全程可见，使团队更容易理解应用的创建和工作过程。

容器非常适用于持续集成和持续交付的工作流程，开发人员在本地编写应用程序代码，通过 Docker 与同事进行共享；开发人员通过 Docker 将应用程序推送到测试环境中，执行自动测试和手动测试；开发人员发现程序错误时，可以在开发环境中进行修复，并将程序重新部署到测试环境中，以进行测试和验证；完成应用程序测试之后，向客户提供补丁程序的方法非常简单，只需要将更新后的镜像推送到生产环境中即可。

（2）高效的资源利用和隔离。

Docker 容器不需要额外的虚拟机管理程序以及 Hypervisor 的支持，它使用内核级的虚拟化，与底层共享操作系统，系统负载更低，性能更加优异，在同等条件下可以运行更多的实例，更充分地利用系统资源。虽然 Docker 容器是共享主机资源的，但是每个容器所使用的 CPU、内存、文件系统、进程、网络等都是相互隔离的。

（3）高可移植性与扩展性。

基于容器的 Docker 平台支持具有高度可移植性和扩展性的工作环境需求，Docker 容器几乎可以在所有平台上运行，包括物理机、虚拟机、公有云、私有云、混合云、服务器等，并支持主流的操作系统发行版本，这种兼容性可以让用户在不同平台之间轻松地迁移应用。Docker 的可移植性和轻量级特性也使得动态管理工作负载变得非常容易，管理员可以近乎实时地根据业务需要增加或缩减应用程序和服务。

（4）更简单的维护和更新管理。

Docker 的镜像与镜像之间不是相互隔离的，它们有松耦合的关系。镜像采用了多层文件的联合体。通过这些文件层，可以组合出不同的镜像，利用基础镜像进一步扩展镜像变得非常简单。由于 Docker 秉承了开源软件的理念，因此所有用户均可以自由地构建镜像，并将其上传到 Docker Hub 上供其他用户使用。使用 Dockerfile 时，只需要进行少量的配置修改，就可以替代以往大量的更新工作，且所有修改都以增量的方式被分布和更新，从而实现高效、自动化的容器管理。

Docker 是轻量级的应用，且运行速度很快，Docker 针对基于虚拟机管理程序的虚拟机平台提供切实可行且经济高效的替代解决方案。因此，在同样的硬件平台上，用户可以使用更多的计算能力来实现业务目标，Docker 适合需要使用更少资源实现更多任务的高密度环境和中小型应用部署。

（5）环境标准化和版本控制。

Docker 容器可以保证应用程序在整个生命周期中的一致性，保证环境的一致性和标准化。Docker 容器可以像 GitHub 一样，按照版本对提交的 Docker 镜像进行管理。当出现因组件升级导致环境损坏的情况时，Docker 可以快速地回滚到该镜像的前一个版本。相对虚拟机的备份或镜像创建流程而言，Docker 可以快速地进行复制和实现冗余。此外，启动 Docker 就像启动一个普通进程一样快速，启动时间可以达到秒级甚至毫秒级。

Docker 容器对软件及其依赖进行标准化打包，在开发和运维之间搭建了一座桥梁，旨在解决开发和运维之间的矛盾，这是实现 DevOps 的理想解决方案。DevOps 一词是 Development（开发）和 Operation（运维）的组合词，可译为开发运维一体化，旨在突出软件开发人员和运维人员的沟通合作，通过自动化流程使得软件的构建、测试、发布更加快捷、频繁和可靠。在容器模式中，应用程序以容器的形式存在，所有和该应用程序相关的依赖都在容器中，因此移植非常方便，不会存在传统模式中环境不一致的问题。对于容器化的应用程序，项目的团队全程参与开发、测试和生产环节，项目开始时，根据项目预期创建需要的基础镜像，并将 Dockerfile 分发给所有开发人员，所有开发人员根据 Dockerfile 创建的容器或从内部仓库下载的镜像进行开发，达到开发环境的一致；若开发过程中需要添加新的软件，则只需要申请修改基础镜像的 Dockerfile 即可；当项目任务结束之后，可以调整 Dockerfile 或者镜像，并将其分发给测试部门，测试部门就可以进行测试，解决了部署困难等问题。

**4．容器与虚拟机**

Docker 之所以拥有众多优势，与操作系统虚拟化自身的特点是分不开的。传统的虚拟机需要有额外的虚拟机管理程序和虚拟机操作系统，而 Docker 容器是直接在操作系统层面之上实现的虚拟化。Docker 容器与传统虚拟机的特性比较如表 2.9 所示。

表 2.9  Docker 容器与传统虚拟机的特性比较

| 特性 | Docker 容器 | 传统虚拟机 |
| --- | --- | --- |
| 启动速度 | 秒级 | 分钟级 |
| 计算能力损耗 | 几乎没有 | 损耗 50%左右 |
| 性能 | 接近原生 | 弱于原生 |
| 内存代价 | 很小 | 较大 |
| 占用磁盘空间 | 一般为 MB 级 | 一般为 GB 级 |
| 系统支持量（单机） | 上千台 | 几十台 |
| 隔离性 | 资源限制 | 完全隔离 |
| 迁移性 | 优秀 | 一般 |

应用程序的传统运维方式部署慢、成本高、资源浪费、难以迁移和扩展，可能还会受限于硬件设备。而如果改用虚拟机，则一台物理机可以部署多个应用程序，应用程序独立运行在不同的虚拟机中。虚拟机具有以下优势。

① 采用资源池化技术，一台物理机的资源可分配到不同的虚拟机上。

② 便于弹性扩展，增加物理机或虚拟机都很方便。

③ 容易部署，如容易将应用程序部署到云主机上等。

虚拟机突破了传统运维的弊端，但也存在一些局限。

容器在主机本地上运行，并与其他容器共享主机的操作系统内核。容器运行一个独立的进程，不会比其他程序占用更多的内存，这就使它具备轻量化的优点。

相比之下，每个虚拟机运行一个完整的客户机操作系统，通过虚拟机管理程序以虚拟方式访问主机资源。主机要为每个虚拟机分配资源，当虚拟机数量增大时，操作系统本身消耗的资源势必增多。总体来说，虚拟机提供的环境包含的资源超出了大多数应用程序的实际需要。

容器引擎将容器作为进程在主机上运行，各个容器共享主机的操作系统，使用的是主机操作系统的内核，因此容器依赖于主机操作系统的内核版本。虚拟机有自己的操作系统，且独立于主机操作系统，其操作系统内核可以与主机不同。

容器在主机操作系统的用户空间内运行，并且与操作系统的其他进程相互隔离，启动时也不需要启动操作系统内核空间。因此，与虚拟机相比，容器启动快、开销小，而且迁移更便捷。

就隔离特性来说，容器提供应用层面的隔离，虚拟机提供物理资源层面的隔离。当然，虚拟机也可以运行容器，此时的虚拟机本身也充当主机。Docker 与传统虚拟机架构的对比如图 2.12 所示。

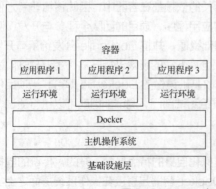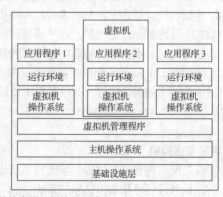

图 2.12  Docker 与传统虚拟机架构的对比

**5. Docker 的三大核心概念**

镜像、容器、仓库是 Docker 的三大核心概念。

（1）镜像。

Docker 的镜像是创建容器的基础，类似虚拟机的快照，可以理解为一个面向 Docker 容器引擎的只读模板。例如，一个镜像可以是一个完整的 CentOS 操作系统环境，称为一个 CentOS 镜像；也可以是一个安装了 MySQL 的应用程序，称为一个 MySQL 镜像，等等。Docker 提供了简单的机制来创建和更新现有的镜像，用户也可以从网上下载已经创建好的镜像来直接使用。

（2）容器。

镜像和容器的关系就像是面向对象程序设计中的类和实例一样。镜像是静态的定义，容器是镜像运行时的实体，Docker 的容器是镜像创建的运行实例，它可以被启动、停止和删除。每一个容器都是互相隔离、互不可见的，以保证平台的安全性。可以将容器看作简易版的 Linux 环境，Docker 利用容器来运行和隔离应用。Docker 使用客户机/服务器模式和远程 API 来管理和创建 Docker 容器。

（3）仓库。

仓库可看作代码控制中心，Docker 仓库是用来集中保存镜像的地方。当开发人员创建了自己的镜像之后，可以使用 push 命令将它上传到公有（Public）仓库或者私有（Private）仓库。下一次要在另外一台机器上使用这个镜像时，只需要从仓库中获取即可。仓库注册服务器（Registry）是存放仓库的地方，其中包含多个仓库，每个仓库集中存放了数量庞大的镜像供用户下载使用。

**6. Docker 引擎**

Docker 引擎是用来运行和管理容器的核心软件，它是目前主流的容器引擎，通常人们会简单地将其称为 Docker 或 Docker 平台。Docker 引擎由如下主要组件构成：Docker 客户端（Docker Client）、Docker 服务器（Docker Daemon，即 Docker 守护进程）、架构式的网络系统（Representational State Transfer，REST）API，它们共同负责容器的创建和运行，包括容器管理、网络管理、镜像管理和卷管理等，如图 2.13 所示。

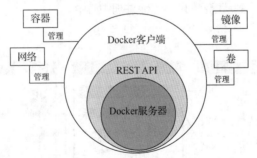

图 2.13　Docker 引擎的组件

Docker 客户端：即命令行接口，可使用 Docker 命令进行操作。命令行接口又称命令行界面，可以通过命令或脚本使用 Docker 的 REST API 来控制 Docker Daemon，或者与 Docker Daemon 进行交互。当用户使用类似 docker run 的命令时，客户端将这些命令发送给 Docker 守护进程来执行。Docker 客户端可以与多个 Docker 守护进程进行通信。许多 Docker 应用程序都会使用底层的 API 和命令行接口。

Docker 服务器：即 Docker Daemon，这是 Docker 的后台应用程序，可使用 dockerd 命令进行管理。随着时间的推移，Docker Daemon 的整体性带来了越来越多的问题，Docker Daemon 难以变更、运行越来越慢，这并非生态（或 Docker 公司）所期望的。Docker 公司意识到了这些问题，开始努力着手拆解这个大而全的 Docker Daemon，并将其模块化。这项任务的目标是尽可能拆解出其中的功能特性，并用小而专的工具来实现它。这些小工具可以是可替换的，也可以被第三方用于构建其他工具。Docker Daemon 的主要功能包括镜像管理、镜像构建、REST API 支持、身份验证、安全管理、核心网络编排。

REST API：定义程序与 Docker 守护进程交互的接口，便于编程操作 Docker 平台和容器，是一套目前比较成熟的互联网 API 架构。

### 7. Docker 的架构

Docker 的架构如图 2.14 所示。Docker 客户端是 Docker 用户与 Docker 交互的主要途径。当用户使用 Docker build（建立）、Docker pull（拉取）、Docker run（运行）等类似命令时，客户端会将这些命令发送到 Docker 守护进程来执行，Docker 客户端可以与多个 Docker 守护进程通信。

一台主机运行一个 Docker 守护进程，又被称为 Docker 主机，Docker 客户端与 Docker 守护进程通信，Docker 守护进程充当 Docker 服务器，负责构建、运行和分发容器。Docker 客户端与守护进程可以在同一个系统上运行，也可以让 Docker 客户端连接到远程主机上的 Docker 守护进程后再运行。Docker 客户端和守护进程使用 REST API 通过 Linux 套接字（Socket）或网络接口进行通信。Docker 守护进程和 Docker 客户端属于 Docker 引擎的一部分。Docker 主机管理有镜像和容器等 Docker 对象，以实现对 Docker 服务的管理。

Docker 注册中心用于存储和分发 Docker 镜像，可以理解为代码控制中的代码仓库。Docker Hub 和 Docker Cloud 是任何人都可以使用的公开注册中心，默认情况下，Docker 守护进程会到 Docker Hub 中查找镜像。除此之外，用户还可以运行自己的私有注册中心。Docker Hub 提供了庞大的镜像集合供客户使用。一个 Docker Registry 中可以包含多个仓库（Repository）；每个仓库可以包含多个标签（Tag）；每个标签对应一个镜像。通常，一个仓库会包含同一个软件不同版本的镜像，而标签常用于对应该软件的各个版本。当 Docker 客户端用户使用 docker pull 或 docker run 命令时，所请求的镜像如果不在本地 Docker 主机上，就会从所配置的 Docker 注册中心通过数据库索引（index）的方式拉取（下载）到本地 Docker 主机上。当用户使用 docker push 命令时，镜像会被推送（上传）到所配置的 Docker 注册中心中。

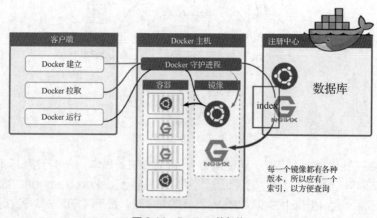

图 2.14 Docker 的架构

### 8. Docker 底层技术

Docker 使用了以下几种底层技术。

（1）命名空间。

命名空间（Namespace）是 Linux 内核针对容器虚拟化而引入的一个强大特性。每个容器都可以拥有自己单独的命名空间，运行在其中的应用都像在独立的操作系统中运行一样。命名空间保证了容器之间互不影响。

（2）控制组。

控制组（Control Group）是 Linux 内核的一个特性，主要用来对共享资源进行隔离、限制、审计等。只有对分配到容器的资源进行控制，才能避免多个容器同时运行时对宿主机系统的资源竞争。每个控制组是一组对资源的限制，支持层级化结构。Linux 上的 Docker 引擎依赖这种底层技术来限制容器对资源的使用。控制组提供如下功能。

① 资源限制：可为组设置一定的内存限制。例如，内存子系统可以为进程组设定一个内存使用上限，一旦进程组使用的内存达到限额，再申请内存时，就会发出 Out of Memory 警告。

② 优先级：通过优先级让一些组优先得到 CPU 等资源。

③ 资源审计：用来统计系统实际上把多少资源用到适合的目的上，可以使用 cpuacct 子系统记录某个进程组使用的 CPU 时间。

④ 隔离：为组隔离命名空间，这样使得一个组不会看到另一个组的进程、网络连接和文件系统。

⑤ 控制：执行挂起、恢复和重启动等操作。

（3）联合文件系统。

联合文件系统（Union File System）是一种轻量级的高性能分层文件系统，它支持将文件系统中的修改信息作为一次提交，并层层叠加，同时可以将不同目录挂载到同一个虚拟文件系统下，应用看到的是挂载的最终结果。联合文件系统是实现 Docker 镜像的技术基础。

Docker 镜像可以通过分层来进行继承。例如，用户基于基础镜像来制作各种不同的应用镜像。这些镜像共享同一个基础镜像，提高了存储效率。此外，当用户改变了一个 Docker 镜像（如升级程序到新的版本）时，会创建一个新的层。因此，用户不用替换或者重新建立整个原镜像，只需要添加新层即可。用户分发镜像的时候，也只需要分发被改动的新层内容（增量部分）。这让 Docker 的镜像管理变得十分轻量和快速。

（4）容器格式。

Docker 引擎将命名空间、控制组和联合文件系统打包到一起时所使用的就是容器格式（Container Format）。最初，Docker 采用了 LXC 中的容器格式，自 1.20 版本开始，Docker 也开始支持新的 Libcontainer 格式，并将其作为默认选项。

（5）Linux 网络虚拟化。

Docker 的本地网络实现其实利用了 Linux 上的网络命名空间和虚拟网络设备（特别是 veth pair）。要实现网络通信，机器需要至少有一个网络接口（物理接口或虚拟接口）与外界相通，并可以收发数据包。此外，如果不同子网之间要进行通信，则需要额外的路由机制。Docker 中的网络接口默认都是虚拟接口。虚拟接口的优势就是转发效率极高。这是因为 Linux 通过在内核中进行数据复制来实现虚拟接口之间的数据转发，即发送接口的发送缓存中的数据包将被直接复制到接收接口的接收缓存中，而无须通过外部物理网络设备进行交换。对于本地系统和容器内系统，虚拟接口与正常的以太网卡相比并无区别，而且虚拟接口的速度要快得多。Docker 容器网络就很好地利用了 Linux 虚拟网络技术，它在本地主机和容器内分别创建一个虚拟接口 veth，并连通一对虚拟接口 veth pair 来进行通信。

### 9. Docker 的功能

与传统虚拟机不同，Docker 提供的是轻量的虚拟化容器。可以在单个主机上运行多个 Docker 容器，而每个容器中都有一个微服务或独立应用。例如，用户可以在一个 Docker 容器中运行 MySQL 服务，而在另一个 Docker 容器中运行 Tomcat 服务，这两个容器可以运行在同一个服务器或多个服务器上。目前，Docker 容器能够提供以下几种功能。

（1）快速部署。

在虚拟机出现之前，引入新的硬件资源需要消耗几天的时间，虚拟化技术将这个时间缩短到了分钟级，而 Docker 通过为进程仅仅创建一个容器而无须启动一个操作系统，再次将这个时间缩短到了秒级。通常，数据中心的资源利用率只有 30%，而使用 Docker 可以进行有效的资源分配，并提高资源的利用率。

（2）多租户环境。

Docker 能够作为云计算的多租户容器，为每一个租户的应用层的多个实例创建隔离的环境，不但操作简单，而且成本较小，这得益于 Docker 灵活的环境及高效的 diff 命令。

（3）隔离应用。

有很多种原因会使用户选择在一台机器上运行不同的应用，Docker 允许开发人员选择较为适合各种服务的工具或技术，隔离服务以消除任何潜在的冲突。容器可以独立于应用的其他服务组件，轻松地实现共享、部署、更新和瞬间扩展。

（4）简化配置。

传统虚拟机的最大好处之一是基于用户的应用配置能够无缝运行在任何一个平台上，而 Docker 在降低额外开销的情况下提供了同样的功能，它能将运行环境和配置放入代码中部署，同一个 Docker 的配置可以在不同的环境中使用，这样就降低了硬件要求和应用环境之间的耦合度。

（5）整合服务器。

使用 Docker 可以整合多个服务器以降低成本。由于空闲内存可以跨实例共享，无须占用过多操作系统内存空间，因此，相比于传统虚拟机，Docker 可以提供更好的服务器整合解决方案。

（6）调试能力。

Docker 提供了众多的工具，它们提供了很多功能，包括可以为容器设置检查点、设置版本、查看两个容器之间的差别等，这些功能可以帮助消除缺陷与错误。

（7）提高开发效率。

在开发过程中，开发者都希望开发环境尽量贴近生产环境，并且能够快速搭建开发环境。使用 Docker 可以轻易地让几十个服务在容器中运行起来，可以在单机上最大限度地模拟分布式部署的环境。

（8）代码管道化管理。

Docker 能够对代码以流式管道化的方式进行管理。代码从开发者的机器到生产环境机器的部署，需要经过很多的中间环境，而每一个中间环境都有微小的差别。Docker 跨越这些异构环境，给应用提供了一个从开发到上线均一致的环境，保证了应用的流畅发布。

### 10. Docker 的应用

目前，Docker 的应用涉及许多领域，根据 Docker 官网的相关资料，现在对主要的应用进行如下说明。

（1）云迁移。

Docker 便于执行云迁移策略，可以随时随地将应用程序交付到任何云端。大多数大型企业具有混合云或多云战略，但是有许多企业在云迁移目标上落后了。跨供应商和地理位置重新构建应用程序比预期更具挑战性。使用 Docker 标准化应用程序，能使它们在任何基础设施上以同样的方式运行。Docker 可以跨越多个云环境容器化，并在这些环境中部署传统应用程序和微服务。Docker 企业版通过可移植的打包功能和统一的运维模式加速云迁移，其具有以下优势。

① 简化运维。统一的运维模式能简化不同基础架构的安全、策略管理和应用程序运维流程。

② 灵活选择混合云和多云。与基础设施无关的容器平台可以运行在任何云环境上，包括公有云、私有云、混合云和多云的环境。Docker 可以对跨云端的联合应用程序和内部部署的应用程序

进行管理。

③ 使软件发布更安全。通过集成的私有注册中心解决方案验证容器化应用程序的来源,在部署之前扫描已知的漏洞,发现新漏洞时及时反馈。

(2) 大数据应用。

Docker能够释放数据的信息,将数据分析为可操作的观点和结果。从生物技术研究到自动驾驶汽车,再到能源开发,许多领域都在使用像Hadoop、TensorFlow这样的数据科技助推科学发现和决策。使用Docker企业版仅需要数秒就能部署复杂的隔离环境,从而帮助数据专家创建、分享和再现他们的研究成果。Docker使数据专家能够快速地迭代模型,具体表现在以下几个方面。

① 便于安全协作。平台和生命周期中的集成安全性有利用数据业务的协作,避免数据被篡改和数据完整性被破坏的风险。

② 独立于基础设施的Docker平台使得数据专家能够对应用程序进行最优化的数据分析;数据专家可以选择并使用适合研究项目的工具和软件包构建模型,无须担心应用程序与环境的冲突。

③ 确保研究的再现性。Docker使用不可变容器消除环境不同带来的问题,可以确保数据分析和研究的再现性。

(3) 边缘计算。

Docker将容器安全地扩展到网络的边缘,直达数据源头。边缘计算指靠近数据源头的计算,常用于收集来自数百基至数千个物联网设备的数据。使用容器可以将软件安全地发布到网络边缘,在易于修补和升级的轻量级框架上运行容器化的应用程序。

Docker企业版提供安全的应用程序运维功能来支持边缘计算。Docker是轻量级的应用程序平台,所支持的应用程序的可移植性能确保从核心到云,再到边缘设备的无障碍容器部署。Docker提供具有粒度隔离功能的轻量级架构,可以减少边缘容器和设备的攻击面。

Docker提供安全的软件发布,能加速容器发布到边缘的过程,并通过Docker注册中心的镜像和缓存架构提高可用性;Docker确保应用程序开发生命周期的安全,通过数字签名、边缘安全扫描和签名验证保证从核心到边缘的信任链完整。

(4) 现代应用程序。

构建和设计现代应用程序应以独立于平台的方式进行。现代应用程序支持所有类型的设备,从手机到便携式计算机,到台式计算机,再到其他不同的平台,这样可以充分利用现有的后端服务以及公有云或私有云基础设施。Docker可以较完美地容器化应用程序,在单一平台上构建、分享和运行现代应用程序。

现代应用程序包括新的应用程序和需要新功能的现有应用程序。它们是分布式的,需要基于微服务架构实现敏捷性、灵活性,并提供对基于云的服务的访问;它们还需要一组用于开发的不同工具、语言和框架,以及面向运营商的云和Kubernetes环境。Kubernetes简称K8s,是用8代替8个字符"ubernete"而成的缩写。它是一个开源的并用于管理云平台中多个主机上的容器化的应用。Kubernetes的目标是让部署容器化的应用简单并且高效,Kubernetes提供了应用部署、规划、更新、维护的一种机制,好在Docker知道如何使以上这些复杂的事情变得简单。

现在应用程序对数字化转型至关重要,但是这些程序与构建、分享和运行它的组织一样复杂。现代应用程序是创新的关键,它能够帮助开发人员和运营商快速创新。Docker对软件构建、分享和运行的方式进行标准化,使用渐进式创新来解决应用开发和基础设施方面的复杂问题。Docker是独立容器平台,可以通过人员、系统、合作伙伴的广泛组合来构建、分享和运行所有的现代应用程序。

(5) 数字化转型。

Docker通过容器化实现数字化转型,与现有人员、流程和容器平台一起推动业务创新。Docker企业版支持现有应用程序的数字化转型,其具体措施如下。

① 自由选择实现技术。Docker 可以在不受厂商限定的基础结构上构建和部署绝大多数应用程序，可以使用大部分操作系统、开发语言和技术栈构建应用程序。

② 保证运维敏捷性。Docker 通过新的技术和创新服务来加快产品上线速度，实现较高客户服务水平的敏捷运维，快速实现服务交付、补救、恢复和服务的高可用性。

③ 保证集成安全性。Docker 确保法规遵从性并在动态 IT 环境中提供安全保障。

（6）微服务。

Docker 通过容器化微服务激发开发人员的创造力，使开发人员更快地开发软件。微服务用于替代大型的单体应用程序，其架构是一个独立部署的服务集合，每个服务都有自己的功能。这些服务务可使用不同的编程语言和技术栈来实现，部署和调整时不会对应用程序中的其他组件产生负面影响。单体应用程序使用一个单元将所有服务绑定在一起，创建依赖、执行伸缩规则和故障排除之类的任务比较烦琐和耗时，而微服务充分利用独立的功能组件来提高生产效率和速度，通过微服务可在数小时内完成新应用的部署和更新，而不是以前的数周或数月。

微服务是模块化的，在整个架构中，每个服务独立运行自己的应用。容器能提供单独的微服务，它们有彼此隔离的工作负载环境，能够独立部署和伸缩。以任何编程语言开发的微服务都可以在任何操作系统上以容器方式快速可靠地部署到基础设施中，包括公有云和私有云。

Docker 为容器化微服务提供通用平台，Docker 企业版可以使基于微服务架构的应用程序的构建、发布和运行标准化、自动化，其主要优势如下。

① 受开发人员欢迎。开发人员可以为每个服务选择合适的工具和编程语言，Docker 的标准化打包功能可以简化测试和开发环节。

② 具有内在安全性。Docker 验证应用程序的可信度，构建从开发环境到生产环境的安全通道，通过使用标准化和自动化配置消除容易出错的手动设置来降低风险。

③ 有助于高速创新。Docker 支持快速编码、测试和协作，保证开发环境和生产环境的一致性，能够减少应用程序生命周期中的问题和故障。

④ 在软件日趋复杂的情况下，微服务架构是弹性扩展、快速迭代的主流方案。微服务有助于负责单个服务的小团队降低沟通成本、提高效率。众多的服务会使整个运维工作复杂度剧增，而使用 Docker 提前进行环境交付，开发人员只要多花 5%的时间，就能节省两倍于传统运维的工作量，并且能大大提高业务运行的稳定性。

## 2.3 项目实施

### 2.3.1 远程连接、管理 Linux 操作系统

SecureCRT（Combined Rlogin and Telnet，CRT）和 SecureFX 都是由 VanDyke 出品的安全外壳（Secure Shell，SSH）传输工具，SecureCRT 进行远程连接，SecureFX 可以进行远程可视化文件传输。

**1. SecureCRT 远程连接、管理 Linux 操作系统**

SecureCRT 是一款支持 SSH（SSH1 和 SSH2）的终端仿真程序，简单地说，其是 Windows 操作系统中登录 UNIX 或 Linux 服务器的软件。

SecureCRT 支持 SSH，同时支持 Telnet 和 Rlogin 协议。SecureCRT 是一款用于连接、运行 Windows、UNIX 和虚拟内存系统（Virtual Memory System，VMS）等的理想工具。通过使用内含的向量通信处理器（Vector Communication Processor，VCP），命令行程序可以进行加密文件的传输。其有 CRTTelnet 远程访问客户机的所有特点，包括自动注册、

V2-4　远程连接、管理 Linux 操作系统

对不同主机保持不同的特性、打印功能、设置颜色、可变屏幕尺寸、用户定义的键位图和优良的虚拟终端窗口（VT100、VT102 和 VT220），以及全新微小的整合（All New Small Integration，ANSI）竞争，能在命令行程序或浏览器中运行。其他特点还包括文本手稿、易于使用的工具条、用户的键位图编辑器、可定制的 ANSI 颜色等。SecureCRT 的 SSH 协议支持数据加密标准（Data Encryption Standard，DES）、3DES、RC4 密码，以及密码与 RSA（Rivest Shamir Adleman，一种公钥密码算法）鉴别。

在 SecureCRT 中配置本地端口转发，涉及本机、跳板机、目标服务器，因为本机与目标服务器不能直接进行 ping 操作，所以需要配置端口转发，将本机的请求转发到目标服务器。

（1）为了方便操作，使用 SecureCRT 连接 Linux 服务器，选择相应的虚拟机操作系统。在 VMware 虚拟机主窗口中，选择"编辑"→"虚拟网络编辑器"选项，如图 2.15 所示。

（2）在"虚拟网络编辑器"对话框中，选择"VMnet8"选项，设置网络地址转换（Network Address Translation，NAT）模式的子网 IP 地址为 192.168.100.0，如图 2.16 所示。

（3）在"虚拟网络编辑器"对话框中，单击"NAT 设置"按钮，弹出"NAT 设置"对话框，设置网关 IP 地址，如图 2.17 所示。

（4）选择"控制面板"→"所有控制面板项"→"网络连接"选项，查看 VMware Network Adapter VMnet8 连接，如图 2.18 所示。

图 2.15　选择"虚拟网络编辑器"选项

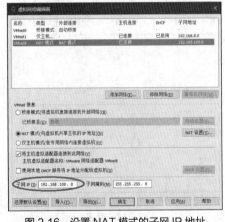

图 2.16　设置 NAT 模式的子网 IP 地址

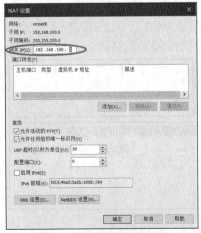

图 2.17　设置网关 IP 地址

图 2.18　查看 VMware Network Adapter VMnet8 连接

（5）选择 VMnet8 的 IP 地址，如图 2.19 所示。

（6）进入 Linux 操作系统桌面，单击桌面右上角的"启动"按钮 ，选择"有线连接 已关闭"选项，设置网络有线连接，如图 2.20 所示。

图 2.19　选择 VMnet8 的 IP 地址

图 2.20　设置网络有线连接

（7）选择"有线设置"选项，打开"设置"窗口，如图 2.21 所示。

（8）在"设置"窗口中单击"有线连接"选项组中的 按钮，选择"IPv4"选项卡，设置 IPv4 信息，如 IP 地址、子网掩码、网关、域名服务（Domain Name Service，DNS）等，如图 2.22 所示。

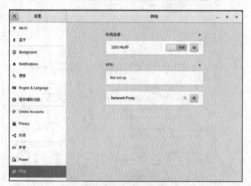

图 2.21　"设置"窗口

图 2.22　设置 IPv4 信息

（9）设置完成后，单击"应用"按钮，返回"设置"窗口，单击"关闭"按钮，使按钮变为打开状态。单击"有线连接"选项组中的 按钮，查看网络配置详细信息，如图 2.23 所示。

（10）在 Linux 操作系统中，使用 Firefox 浏览器访问网站，如图 2.24 所示。

图 2.23　查看网络配置详细信息

图 2.24　使用 Firefox 浏览器访问网站

（11）按 Windows+R 组合键，弹出"运行"对话框，输入命令"cmd"，单击"确定"按钮，如图 2.25 所示。

（12）使用 ping 命令访问网络主机 192.168.100.100，测试网络连通性，如图 2.26 所示。

图 2.25　"运行"对话框

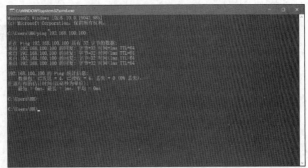

图 2.26　测试网络连通性

（13）下载并安装 SecureCRT 工具软件，如图 2.27 所示。

（14）打开 SecureCRT 工具软件，单击工具栏中的 图标，如图 2.28 所示。

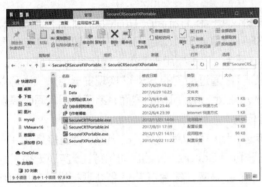

图 2.27　下载并安装 SecureCRT 工具软件

图 2.28　打开 SecureCRT 工具软件

（15）弹出"快速连接"对话框，设置主机名为 192.168.100.100，用户名为 root，单击"连接"按钮，进行连接，如图 2.29 所示。

（16）弹出"新建主机密钥"对话框，提示相关信息，如图 2.30 所示。

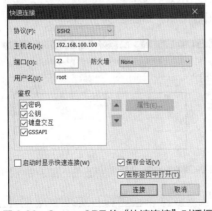

图 2.29　SecureCRT 的"快速连接"对话框

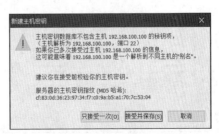

图 2.30　"新建主机密钥"对话框

（17）单击"接受并保存"按钮，弹出"输入安全外壳密码"对话框，输入用户名和密码，如图 2.31 所示。

（18）单击"确定"按钮，弹出如图 2.32 所示的结果，表示已经成功连接网络主机 192.168.100.100。

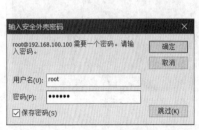

图 2.31 输入安全外壳密码"对话框

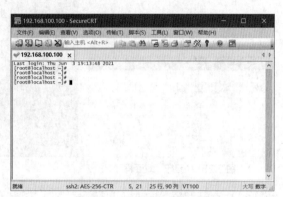

图 2.32 成功连接网络主机

### 2. SecureFX 远程连接文件传输配置

SecureFX 支持 3 种文件传送协议：文件传送协议（File Transfer Protocol，FTP）、安全文件传送协议（Secure File Transfer Protocol，SFTP）和 FTP over SSH2。无论用户连接的是使用哪种操作系统的服务器，它都能提供安全的传送服务。它主要用于 Linux 操作系统（如 RHEL、Ubuntu）的客户端文件传送，用户可以选择利用 SFTP 通过加密的 SSH2 实现安全传送，也可以利用 FTP 进行标准传送。SecureFX 具有 Windows Explorer 风格的界面，易于使用，同时提供强大的自动化功能，可以自动化地实现文件的安全传送。

SecureFX 可以更加有效地实现文件的安全传送，用户可以使用其新的拖放功能直接将文件拖放至 Windows Explorer 或其他程序中，也可以充分利用 SecureFX 的自动化特性，实现无须人为干扰的文件自动传送。新版 SecureFX 采用了一个密码库，符合联邦信息处理标准（Federal Information Processing Standard，FIPS）140-2 加密要求，改进了 X.509 证书的认证能力，可以轻松开启多个会话，提高了 SSH 代理的性能。

总的来说，SecureCRT 是在 Windows 操作系统中登录 UNIX 或 Linux 服务器的软件，SecureFX 是一款 FTP 软件，可实现 Windows、UNIX 或 Linux 操作系统的文件互动。

（1）下载并安装 SecureFX 工具软件，如图 2.33 所示。

（2）打开 SecureFX 工具软件，单击工具栏中的 图标，如图 2.34 所示。

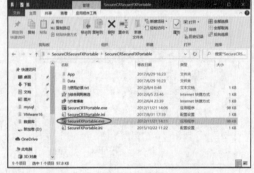

图 2.33 下载并安装 SecureFX 工具软件

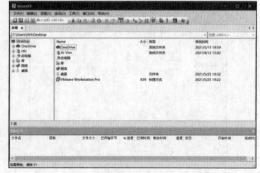

图 2.34 打开 SecureFX 工具软件

（3）弹出"快速连接"对话框，设置主机名为 192.168.100.100，用户名为 root，单击"连接"按钮，进行连接，如图 2.35 所示。

（4）在"输入安全外壳密码"对话框中，输入用户名和密码，进行登录，如图 2.36 所示。

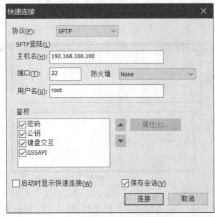

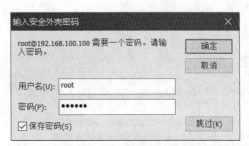

图 2.35　SecureFX 的"快速连接"对话框　　　图 2.36　SecureFX 的"输入安全外壳密码"对话框

（5）单击"确定"按钮，弹出 SecureFX 主界面，中间部分显示乱码，如图 2.37 所示。
（6）在 SecureFX 主界面中，选择"选项"→"会话选项"选项，如图 2.38 所示。

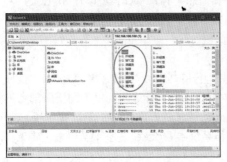

图 2.37　SecureFX 主界面　　　　　　　图 2.38　选择"会话选项"选项

（7）在"会话选项"对话框中，选择"外观"选项，在"字符编码"下拉列表中选择"UTF-8"选项，如图 2.39 所示。

（8）配置完成后，显示/boot 目录配置结果，如图 2.40 所示。

图 2.39　设置会话选项　　　　　　　图 2.40　显示/boot 目录配置结果

(9)将 Windows 10 操作系统中 F 盘下的文件 abc.txt 传送到 Linux 操作系统中的/mnt/aaa 目录下。在 Linux 操作系统中的/mnt 目录下新建 aaa 文件夹。选中 aaa 文件夹,同时选择 F 盘下的文件 abc.txt,并将其拖放到传送队列中,如图 2.41 所示。

(10)使用 ls 命令,查看网络主机 192.168.100.100 目录/mnt/aaa 的传送结果,如图 2.42 所示。

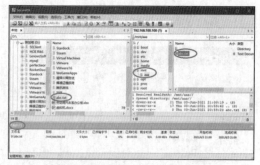
图 2.41  使用 SecureFX 传送文件

图 2.42  查看网络主机目录/mnt/aaa 的传送结果

## 2.3.2  Docker 的安装与部署

各主流操作系统都支持 Docker,包括 Windows 操作系统、Linux 操作系统以及 macOS 等。目前,最新的 RHEL、CentOS 及 Ubuntu 操作系统官方软件源中都已经默认自带 Docker 包,可以直接安装使用,也可以用 Docker 自己的 YUM 源进行配置。

**1. 在 Windows 操作系统中安装与部署 Docker**

Docker 并非一个通用的容器工具,它依赖于已存在并运行的 Linux 内核环境。Docker 实质上在已经运行的 Linux 中制造了一个隔离的文件环境,因此它的执行效率几乎等同于所部署的 Linux 主机的执行效率。因此,Docker 必须部署在使用 Linux 内核的操作系统中。其他操作系统想部署 Docker 就必须安装虚拟 Linux 环境,Windows 操作系统中 Docker 的安装与部署逻辑架构如图 2.43 所示。

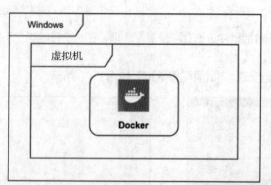
图 2.43  Windows 操作系统中 Docker 的安装与部署逻辑架构

安装 Docker 的基本要求:64 位操作系统,版本为 Windows 7 或更高;支持硬件虚拟化技术(Hardware Virtualization Technology)功能,并且要求开启该功能。

(1)在 Docker 官网上下载 DockerToolbox-19.03.1.exe 文件,双击该文件,打开"打开文件-安全警告"窗口,如图 2.44 所示。

(2)单击"运行"按钮,打开"Setup-Docker Toolbox"窗口,如图 2.45 所示。

图 2.44 "打开文件-安全警告"窗口　　图 2.45 "Setup-Docker Toolbox"窗口

（3）单击"Next"按钮，选择安装路径，如图 2.46 所示。
（4）单击"Next"按钮，选中所需的组件，如图 2.47 所示。

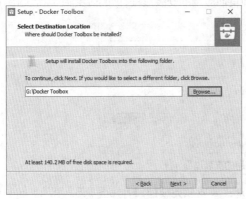

图 2.46 选择安装路径　　图 2.47 选中所需的组件

（5）单击"Next"按钮，添加其他任务，如择中需要创建桌面快捷方式（Create a desktop shortcut），需要添加环境变量到 Path（Add docker binaries to PATH），升级引导 Docker 虚拟机（Upgrade Boot2Docker VM），如图 2.48 所示。

（6）单击"Next"按钮，跳转到安装 Docker Toolbox 工具确认窗口，确认安装路径、需要安装的组件等，如图 2.49 所示。

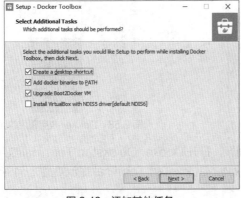
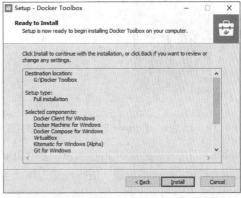

图 2.48 添加其他任务　　图 2.49 安装 Docker Toolbox 工具确认窗口

（7）单击"Install"按钮，弹出 Docker Toolbox 工具等待安装界面，如图 2.50 所示。

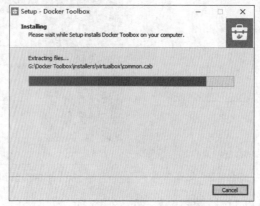

图 2.50　Docker Toolbox 工具等待安装界面

（8）在 Docker Toolbox 的安装过程中会出现其他应用的安装过程，如 Oracle Corporation 等系列软件，选择全部安装即可，如图 2.51 所示。

图 2.51　其他应用的安装过程

（9）单击"安装"按钮，打开 Docker Toolbox 工具安装完成窗口，如图 2.52 所示。

（10）单击"Finish"按钮，安装结束后，在桌面上可以看到 Docker 应用程序的图标，如图 2.53 所示。

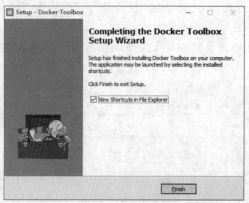

图 2.52　Docker Toolbox 工具安装完成窗口　　　　图 2.53　Docker 应用程序的图标

（11）双击"Docker Quickstart Terminal"图标，打开 Docker Quickstart Terminal 应用。该应用会自动进行一些设置，进行检测工作，当 Docker Quickstart Terminal 提示如图 2.54 所示信息时，表示启动失败。

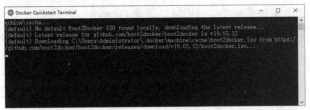

图 2.54　提示信息

分析提示信息，出现该问题的原因是启动时没有检测到 boot2docker.iso 文件，在下载过程中出现了网络连接上的错误，导致启动失败。

解决方案是删除临时目录 C:\Users\Administrator\.docker\machine\cache 中已下载的文件 boot2docker.iso.tmp541645815，如图 2.55 所示。

图 2.55　删除 boot2docker.iso.tmp541645815 文件

使用其他工具下载对应的 boot2docker.iso 文件，如图 2.56 所示，将下载好的文件放到临时目录下（不需要解压），本书提供的资料中已经有相应的 boot2docker.iso 文件。

图 2.56　下载对应的 boot2docker.iso 文件

（12）双击"Docker Quickstart Terminal"图标，当弹出 Docker 运行界面时，表示 Docker 安装完成，如图 2.57 所示。

（13）使用 docker version 命令，查看当前安装的 Docker 的版本，如图 2.58 所示。

图 2.57　Docker 运行界面　　　　图 2.58　查看当前安装的 Docker 的版本

## 2. 在 CentOS 7.6 操作系统中在线安装与部署 Docker

在 CentOS 操作系统中使用统一资源定位符（Uniform Resource Locator，URL）获得 Docker 的安装脚本进行安装，在新主机上首次安装 Docker 社区版之前，需要设置 Docker 的 YUM 仓库，这样可以很方便地从该仓库中安装和更新 Docker。

（1）检查安装 Docker 的基本要求：64 位 CPU 架构的计算机，目前不支持 32 位 CPU 架构的计算机；Linux 操作系统内核版本为 3.10 及以上。本任务是将 Docker 安装在 VMware 虚拟机中，因此需要保证将虚拟机的网卡设置为桥接模式。

（2）通过 uname –r 命令查看当前系统的内核版本，执行命令如下。

```
[root@localhost ~]# uname   -r          //查看 Linux 操作系统内核版本
```

命令执行结果如下。

```
3.10.0-957.el7.x86_64
[root@localhost ~]#
```

（3）关闭防火墙，并查询防火墙是否关闭，执行命令如下。

```
[root@localhost ~]# systemctl stop firewalld          //关闭防火墙
[root@localhost ~]# systemctl disable firewalld       //设置开机禁用防火墙
```

命令执行结果如下。

```
Removed symlink /etc/systemd/system/multi-user.target.wants/firewalld.service.
Removed symlink /etc/systemd/system/dbus-org.fedoraproject.FirewallD1.service.
[root@localhost ~]# systemctl status firewalld        //查看防火墙状态
```

命令执行结果如下。

```
  firewalld.service - firewalld - dynamic firewall daemon
  Loaded: loaded (/usr/lib/systemd/system/firewalld.service; disabled; vendor preset: enabled)
  Active: inactive (dead)                              //提示防火墙已关闭
    Docs: man:firewalld(1)
3月 06 16:01:59 localhost systemd[1]: Starting firewalld - dynamic firewall daemon...
3月 06 16:02:01 localhost systemd[1]: Started firewalld - dynamic firewall daemon.
3月 06 16:28:59 localhost systemd[1]: Stopping firewalld - dynamic firewall daemon...
3月 06 16:28:59 localhost systemd[1]: Stopped firewalld - dynamic firewall daemon.
[root@localhost ~]#
```

（4）修改/etc/selinux 目录中的 config 文件，设置 SELINUX 为 disabled 之后，保存并退出文件，执行命令如下。

```
[root@localhost ~]# setenforce   0        //设置 SELINUX 为 Permissive
[root@localhost ~]# getenforce            //查看当前 SELINUX 模式
```

命令执行结果如下。

```
Permissive
[root@localhost ~]# vim    /etc/selinux/config
```

命令执行结果如下。

```
SELINUX=disabled        //将 SELINUX=enforcing 改为 SELINUX=disabled
[root@localhost ~]# cat    /etc/selinux/config
```

命令执行结果如下。

```
# This file controls the state of SELinux on the system.
# SELINUX= can take one of these three values:
#     enforcing - SELinux security policy is enforced.
#     permissive - SELinux prints warnings instead of enforcing.
#     disabled - No SELinux policy is loaded.
```

```
SELINUX=disabled
# SELINUXTYPE= can take one of three values:
#       targeted - Targeted processes are protected,
#       minimum - Modification of targeted policy. Only selected processes are protected.
#       mls - Multi Level Security protection.
SELINUXTYPE=targeted
[root@localhost ~]#
```

（5）修改网卡配置信息，执行命令如下。

```
[root@localhost ~]# vim    /etc/sysconfig/network-scripts/ifcfg-ens33
```

命令执行结果如下。

```
TYPE=Ethernet
BOOTPROTO=static
IPADDR=192.168.100.100
PREFIX=24
GATEWAY=192.168.100.2
DNS1=8.8.8.8
NAME=ens33
UUID=1992e26a-0c1d-4591-bda5-0a2d13c3f5bf
DEVICE=ens33
ONBOOT=yes
[root@localhost ~]# systemctl    restart    network    //重启网络服务
```

测试与外网的连通性，这里以网易网站为例进行操作，执行命令如下。

```
[root@localhost ~]# ping    www.163.com
```

命令执行结果如下。

```
PING www.163.com.lxdns.com (221.180.209.122) 56(84) bytes of data.
64 bytes from 221.180.209.122 (221.180.209.122): icmp_seq=1 ttl=128 time=4.79 ms
64 bytes from 221.180.209.122 (221.180.209.122): icmp_seq=2 ttl=128 time=4.50 ms
64 bytes from 221.180.209.122 (221.180.209.122): icmp_seq=3 ttl=128 time=4.85 ms
64 bytes from 221.180.209.122 (221.180.209.122): icmp_seq=4 ttl=128 time=5.17 ms
64 bytes from 221.180.209.122 (221.180.209.122): icmp_seq=5 ttl=128 time=4.63 ms
^C
--- www.163.com.lxdns.com ping statistics ---
5 packets transmitted, 5 received, 0% packet loss, time 4296ms
rtt min/avg/max/mdev = 4.509/4.794/5.175/0.234 ms
[root@localhost ~]#
```

从"5 packets transmitted, 5 received, 0% packet loss, time 4296ms"提示信息可知，本机可以访问外网。

（6）配置时间同步，可以选用网络时间协议（Network Time Protocol，NTP）或者自建 NTP 服务器，NTP 是用来使计算机时间同步化的一种协议，它可以使计算机对其服务器或时钟源（如石英钟、GPS 等）做同步化，它可以提供高精准度的时间校正（LAN 上与标准间差小于 1ms，WAN 上与标准间差为几十毫秒），且可借由加密确认的方式来防止恶毒的协议攻击，本书使用阿里云的时间服务器，执行命令如下。

```
[root@localhost ~]# yum    -y    install    ntpdate
[root@localhost ~]# ntpdate    ntp1.aliyun.com
```

命令执行结果如下。

```
 6 Mar 17:16:06 ntpdate[23454]: adjust time server 120.25.115.20 offset 0.009681 sec
```

[root@localhost ~]#

（7）如果安装旧版本，则需要卸载已安装的旧版本，执行命令如下。

[root@localhost ~]# yum remove docker docker-common docker-selinux docker-engine
[root@localhost ~]#

（8）安装必需的软件包。其中，yum-utils 提供 yum-config-manager 工具、devicemapper、evice-mapper-persistent-data 和 lvm2 工具软件，执行命令如下。

[root@localhost ~]# yum install yum-utils device-mapper-persistent-data lvm2
[root@localhost ~]#

（9）设置 Docker 社区版稳定版（Stable）的仓库地址，这里使用阿里云的镜像仓库源，执行命令如下。

[root@localhost ~]# yum-config-manager --add-repo http://mirrors.aliyun.com/docker-ce/linux/centos/docker-ce.repo

命令执行结果如下。

已加载插件：fastestmirror, langpacks
adding repo from: http://mirrors.aliyun.com/docker-ce/linux/centos/docker-ce.repo
grabbing file http://mirrors.aliyun.com/docker-ce/linux/centos/docker-ce.repo to /etc/yum.repos.d/docker-ce.repo
repo saved to /etc/yum.repos.d/docker-ce.repo
[root@localhost ~]#

这将在/etc/yum.repos.d 目录下创建一个名为 docker-ce.repo 的文件。该文件中定义了多个仓库地址，但默认只有稳定版被启用。如果要启用 Nightly 和 Test 仓库，则要启用相应的选项，执行命令如下。

[root@localhost ~]# yum-config-manager --enable docker-ce-nightly
[root@localhost ~]# yum-config-manager --enable docker-ce-test

要想禁用仓库，使用--disable 选项即可。

如果不使用阿里云的镜像仓库源，改用 Docker 官方的镜像仓库源，则需要创建 docker-ce.repo 文件，执行命令如下。

[root@localhost ~]# yum-config-manager --add-repo https://download.docker.com/linux/centos/docker-ce.repo

命令执行结果如下。

已加载插件：fastestmirror, langpacks
adding repo from: https://download.docker.com/linux/centos/docker-ce.repo
grabbing file https://download.docker.com/linux/centos/docker-ce.repo to /etc/yum.repos.d/docker-ce.repo
repo saved to /etc/yum.repos.d/docker-ce.repo
[root@localhost ~]#

可以使用命令查看/etc/yum.repos.d 目录下的文件以及 docker-ce.repo 文件的内容，执行命令如下。

[root@localhost ~]# ll /etc/yum.repos.d //查看/etc/yum.repos.d 目录下的文件

命令执行结果如下。

总用量 40
-rw-r--r--. 1 root root 1664 11 月 23 2018 CentOS-Base.repo
-rw-r--r--. 1 root root 1309 11 月 23 2018 CentOS-CR.repo
-rw-r--r--. 1 root root  649 11 月 23 2018 CentOS-Debuginfo.repo
-rw-r--r--. 1 root root  314 11 月 23 2018 CentOS-fasttrack.repo

```
-rw-r--r--. 1 root root   630 11 月 23 2018 CentOS-Media.repo
-rw-r--r--. 1 root root 1331 11 月 23 2018 CentOS-Sources.repo
-rw-r--r--. 1 root root 5701 11 月 23 2018 CentOS-Vault.repo
-rw-r--r--. 1 root root 1919 3 月    3 06:43 docker-ce.repo
-rw-r--r--. 1 root root   664 12 月 25 2018 epel-7.repo
[root@localhost ~]#
[root@localhost ~]# cat /etc/yum.repos.d/docker-ce.repo    //查看 docker-ce.repo 文件的内容
命令执行结果如下。
[docker-ce-stable]
name=Docker CE Stable - $basearch
baseurl=https://download.docker.com/linux/centos/$releasever/$basearch/stable
enabled=1
gpgcheck=1
gpgkey=https://download.docker.com/linux/centos/gpg

[docker-ce-stable-debuginfo]
name=Docker CE Stable - Debuginfo $basearch
baseurl=https://download.docker.com/linux/centos/$releasever/debug-$basearch/stable
enabled=0
gpgcheck=1
gpgkey=https://download.docker.com/linux/centos/gpg

[docker-ce-stable-source]
name=Docker CE Stable - Sources
baseurl=https://download.docker.com/linux/centos/$releasever/source/stable
enabled=0
gpgcheck=1
gpgkey=https://download.docker.com/linux/centos/gpg

[docker-ce-test]
name=Docker CE Test - $basearch
baseurl=https://download.docker.com/linux/centos/$releasever/$basearch/test
enabled=0
gpgcheck=1
gpgkey=https://download.docker.com/linux/centos/gpg

[docker-ce-test-debuginfo]
name=Docker CE Test - Debuginfo $basearch
baseurl=https://download.docker.com/linux/centos/$releasever/debug-$basearch/test
enabled=0
gpgcheck=1
gpgkey=https://download.docker.com/linux/centos/gpg

[docker-ce-test-source]
name=Docker CE Test - Sources
baseurl=https://download.docker.com/linux/centos/$releasever/source/test
enabled=0
gpgcheck=1
```

gpgkey=https://download.docker.com/linux/centos/gpg

[docker-ce-nightly]
name=Docker CE Nightly - $basearch
baseurl=https://download.docker.com/linux/centos/$releasever/$basearch/nightly
enabled=0
gpgcheck=1
gpgkey=https://download.docker.com/linux/centos/gpg

[docker-ce-nightly-debuginfo]
name=Docker CE Nightly - Debuginfo $basearch
baseurl=https://download.docker.com/linux/centos/$releasever/debug-$basearch/nightly
enabled=0
gpgcheck=1
gpgkey=https://download.docker.com/linux/centos/gpg

[docker-ce-nightly-source]
name=Docker CE Nightly - Sources
baseurl=https://download.docker.com/linux/centos/$releasever/source/nightly
enabled=0
gpgcheck=1
gpgkey=https://download.docker.com/linux/centos/gpg
[root@localhost ~]#

（10）查看仓库中的所有 Docker 版本。在生产环境中往往需要安装指定版本的 Docker，而不是最新版本。列出可用的 Docker 版本，执行命令如下。

[root@localhost ~]# yum list docker-ce --showduplicates | sort -r

其中，sort -r 命令表示使结果按版本由高到低进行排列，命令执行结果如图 2.59 所示。

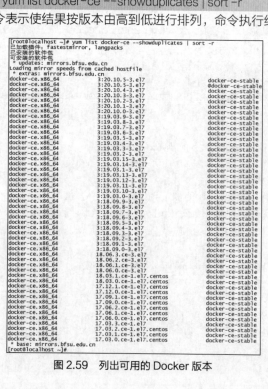

图 2.59　列出可用的 Docker 版本

第 1 列是软件包名称；第 2 列是版本字符串；第 3 列是仓库名称，表示软件包存储的位置，第 3 列中以符号@开头的名称（第 2 行的@docker-ce-stable），表示该版本已在本机安装。

（11）安装 Docker，安装最新版本的 Docker 社区版和 containerd，执行命令如下。

[root@localhost ~]# yum install -y docker-ce docker-ce-cli containerd.io

使用以下特定的命令，可以安装特定版本的 Docker。

yum install docker-ce-<版本字符串> docker-ce-cli-<版本字符串> containerd.io

例如，安装特定版本 20.10.1-3.el7，执行命令如下。

[root@localhost ~]# yum install -y docker-ce-20.10.1-3.el7 docker-ce-cli-20.10.1-3.el7 containerd.io

（12）启动 Docker，查看当前版本并进行测试，执行命令如下。

[root@localhost ~]# systemctl start docker　　　//启动 Docker
[root@localhost ~]# systemctl enable docker　　//开机启动 Docker

命令执行结果如下。

Created symlink from /etc/systemd/system/multi-user.target.wants/docker.service to /usr/lib/systemd/system/docker.service.

显示当前 Docker 版本，执行命令如下。

[root@localhost ~]# docker version

命令执行结果如下。

```
Client: Docker Engine - Community
 Version:           20.10.5
 API version:       1.41
 Go version:        go1.13.15
 Git commit:        55c4c88
 Built:             Tue Mar  2 20:33:55 2021
 OS/Arch:           linux/amd64
 Context:           default
 Experimental:      true
Server: Docker Engine - Community
 Engine:
  Version:          20.10.5
  API version:      1.41 (minimum version 1.12)
  Go version:       go1.13.15
  Git commit:       363e9a8
  Built:            Tue Mar  2 20:32:17 2021
  OS/Arch:          linux/amd64
  Experimental:     false
 containerd:
  Version:          1.4.3
  GitCommit:        269548fa27e0089a8b8278fc4fc781d7f65a939b
 runc:
  Version:          1.0.0-rc92
  GitCommit:        ff819c7e9184c13b7c2607fe6c30ae19403a7aff
 docker-init:
  Version:          0.19.0
  GitCommit:        de40ad0
[root@localhost ~]#
```

通过运行 hello-world 镜像来验证 Docker 社区版已经正常安装,执行命令如下。

```
[root@localhost ~]# docker run hello-world
```

命令执行结果如下。

```
Unable to find image 'hello-world:latest' locally
latest: Pulling from library/hello-world
b8dfde127a29: Pull complete
Digest: sha256:89b647c604b2a436fc3aa56ab1ec515c26b085ac0c15b0d105bc475be15738fb
Status: Downloaded newer image for hello-world:latest
Hello from Docker!
This message shows that your installation appears to be working correctly.
To generate this message, Docker took the following steps:
 1. The Docker client contacted the Docker daemon.
 2. The Docker daemon pulled the "hello-world" image from the Docker Hub.
    (amd64)
 3. The Docker daemon created a new container from that image which runs the
    executable that produces the output you are currently reading.
 4. The Docker daemon streamed that output to the Docker client, which sent it
    to your terminal.
To try something more ambitious, you can run an Ubuntu container with:
 $ docker run -it ubuntu bash
Share images, automate workflows, and more with a free Docker ID:
 https://hub.docker.com/
For more examples and ideas, visit:
 https://docs.docker.com/get-started/
[root@localhost ~]#
```

出现以上消息时表明安装的 Docker 可以正常工作。为了生成此消息,Docker 进行了如下操作。

① Docker 客户端联系 Docker 守护进程。

② Docker 守护进程从 Docker Hub 中拉取了 hello-world 镜像。

③ Docker 守护进程基于该镜像创建了一个新容器,该容器运行可执行文件并输出当前正在阅读的消息。

④ Docker 守护进程将该消息流式传输到 Docker 客户端,由 Docker 客户端将此消息发送到用户终端。

(13)升级 Docker 版本。

升级 Docker 版本时,只需要选择新的版本进行安装即可。

(14)卸载 Docker,执行命令如下。

```
[root@localhost ~]# yum remove  docker-ce  docker-ce-cli  containerd.io
```

Docker 主机上的镜像、容器、卷或自定义配置文件不会自动删除,Docker 默认的安装目录为 /var/lib/docker,要删除所有镜像、容器和卷,应执行如下命令。

```
[root@localhost ~]# ll  /var/lib/docker              //查看目录详细信息
```

命令执行结果如下。

```
总用量 0
drwx--x--x. 4 root root 120 3月   7 06:15 buildkit
drwx-----x. 3 root root  78 3月   7 06:25 containers
drwx------. 3 root root  22 3月   7 06:15 image
```

```
drwxr-x---.  3 root root   19 3月   7 06:15 network
drwx-----x.  6 root root  261 3月   7 06:25 overlay2
drwx------.  4 root root   32 3月   7 06:15 plugins
drwx------.  2 root root    6 3月   7 06:15 runtimes
drwx------.  2 root root    6 3月   7 06:15 swarm
drwx------.  2 root root    6 3月   7 06:25 tmp
drwx------.  2 root root    6 3月   7 06:15 trust
drwx-----x.  2 root root   50 3月   7 06:15 volumes
[root@localhost ~]#rm   -rf   /var/lib/docker          //强制删除目录下的所有文件及子目录
```

### 3. 在 CentOS 7.6 操作系统中离线安装与部署 Docker

在 CentOS 操作系统中可以使用 YUM 仓库安装 Docker。离线环境下不能直接从软件源下载软件包进行安装，Docker 官方提供了完整的软件包，下载之后手动安装即可。

（1）下载 CentOS 7.6 镜像文件 CentOS-7-x86_64-DVD-1810.iso 与 Docker 镜像文件 Docker.tar.gz。设置虚拟机虚拟光驱使用 ISO 镜像文件的路径，如图 2.60 所示。

图 2.60　设置 ISO 镜像文件的路径

使用 SecureFX 工具，将下载的 Docker 镜像文件 Docker.tar.gz 上传到虚拟机的/root 目录下，如图 2.61 所示。

图 2.61　上传 Docker 镜像文件 Docker.tar.gz

（2）挂载光驱，执行命令如下。

[root@localhost ~]# mkdir  -p /opt/centos7              //创建挂载目录
[root@localhost ~]# mount /dev/cdrom   /opt/centos7    //将光驱挂载到目录/opt/centos7 下
命令执行结果如下。

mount: /dev/sr0 写保护，将以只读方式挂载
[root@localhost ~]# df  -hT                             //查看磁盘挂载情况
命令执行结果如下。

| 文件系统 | 类型 | 容量 | 已用 | 可用 | 已用% | 挂载点 |
| --- | --- | --- | --- | --- | --- | --- |
| /dev/mapper/centos-root | xfs | 36G | 7.6G | 28G | 22% | / |
| devtmpfs | devtmpfs | 1.9G | 0 | 1.9G | 0% | /dev |
| tmpfs | tmpfs | 1.9G | 0 | 1.9G | 0% | /dev/shm |
| tmpfs | tmpfs | 1.9G | 13M | 1.9G | 1% | /run |
| tmpfs | tmpfs | 1.9G | 0 | 1.9G | 0% | /sys/fs/cgroup |
| /dev/sda1 | xfs | 1014M | 179M | 836M | 18% | /boot |
| tmpfs | tmpfs | 378M | 32K | 378M | 1% | /run/user/0 |
| /dev/sr0 | iso9660 | 4.3G | 4.3G | 0 | 100% | /opt/centos7 |

[root@localhost ~]# ll  /opt/centos7                   //查看挂载目录详细信息
命令执行结果如下。

```
总用量 686
-rw-rw-r--. 1 root root      14 11月 26 2018 CentOS_BuildTag
drwxr-xr-x. 3 root root    2048 11月 26 2018 EFI
-rw-rw-r--. 1 root root     227 8月  30 2017 EULA
-rw-rw-r--. 1 root root   18009 12月 10 2015 GPL
drwxr-xr-x. 3 root root    2048 11月 26 2018 images
drwxr-xr-x. 2 root root    2048 11月 26 2018 isolinux
drwxr-xr-x. 2 root root    2048 11月 26 2018 LiveOS
drwxrwxr-x. 2 root root  663552 11月 26 2018 Packages
drwxrwxr-x. 2 root root    4096 11月 26 2018 repodata
-rw-rw-r--. 1 root root    1690 12月 10 2015 RPM-GPG-KEY-CentOS-7
-rw-rw-r--. 1 root root    1690 12月 10 2015 RPM-GPG-KEY-CentOS-Testing-7
-r--r--r--. 1 root root    2883 11月 26 2018 TRANS.TBL
[root@localhost ~]#
```

（3）解压 Docker 镜像文件 Docker.tar.gz 至/opt 目录下，执行命令如下。

[root@localhost ~]# ll
命令执行结果如下。

```
总用量 3236404
-rw-------. 1 root root        1647 6月  8 2020 anaconda-ks.cfg
drwxr-xr-x. 2 root root          25 3月  7 08:56 bak
-rw-r--r--. 1 root root  3314069073 2月  24 2020 Docker.tar.gz
-rw-r--r--. 1 root root        1695 6月  8 2020 initial-setup-ks.cfg
drwxr-xr-x. 2 root root           6 6月  8 2020 公共
drwxr-xr-x. 2 root root           6 6月  8 2020 模板
drwxr-xr-x. 2 root root           6 6月  8 2020 视频
drwxr-xr-x. 2 root root           6 6月  8 2020 图片
drwxr-xr-x. 2 root root           6 6月  8 2020 文档
drwxr-xr-x. 2 root root           6 6月  8 2020 下载
```

```
drwxr-xr-x. 2 root root            6 6月     8 2020 音乐
drwxr-xr-x. 2 root root           40 6月     8 2020 桌面
[root@localhost ~]# tar -zxvf  Docker.tar.gz  -C  /opt     //解压文件至/opt目录下
[root@localhost ~]# ll   /opt
```

命令执行结果如下。

```
总用量 883098
drwxrwxr-x. 8 root root      2048 11月  26 2018 centos7
drwxr-xr-x. 2 root root       110 11月   4 2019 compose
drwxr-xr-x. 4 root root        34 11月   4 2019 Docker
-rw-r--r--. 1 root root 904278926 9月    12 2018 harbor-offline-installer-v1.5.3.tgz
drwxr-xr-x. 2 root root      4096 11月   4 2019 images
-rwxr-xr-x. 1 root root      1015 11月   4 2019 image.sh
drwxr-xr-x. 2 root root         6 10月  31 2018 rh
[root@localhost ~]# ll  /opt/Docker
```

命令执行结果如下。

```
总用量 28
drwxr-xr-x. 2 root root 20480 11月   4 2019 base
drwxr-xr-x. 2 root root  4096 11月   4 2019 repodata
[root@localhost ~]#
```

（4）配置YUM仓库，构建本地安装源，执行命令如下。

```
[root@localhost ~]# mkdir -p  /root/bak              //创建备份目录
[root@localhost ~]# mv /etc/yum.repos.d/*  /root/bak     //移动文件至备份目录中
[root@localhost ~]# ll  /etc/yum.repos.d/
```

命令执行结果如下。

```
总用量 0
[root@localhost ~]# ll  /root/bak
```

命令执行结果如下。

```
总用量 4
-rw-r--r--. 1 root root 131 9月   11 20:40 apache.repo
[root@localhost ~]# vim   /etc/yum.repos.d/docker-ce.repo
[Docker]
name=Docker
baseurl=file:///opt/Docker
gpgcheck=0
enabled=1

[centos7]
name=centos7
baseurl=file:///opt/centos7
gpgcheck=0
enabled=1
~
[root@localhost ~]#
[root@localhost ~]# yum   clean   all
[root@localhost ~]# yum   makecache
[root@localhost ~]# yum   repolist
```

命令执行结果如下。

已加载插件：fastestmirror, langpacks
Loading mirror speeds from cached hostfile
源标识                          源名称                                      状态
Docker                          Docker                                     341
centos7                         centos7                                    4,021
repolist: 4,362
[root@localhost ~]#

（5）安装 Docker，查看版本信息，执行命令如下。

[root@localhost ~]# yum install yum-utils device-mapper-persistent-data lvm2 -y
[root@localhost ~]# yum  install  docker-ce  -y
[root@localhost ~]# systemctl  start  docker
[root@localhost ~]# systemctl  enable  docker
[root@localhost ~]# docker  version

命令执行结果如下。
Client:
 Version:           18.09.6
 API version:       1.39
 Go version:        go1.10.8
 Git commit:        481bc77156
 Built:             Sat May  4 02:34:58 2019
 OS/Arch:           linux/amd64
 Experimental:      false
Server: Docker Engine - Community
 Engine:
  Version:          18.09.6
  API version:      1.39 (minimum version 1.12)
  Go version:       go1.10.8
  Git commit:       481bc77
  Built:            Sat May  4 02:02:43 2019
  OS/Arch:          linux/amd64
  Experimental:     false
[root@localhost ~]# docker   info       //查看 docker 信息
[root@localhost ~]#

## 项目小结

本项目包含 4 个任务。

任务 2.1：Linux 操作系统的相关知识，主要讲解了 Vi、Vim 编辑器的使用，系统克隆及快照管理。

任务 2.2：Docker 技术的相关知识，主要讲解了 Docker 的发展历程、Docker 的定义、Docker 的优势、容器与虚拟机、Docker 的三大核心概念、Docker 引擎、Docker 的架构、Docker 底层技术、Docker 的功能、Docker 的应用。

任务 2.3：远程连接、管理 Linux 操作系统，主要讲解了 SecureCRT 远程、连接管理 Linux 操作系统，SecureFX 远程连接文件传送配置。

任务 2.4：Docker 的安装与部署，主要讲解了在 Windows 操作系统中安装与部署 Docker、在 CentOS 7.6 操作系统中在线安装与部署 Docker、在 CentOS 7.6 操作系统中离线安装与部署 Docker。

## 课后习题

**1. 选择题**

（1）Vim 编辑器，在命令模式下输入（　　）命令，不能进入编辑模式。
  A. a    B. i    C. o    D. d

（2）Vim 编辑器，在命令模式下输入（　　）命令，可以将光标移动到文章的尾行。
  A. g    B. G    C. w    D. H

（3）Vim 编辑器，在命令模式下输入（　　）命令，可以删除当前行。
  A. gg    B. dw    C. dd    D. de

（4）Vim 编辑器，在命令模式下输入（　　）命令，可以粘贴内容到光标的后（下）面，如果复制的是整行，则粘贴到光标所在行的下一行。
  A. y    B. h    C. p    D. w

（5）Vim 编辑器，在命令模式下输入（　　）命令，可以取消上一个操作。
  A. u    B. a    C. c    D. p

（6）在容器化开发流程中，项目开始时分发给所有开发人员的是（　　）。
  A. 源代码    B. Docker 镜像    C. Dockerfile    D. 基础镜像

（7）【多选】Docker 的优势有（　　）。
  A. 更快的交付和部署    B. 高效的资源利用和隔离
  C. 高可移植性与扩展性    D. 更简单的维护和更新管理

（8）【多选】Docker 的核心概念有（　　）。
  A. 镜像    B. 容器    C. 数据卷    D. 仓库

（9）【多选】Docker 的功能有（　　）。
  A. 快速部署    B. 隔离应用    C. 提高开发效率    D. 代码管道化管理

（10）【多选】Docker 的应用有（　　）。
  A. 云迁移    B. 大数据应用    C. 边缘计算    D. 微服务

**2. 简答题**

（1）简述 Vim 编辑器的 3 种工作模式。
（2）简述如何进行虚拟机克隆与系统快照管理。
（3）简述如何使用 SecureCRT 远程连接、管理 Linux 操作系统。
（4）简述如何使用 SecureFX 远程连接文件进行传输。
（5）简述 Docker 的定义。
（6）简述 Docker 的优势。
（7）简述容器与虚拟机的特性。
（8）简述 Docker 的三大核心概念。
（9）简述 Docker 引擎。
（10）简述 Docker 的架构。
（11）简述 Docker 底层技术。
（12）简述 Docker 的功能。
（13）简述 Docker 的应用。

# 项目3
# Docker镜像管理

**03**

【学习目标】
- 掌握Docker镜像的相关知识。
- 掌握Docker镜像操作的相关命令。
- 掌握Dockerfile指令以及使用Dockerfile构建镜像。

## 3.1 项目描述

镜像是 Docker 的核心技术之一。Docker 镜像是打包好的 Docker 应用程序，相当于 Windows 操作系统中的软件安装包。镜像是容器的基础，有了镜像才能启动容器并运行应用。Docker 应用程序的整个生命周期都离不开镜像。要使用容器技术来部署和运行应用程序，首先需要准备相应的镜像。容器是镜像运行时的实体，Docker 的容器是镜像创建的运行实例。一个镜像可以用来创建多个容器，容器之间都是相互隔离的，以保证平台的安全性。

## 3.2 必备知识

### 3.2.1 Docker 镜像的相关知识

镜像是 Docker 的核心技术之一，也是应用发布的标准格式。Docker 镜像类似于虚拟机中的镜像，是一个只读的模板，也是一个独立的文件系统，包括运行容器所需的数据。Docker 镜像是按照 Docker 要求制作的应用程序，就像安装软件包一样。一个 Docker 镜像可以包括一个应用程序以及能够运行它的基本操作系统环境。

#### 1. Docker 镜像

镜像又译为映像，在 IT 领域中通常指一系列文件或一个磁盘驱动器的精确副本。例如，一个 Linux 镜像可以包含一个基本的 Linux 操作系统环境，其中仅安装了 nginx 应用程序或用户需要的其他应用，可以将其称为一个 Nginx 镜像；一个 Web 应用程序的镜像可能包含一个完整的操作系统（如 Linux）环境、Apache HTTP Server 软件，以及用户开发的 Web 应用程序。Ghost 是使用镜像文件的经典软件，其镜像文件可以包含一个分区甚至是一块硬盘的所有信息。在云计算环境下，镜像就是虚拟机模板，它预先安装基本的操作系统和其他软件，创建虚拟机时，先准备一个镜像，再启动一个或多个镜像的实例即可。与虚拟机类似，Docker 镜像是用于创建容器的只读模板，它包含文件系统，而且比虚拟机更轻巧。

Docker 镜像是 Docker 容器的静态表示，包括 Docker 容器所要运行的应用的代码及运行时的配置。Docker 镜像采用分层的方式构建，每个镜像均由一系列的镜像层和一层容器层组成，镜像一旦被创建就无法被修改。一个运行着的 Docker 容器是一个镜像的实例，当需要修改容器的某个文件时，只能对处于最上层的可写层（容器层）进行变动，而不能覆盖下面只读层的内容。如图 3.1 所示，可写层位于若干只读层之上，运行时的所有变化，包括对数据和文件的写操作以及更新操作，都会保存在可写层中。同时，Docker 镜像采用了写时复制的策略，多个容器共享镜像，每个容器在启动的时候并不需要单独复制一份镜像文件，而是将所有镜像层以只读的方式挂载到一个挂载点，在上面覆盖一个可写的容器层。写时复制策略配合分层机制的应用，减少了镜像占用的磁盘空间和容器启动时间。

Docker 镜像采用统一文件系统对各层进行管理，统一文件系统技术能够将不同的层整合成一个文件系统，为这些层提供一个统一的视角，这样就可以隐藏这些层，从用户的角度来看，只存在一个文件系统。

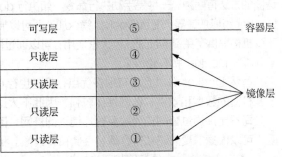

图 3.1　Docker 容器的分层结构

操作系统分为内核空间和用户空间。对于 Linux 操作系统而言，内核启动后，会挂载 root 文件系统，为其提供用户空间支持。而 Docker 镜像就相当于 root 文件系统，是特殊的文件系统，除了提供容器运行时所需要的程序、库、资源等文件外，还包含为运行准备的一些配置参数。镜像不包含任何动态数据，其内容在创建容器之后也不会被改变。镜像是创建容器的基础，通过版本管理和联合文件系统，Docker 提供了一套非常简单的机制来创建镜像和更新现有的镜像。当容器运行时，使用的镜像如果在本地计算机中不存在，则 Docker 会自动从 Docker 镜像仓库中下载镜像，默认从 Docker Hub 公开镜像源下载镜像。

**2. Docker 镜像仓库**

Docker 架构中的镜像仓库是非常重要的，镜像会因业务需求的不同以不同的形式存在，这就需要一个很好的机制对这些镜像进行管理，而镜像仓库就很好地解决了这个问题。

镜像仓库是集中存放镜像的地方，分为公共仓库和私有仓库。Docker 注册服务器（Registry）是存放仓库的地方，可以包含多个仓库，各个仓库根据不同的标签和镜像名管理各种 Docker 镜像。

一个镜像仓库中可以包含同一个软件的不同镜像，利用标签进行区别，可以利用<仓库名>:<标签名>的格式来指定相关软件镜像的版本。例如，CentOS：7.6 和 CentOS：8.4 中，镜像名为 CentOS，利用标签 7.6 和 8.4 来区分版本。如果忽略标签，则默认使用 latest 进行标记。

仓库名通常以两段路径形式出现，以斜杠为分隔符，可包含可选的主机名前缀。主机名必须符合标准的 DNS 规则，不能包含下划线。如果存在主机名，则可以在其后加一个端口号，反之，使用默认的 Docker 公共仓库。

例如，CentOS/nginx:version3.1.test 表示仓库名为 CentOS、镜像名为 nginx、标签名为 version3.1.test 的镜像。如果要将镜像推送到一个私有的仓库，而不是公共的 Docker 仓库，则必须指定一个仓库的主机名和端口来标记此镜像，如 10.1.1.1:8000/nginx:version3.1.test。

（1）Docker 公共仓库。

公共仓库（Docker Hub）是默认的 Docker Registry，由 Docker 公司维护，其中拥有大量高质量的官方镜像，供用户免费上传、下载和使用。当然，也有其他提供收费服务的仓库。Docker Hub 具有如下特点。

① 仓库名称前没有命名空间。
② 稳定、可靠、干净。
③ 数量大、种类多。

由于跨地域访问和源地址不稳定等原因，在国内访问 Docker Hub 时，存在访问速度比较慢且容易报错的问题，可以通过配置 Docker 镜像加速器来解决这个问题。加速器表示镜像代理，只代理公共镜像。通过配置 Docker 镜像加速器可以直接从国内的地址下载 Docker Hub 的镜像，比直接从官方网站下载快得多。国内常用的镜像加速器来自华为、中科大和阿里云等公司或机构。常用的配置镜像加速器的方法有两种：一种是手动执行命令，如执行 docker pull 命令直接下载镜像；另一种是手动配置 Docker 镜像加速器，配置 Docker 镜像加速器可以加速在国内下载 Docker 官方镜像的速度，国内有不少机构提供了免费的加速器供大家使用，可以通过修改 Docker Daemon 的配置文件下载镜像。

（2）Docker 私有仓库。

虽然 Docker 公共仓库有很多优点，但是也存在一些问题。例如，一些企业级的私有镜像涉及一些机密的数据和软件，私密性比较强，因此不太适合放在公共仓库中。此外，出于安全考虑，一些公司不允许通过公司内网服务器环境访问外网，因此无法下载公共仓库的镜像。为了解决这些问题，可以根据需要搭建私有仓库，存储私有镜像。私有仓库具有如下特点。

① 自主控制、方便存储和可维护性高。
② 安全性和私密性高。
③ 访问速度快。

Docker 私有仓库能通过 docker-registry 项目来实现，通过 HTTPS 服务完成镜像上传、下载。

### 3. 镜像描述文件 Dockerfile

Linux 应用开发使用 Makefile 文件描述整个软件项目的所有文件的编译顺序和编译规则，用户只需用 make 命令就能完成整个项目的自动化编译和构建。Docker 用 Dockerfile 文件来描述镜像，采用与 Makefile 同样的机制，定义了如何构建 Docker 镜像。Dockerfile 是一个文本文件，包含用来构建镜像的所有命令。Docker 通过读取 Dockerfile 中的指令自动构建镜像。

在验证 Docker 是否成功安装时已经获取了 hello-world 镜像，这是 Docker 官方提供的一个最小的镜像，它的 Dockerfile 内容只有 3 行，如下所示。

```
FROM scratch
COPY hello/
CMD ["/hello"]
```

其中，第 1 行中的 FROM 命令定义所有的基础镜像，即该镜像从哪个镜像开始构建，scratch 表示空白镜像，即该镜像不依赖其他镜像，从"零"开始构建；第 2 行表示将文件 hello 复制到镜像的根目录；第 3 行意味着通过镜像启动容器时执行/hello 这个可执行文件。

对 Makefile 文件执行 make 命令可以编译并构建应用。相应的，对 Dockerfile 文件执行 build 命令可以构建镜像。

### 4. 基础镜像

一个镜像的父镜像（Parent Image）是指该镜像的 Dockerfile 文件中由 FROM 指定的镜像。所有后续的指令都应用到这个父镜像中。例如，一个镜像的 Dockerfile 包含以下定义，说明其父镜像为"CentOS:8.4"。

```
FROM CentOS:8.4
```

基于提供 FROM 指令，或提供 FROM scratch 指令的 Dockerfile 所构建的镜像被称为基础镜像（Base Image）。大多数镜像是从一个父镜像开始扩展的，这个父镜像通常是一个基础镜像。基础镜像不依赖其他镜像，从"零"开始构建。

Docker 官方提供的基础镜像通常都是各种 Linux 发行版的镜像，如 CentOS、Debian、Ubuntu 等，这些 Linux 发行版镜像一般提供最小化安装的操作系统发行版。这里以 Debian 操作系统为例分析基础镜像，先执行 docker pull debian 命令拉取 Debian 镜像，再执行 docker images debian 命令查看该镜像的基本信息，可以发现该镜像的大小为 100MB 左右，比 Debian 发行版小。Linux 发行版是在 Linux 内核的基础上增加应用程序形成的完整操作系统，不同发行版的 Linux 内核差别不大。Linux 操作系统的内核启动后，会挂载根文件系统（rootfs）为其提供用户空间支持。对于 Debian 镜像来说，底层直接共享主机的 Linux 内核，自己只需要提供根文件系统即可，而根文件系统上只安装基本的软件，这样就可以节省空间。这里以 Debian 镜像的 Dockerfile 的内容为例进行介绍。

```
FROM scratch
ADD rootfs.tar.xz/
CMD ["bash"]
```

其中，第 2 行表示将 Debian 的 rootfs 的压缩包添加到容器的根目录下。在使用该压缩包构建镜像时，该压缩包会自动解压到根目录下，生成/dev、/proc、/bin 等基本目录。Docker 提供多种 Linux 发行版镜像来支持多种操作系统环境，便于用户基于这些基础镜像定制自己的应用镜像。

#### 5. 基于联合文件系统的镜像分层

早期的镜像分层结构是通过联合文件系统实现的，联合文件系统将各层的文件系统叠加在一起，向用户呈现一个完整的文件系统，如图 3.2 所示。

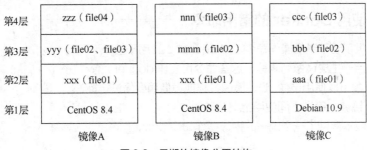

图 3.2　早期的镜像分层结构

其中，以镜像 A 为例，用户可以访问 file01、file02、file03、file04 这 4 个文件，即使它们位于不同的层中。镜像 A 的最底层（第 1 层）是基础镜像，通常表示操作系统。

这种分层结构的优点如下。

① 方便资源共享。具有相同环境的应用程序的镜像共享同一个环境镜像，不需要为每个镜像都创建一个底层环境，运行时也只需要加载同一个底层环境。镜像相同部分作为一个独立的镜像层，只需要存储一份即可，从而节省了磁盘空间。在图 3.2 所示的结构中，如果本地已经下载镜像 A，则下载镜像 B 时不需要重复下载其中的第 1 层和第 2 层，因为第 1 层和第 2 层在镜像 A 中已经存在了。

② 便于镜像的修改。一旦其中某层出现了问题，不需要修改整个镜像，只需要修改该层的内容即可。

这种分层结构的缺点如下。

① 上层的镜像都基于相同的底层基础镜像，当基础镜像需要修改（如安全漏洞修补），而基于它的上层镜像通过容器生成时，维护工作量会变得相当大。

② 镜像的使用者无法对镜像进行审查，存在一定的安全隐患。

③ 会导致镜像的层数越来越多，而联合文件系统所允许的层数是有限的。

④ 当需要修改大文件时，以文件为粒度的写时复制需要复制整个大文件并对其进行修改，这会影响操作效率。

**6. 基于 Dockerfile 文件的镜像分层**

为弥补上述镜像分层方式的不足，Docker 推荐选择 Dockerfile 文件逐层构建镜像。大多数 Docker 镜像是在其他镜像的基础上逐层建立起来的，采用这种方式构建镜像时，每一层都由镜像的 Dockerfile 指令所决定，除了最后一层，每层都是只读的。

**7. 镜像、容器和仓库的关系**

Docker 的 3 个核心概念是镜像、容器和仓库，它们贯穿 Docker 虚拟化应用的整个生命周期。容器是镜像创建的运行实例，Docker 应用程序以容器方式部署和运行。一个镜像可以用来创建多个容器，容器之间都是相互隔离的。Docker 仓库又称镜像仓库，类似于代码仓库，是集中存放镜像文件的场所。可以将制作好的镜像推送到仓库以发布应用程序，也可以将所需要的镜像从仓库拉取到本地以创建容器来部署应用程序。注册中心是存放镜像仓库的地方，一个注册中心可以提供很多仓库。镜像、容器和仓库的关系如图 3.3 所示。

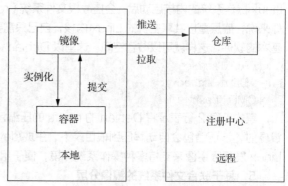

图 3.3 镜像、容器和仓库的关系

### 3.2.2 使用 Docker 的常用命令

Docker 提供了若干镜像操作命令，如 docker pull 用于拉取（下载）镜像，docker image 用于生成镜像列表等，这些命令可看作 docker 命令的子命令。被操作的镜像对象可以使用镜像 ID、镜像名称或镜像摘要值进行标识。有些命令可以操作多个镜像，镜像之间使用空格分隔。

Docker 新版本提供了一个统一的镜像操作命令 docker image，其基本语法格式如下。

V3-1 Docker 的常用命令

```
docker  image  子命令
```

docker image 子命令用于实现镜像的各类管理操作功能，其大多与传统的镜像操作 docker 子命令相对应，功能和语法也类似，只有个别不同。Docker 镜像操作命令如表 3.1 所示。

表 3.1 Docker 镜像操作命令

| docker image 子命令 | docker 子命令 | 功能说明 |
| --- | --- | --- |
| docker image build | docker build | 根据 Dockerfile 构建镜像 |
| docker image history | docker history | 显示镜像的历史记录 |
| docker image import | docker import | 从 Tarball 文件导入内容以创建文件系统镜像 |
| docker image inspect | docker inspect | 显示一个或多个镜像的详细信息 |
| docker image load | docker load | 从 .tar 文件或 STDIN 中装载镜像 |
| docker image ls | docker images | 输入镜像列表 |
| docker image pull | docker pull | 从注册服务器拉取镜像或镜像仓库 |
| docker image push | docker push | 将镜像或镜像仓库推送到注册服务器 |
| docker image rm | docker rm | 删除一个或多个镜像 |
| docker image prune | — | 删除未使用的镜像 |
| docker image save | docker save | 将一个或多个镜像保存到 .tar 文件中 |
| docker image tag | docker tag | 为指向源镜像的目标镜像添加一个名称 |

## 1. 显示本地镜像列表

可以使用 docker images 命令来列出本地主机上的镜像,其语法格式如下。

docker images [选项] [仓库[:标签]]

可使用 --help 命令进行命令参数查询,执行命令如下。

[root@localhost ~]# docker images --help

命令执行结果如下。

```
Usage:  docker images [OPTIONS] [REPOSITORY[:TAG]]
List images
Options:
  -a, --all              Show all images (default hides intermediate images)
      --digests          Show digests
  -f, --filter filter    Filter output based on conditions provided
      --format string    Pretty-print images using a Go template
      --no-trunc         Don't truncate output
  -q, --quiet            Only show image IDs
[root@localhost ~]#
```

该命令不带任何选项或参数时会列出全部镜像,使用仓库、标签作为参数时将列出指定的镜像。docker images 常用选项及其功能说明如表 3.2 所示。

表 3.2  docker images 常用选项及其功能说明

| 选项 | 功能说明 |
| --- | --- |
| -a, --all | 表示列出本地所有镜像 |
| --digest | 表示可显示内容寻址标识符 |
| -f, --filter filter | 表示显示符合过滤条件的镜像,如果有超过一个镜像,那么使用多个-f 选项 |
| --no-trunc | 表示显示完整的镜像信息 |
| -q, --quiet | 表示只显示镜像 ID |

命令执行结果如图 3.4 所示。

docker images 命令显示信息中各字段的说明如下。

（1）REPOSITORY：镜像的仓库源。

（2）TAG：镜像的标签。

（3）IMAGE ID：镜像 ID。

（4）CREATED：镜像创建时间。

（5）SIZE：镜像大小。

```
[root@localhost ~]# docker images -a
REPOSITORY    TAG      IMAGE ID       CREATED        SIZE
fedora        latest   055b2e5ebc94   2 weeks ago    178MB
debian        latest   4a7a1f401734   3 weeks ago    114MB
hello-world   latest   d1165f221234   2 months ago   13.3kB
centos        latest   300e315adb2f   5 months ago   209MB
[root@localhost ~]#
```

图 3.4  显示本地镜像列表

## 2. 拉取镜像

在本地运行容器时,若使用一个不存在的镜像,则 Docker 会自动下载这个镜像。如果需要预先下载这个镜像,则可以使用 docker pull 命令来拉取它,即将它从镜像仓库（默认为 Docker Hub 上公开的仓库）下载到本地,完成之后可以直接使用这个镜像来运行容器。例如,拉取一个 debian:latest 版本的镜像,命令执行结果如图 3.5 所示。

```
[root@localhost ~]# docker pull debian:latest
latest: Pulling from library/debian
d960726af2be: Pull complete
Digest: sha256:acf7795dc91df17e10effee064bd229580a9c34213b4dba578d64768af5d8c51
Status: Downloaded newer image for debian:latest
docker.io/library/debian:latest
[root@localhost ~]#
```

图 3.5  拉取镜像

使用 docker pull 命令从镜像的仓库源获取镜像，或者从一个本地不存在的镜像创建容器时，镜像的每层都是单独拉取的，并将镜像保存在 Docker 的本地存储区域（在 Linux 主机上通常指 /var/lib/docker 目录）中。

**3．设置镜像标签**

每个镜像仓库可以有多个标签，而多个标签可能对应的是同一个镜像。标签常用于描述镜像的版本信息。可以使用 docker tag 命令为镜像添加一个新的标签，也就是给镜像命名，这实际上是为指向源镜像的目标镜像添加一个名称，其语法格式如下。

docker tag 源镜像[:标签]　目标镜像[:标签]

一个完整的镜像名称的结构如下。

[主机名:端口]/命名空间/仓库名称:[标签]

一个镜像名称由以斜杠分隔的名称组件组成，名称组件通常包括命名空间和仓库名称，如 centos/httpd-centos8.4。名称组件可以包含小写字母、数字和分隔符。分隔符可以是句点、一个或两个下划线、一个或多个破折号，一个名称组件不能以分隔符开始或结束。

标签是可选的，可以包含小写字母和大写字母、数字、下划线、句点和破折号，但不能以句点和破折号开头，且最大支持 128 个字符，如 centos8.4。

名称组件前面可以加上主机名前缀，主机名是提供镜像仓库的注册服务器的域名或 IP 地址，必须符合标准的 DNS 规则，但不能包含下划线。主机名后面还可以加一个提供镜像注册服务器的端口，如":8000"，如果不提供主机名，则默认使用 Docker 的公开注册中心。

一个镜像可以有多个镜像名称，相当于有多个别名。但无论采用何种方式保存和分发镜像，首先都要给镜像设置标签（重命名），这对镜像的推送特别重要。

为以镜像 ID 标识的镜像加上标签，以 centos:version8.4 为例，命令执行结果如图 3.6 所示。

```
[root@localhost ~]# docker tag 300e315adb2f centos:version8.4
[root@localhost ~]# docker images | grep centos
centos              latest              300e315adb2f        5 months ago        209MB
centos              version8.4          300e315adb2f        5 months ago        209MB
[root@localhost ~]#
```

图 3.6　设置镜像标签

**4．查找镜像**

在命令行中使用 docker search 命令可以搜索 Docker Hub 中的镜像。例如，查找 centos 的镜像，可以执行 docker search centos 命令，命令执行结果如图 3.7 所示。

图 3.7　命令 docker search centos 执行结果

其中，NAME 列显示镜像仓库（源）名称，OFFICIAL 列指明镜像是否为 Docker 官方发布的。

**5．查看镜像详细信息**

使用 docker inspect 命令可以查看 Docker 对象（镜像、容器、任务）的详细信息，默认情况下,以 JavaScript 对象简谱(JavaScript Object Notaion, JSON)格式输出所有结果,当只需要其中的特定内容时,可以使用-f(--format)选项指定。例如,获取 centos 镜像的版本信息,命令执行结果如图 3.8 所示。

```
[root@localhost ~]# docker inspect --format='{{.DockerVersion}}' centos
19.03.12
```

图 3.8 查看镜像的版本信息

#### 6. 查看镜像的构建历史

使用 docker history 命令可以查看镜像的构建历史信息,也就是 Dockerfile 的执行过程。例如,查看 centos 镜像的构建历史信息,命令执行结果如图 3.9 所示。

```
[root@localhost ~]# docker history centos
IMAGE          CREATED        CREATED BY                                      SIZE      COMMENT
300e315adb2f   5 months ago   /bin/sh -c #(nop)  CMD ["/bin/bash"]            0B
<missing>      5 months ago   /bin/sh -c #(nop)  LABEL org.label-schema.sc…   0B
<missing>      5 months ago   /bin/sh -c #(nop) ADD file:bd7a2aed6ede423b7…   209MB
[root@localhost ~]#
```

图 3.9 查看 centos 镜像的构建历史信息

镜像的构建历史信息也反映了层次。图 3.9 的示例中共有 3 层,每一层的构建操作命令都可以通过 CREATED BY 列显示,如果显示不全,则可以在 docker history 命令中加上选项 --no-trunc,以显示完整的操作命令。镜像的各层相当于一个子镜像。例如,第 2 次构建的镜像相当于在第 1 次构建的镜像的基础上形成的新的镜像,以此类推,最新构建的镜像是历次构建结果的累加。在执行 docker history 命令时输出<missing>,表明相应的层在其他系统上构建,且已经不可用,可以忽略这些层。

#### 7. 删除本地镜像

可以使用 docker rmi 命令列出本地主机上的镜像,其语法格式如下。

docker rmi [选项]  镜像[镜像 ID...]

可以使用镜像 ID、标签或镜像摘要标识符来指定要删除的镜像,如果一个镜像对应了多个标签,则只有当最后一个标签被删除时,镜像才能被真正删除。

可使用--help 命令进行命令参数查询,执行命令如下。

[root@localhost ~]# docker  rmi  --help

命令执行结果如下。

Usage:  docker rmi [OPTIONS] IMAGE [IMAGE...]
Remove one or more images
Options:
  -f, --force       Force removal of the image
      --no-prune    Do not delete untagged parents
[root@localhost ~]#

docker rmi 命令各选项及其功能说明如表 3.3 所示。

表 3.3 docker rmi 命令各选项及其功能说明

| 选项 | 功能说明 |
| --- | --- |
| -f, --force | 删除镜像标签,并删除与指定镜像 ID 匹配的所有镜像 |
| --no-prune | 表示不删除没有标签的父镜像 |

例如,删除本地镜像 hello-world-01,镜像 ID 为 bc4bae38a9e6,命令执行结果如图 3.10 所示。

```
[root@localhost ~]# docker images
REPOSITORY        TAG          IMAGE ID       CREATED           SIZE
hello-world-01    test         bc4bae38a9e6   About an hour ago 13.3kB
fedora            latest       055b2e5ebc94   2 weeks ago       178MB
debian/httpd      version10.9  4a7a1f401734   3 weeks ago       114MB
debian            latest       4a7a1f401734   3 weeks ago       114MB
debian            version10.9  4a7a1f401734   3 weeks ago       114MB
hello-world       latest       d1165f221234   2 months ago      13.3kB
centos            latest       300e315adb2f   5 months ago      209MB
centos            version8.4   300e315adb2f   5 months ago      209MB
[root@localhost ~]#
[root@localhost ~]# docker rmi bc4bae38a9e6
Untagged: hello-world-01:test
Deleted: sha256:bc4bae38a9e69c85cd31c49b4846933c3accb90165a0db8f815ea7055824080a
[root@localhost ~]# docker images
REPOSITORY        TAG          IMAGE ID       CREATED           SIZE
fedora            latest       055b2e5ebc94   2 weeks ago       178MB
debian/httpd      version10.9  4a7a1f401734   3 weeks ago       114MB
debian            latest       4a7a1f401734   3 weeks ago       114MB
debian            version10.9  4a7a1f401734   3 weeks ago       114MB
hello-world       latest       d1165f221234   2 months ago      13.3kB
centos            latest       300e315adb2f   5 months ago      209MB
centos            version8.4   300e315adb2f   5 months ago      209MB
[root@localhost ~]#
```

图 3.10  删除本地镜像 hello-world-01

### 3.2.3　Dockerfile 的相关知识

Dockerfile 可以非常容易地定义镜像内容，它是由一系列指令和参数构成的脚本，每一条指令构建一层，因此，每一条指令的作用就是描述该层应当如何构建。一个 Dockerfile 包含构建镜像的完整指令，Docker 通过读取一系列 Dockerfile 指令自动构建镜像。

Dockerfile 的结构大致分为 4 部分：基础镜像信息、维护者信息、镜像操作指令和容器启动时的执行指令。Dockerfile 中每行为一条指令，每条指令可携带多个参数，支持使用以 "#" 开头的注释。

镜像的定制实际上就是定制每一层所添加的配置、文件。将每一层修改、安装、构建、操作的命令都写入一个 Dockerfile 脚本，使用该脚本构建、定制镜像，可以解决基于窗口生成镜像时镜像无法构建，缺乏透明性和体积偏大的问题。创建 Dockerfile 之后，当需要定制满足自己额外的需求的镜像时，只需在 Dockerfile 上添加或者修改指令，重新生成镜像即可。

**1. Dockerfile 构建镜像的基本语法**

基于 Dockerfile 构建镜像时需使用 docker build 命令，其语法格式如下。

Docker build [选项] 路径 | URL | -

该命令通过 Dockerfile 和构建上下文（Build Context）构建镜像。构建上下文是由文件路径（本地文件系统中的目录）或 URL 定义的一组文件。构建上下文以递归方式处理，本地路径包括其中的任何子目录，URL 包括仓库及其子模块。

镜像构建由 Docker 守护进程而不是命令行接口运行，构建开始时，Docker 会将整个构建上下文递归地发送给守护进程。大多数情况下，最好将 Dockerfile 和所需文件复制到一个空的目录中，再以这个目录生成构建上下文进而构建镜像。

一定要注意不要将多余的文件放到构建上下文中，特别是不要把/、/usr 路径作为构建上下文，否则构建过程会相当缓慢甚至失败。

要使用构建上下文中的文件，可由 Dockerfile 引用指令（如 COPY）指定文件。

按照习惯，将 Dockerfile 文件直接命名为 "Dockerfile"，并置于构建上下文的根目录下。否则，执行镜像构建时需要使用-f 选项指定 Dockerfile 文件的具体位置。

docker  build  -f  Dockerfile  文件路径 .

其中，句点（.）表示当前路径。

可以通过-t（--tag）选项指定构建的新镜像的仓库名和标签，例如：

docker  build  -t  debian/debian_sshd  .

要将镜像标记为多个仓库，就要在执行 build 命令时添加多个-t 选项，例如：

```
docker  build  -t  debian/debian_sshd :1.0.1  -t  debian/debian_sshd :latest  .
```

Docker 守护进程逐一执行 Dockerfile 中的指令。如果需要，则将每条指令的结果提交到新的镜像，最后输出新镜像的 ID。Docker 守护进程会自动清理发送的构建上下文。Dockerfile 中的每条指令都被独立执行并创建一个新镜像，这样 RUN cd/tmp 等命令就不会对下一条指令产生影响。

只要有可能，Docker 就会重用构建过程中的镜像（缓存），以加速构建过程。构建缓存仅会使用本地的镜像，如果不想使用本地缓存的镜像，也可以通过--cache-from 选项指定缓存。如果通过--no-cache 选项禁用缓存，则将不再使用本地生成的镜像，而是从镜像仓库中下载。构建成功后，可以将所生成的镜像推送到 Docker 注册中心中。

### 2. Dockerfile 语法格式

Dockerfile 的语法格式如下。

```
#注释
指令 参数
```

指令不区分字母大小写，但建议使用大写字母，指令可以指定若干参数。

Docker 按顺序执行其中的指令，Dockerfile 文件必须以 FROM 指令开头，该指令定义了构建镜像的基础镜像，FROM 指令之前唯一允许的是 ARG 指令，用于定义变量。

以 "#" 开头的行一般被视为注释，除非该行是解析器指令（Parser Directive），行中其他位置的 "#" 符号将被视为参数的一部分。

解析器指令是可选的，它会影响处理 Dockerfile 中后续行的方式。解析器指令不会被添加镜像层，也不会在构建步骤中显示，它是使用 "#指令=值" 格式的一种特殊类型的注释，单个指令只能使用一次。

构建器用于构建复杂对象，如构建一个对象，它需要传送 3 个参数，那么可以定义构建器接口，将参数传入接口构建相关对象。一旦注释、空行或构建器指令被处理，Docker 就不再搜寻解析器指令，而是将格式化解析器指令的任何内容都作为注释，并且判断解析器指令。因此，所有解析器指令都必须位于 Dockerfile 的首部。Docker 可使用解析器指令 escape 设置用于转义的字符，如果未指定，则默认转义字符为反斜杠 "\"，转义字符即用于转义行中的字符，也用于转义一个新的行，这让 Dockerfile 指令能跨越多行。将转义字符设置为反引号（`）在 Linux 操作系统中特别有用，默认转义字符 "\" 是路径分隔符。

```
# escape=\
```

或者

```
#escape=`
```

### 3. Dockerfile 常用指令

Dockerfile 有多条指令用于构建镜像，常用的 Dockerfile 操作指令及其功能说明如表 3.4 所示。

表 3.4　常用的 Dockerfile 操作指令及其功能说明

| 指令 | 功能说明 |
| --- | --- |
| FROM 镜像 | 指定新镜像所基于的镜像，Dockerfile 的第一条指令必须为 FROM 指令，每创建一个镜像就需要一条 FROM 指令 |
| MAINTAINER 名字 | 说明新镜像的维护人信息 |
| RUN 命令 | 在所基于的镜像上执行命令，并提交到新的镜像中 |
| CMD 命令 ["要运行的程序","参数 1","参数 2"] | 启动容器时要运行的命令或者脚本。Dockerfile 只能有一条 CMD 指令，如果指定多条 CMD 指令，则只执行最后一条指令 |
| EXPOSE 端口 | 指定新镜像加载到 Docker 时要开启的端口 |

续表

| 指令 | 功能说明 |
|---|---|
| ENV 命令[环境变量] [变量值] | 设置一个环境变量的值，会被 RUN 指令用到 |
| LABEL | 向镜像添加标记 |
| ADD 源文件/目录 目标文件/目录 | 将源文件复制到目标文件中，源文件和目标文件要与 Dockerfile 位于相同目录中，或者位于同一个 URL 地址中 |
| ENTRYPOINT | 配置容器的默认入点 |
| COPY 源文件/目录 目标文件/目录 | 将本地主机上的文件/目录复制到目标文件/目录，源文件和目标文件要与 Dockerfile 在相同目录中 |
| VOLUME ["目录"] | 在容器中创建一个挂载点 |
| USER 用户名/UID | 指定运行容器时的用户 |
| WORKDIR 路径 | 为后续的 RUN、CMD、ENTRYOINT 指令指定工作目录 |
| ONUUILD 命令 | 指定所生成的镜像作为一个基础镜像时要运行的命令 |
| HEALTHCHECK | 健康检查 |

在编写 Dockerfile 时，需要遵循严格的格式：第一行必须使用 FROM 指令指明所基于的镜像名称，之后使用 MAINTAINER 指令说明维护该镜像的用户信息，其后是镜像操作的相关指令，如 RUN 指令。每运行一条指令，都会给基础镜像添加新的一层，最后使用 CMD 指令指定启动容器时要运行的命令。

下面介绍常用的 Dockerfile 指令。

（1）FROM。

FROM 指令可以使用以下 3 种格式。

```
FROM <镜像> [AS <名称>]
FROM <镜像> [:<标签>] [AS <名称>]
FROM <镜像> [@<摘要值>] [AS <名称>]
```

FROM 为后续指令设置基础镜像，镜像参数可以指定为任何有效的镜像，特别是从公开仓库下载的镜像。FROM 可以在同一个 Dockerfile 文件中多次出现，以创建多个镜像层。

可以通过添加"AS <名称>"来为构建的镜像指定一个名称。这个名称可用于在后续的 FROM 指令和 COPY --from=<name|index>指令中引用此阶段构建的镜像。

"标签""摘要值"参数是可选的，如果省略其中任何一个，则构建器将默认使用"latest"作为要生成的镜像的标签，如果构建器与标签不匹配，则构建器将提示错误。

（2）RUN。

RUN 指令可以使用以下 2 种格式。

```
RUN  <命令>
RUN  ["可执行程序","参数 1","参数 2"]
```

第 1 种是 shell 格式，命令在 Shell 环境中运行，在 Linux 操作系统中默认为/bin/sh –c 命令。第 2 种是 exec 格式，不会启动 Shell 环境。

RUN 指令将在当前镜像顶部创建新的层，在其中执行所定义的命令并提交结果，提交结果产生的镜像将用于 Dockerfile 的下一步处理。

分层的 RUN 指令和生成的提交结果符合 Docker 的核心理念。提交结果非常容易，可以从镜像历史中的任何节点创建容器，这与软件源代码控制非常类似。

exec 格式可以避免 shell 格式字符串转换，能够使用不包含指定 shell 格式可执行文件的基础镜像来运行 RUN 命令。在 shell 格式中，可以使用反斜杠"\"将单个 RUN 指令延续到下一行，例如：
```
RUN    /bin/bash   -c   'source $HOME/.bashrc;\
echo $HOME '
```
也可以将这两行指令合并到一行中。
```
RUN    /bin/bash   -c   'source $HOME/.bashrc;echo $HOME '
```
如果不使用/bin/sh，而改用其他 Shell，则需要使用 exec 格式并以参数形式传入所要使用的 Shell，例如：
```
RUN    ["/bin/bash", "-c","echo hello"]
```

（3）CMD。

CMD 指令可以使用以下 3 种格式。
```
CMD    ["可执行程序", "参数 1", "参数 2"]
CMD    ["参数 1", "参数 2"]
CMD    命令，参数 1，参数 2
```
第 1 种是首选的 exec 格式。

第 2 种提供给 ENTRYPOINT 指令的默认参数。

第 3 种是 shell 格式。

一个 Dockerfile 文件中只能有一条 CMD 指令，如果列出多条 CMD 指令，则只有最后一条 CMD 指令有效。CMD 的主要作用是为运行中的容器提供默认值。这些默认值可以包括可执行文件。如果不提供可执行文件，则必须指定 ENTRYPOINT 指令。CMD 一般是整个 Dockerfile 的最后一条指令，当 Dockerfile 完成了所有环境的安装和配置后，使用 CMD 指示 docker run 命令运行镜像时要执行的命令。CMD 指令使用 shell 格式或 exec 格式设置运行镜像时要执行的命令，如果使用 shell 格式，则命令将在/bin/sh –c 语句中执行，例如：
```
FROM   centos
CMD   echo   "hello everyone." | wc
```
如果不使用 Shell 运行命令，则必须使用 JSON 格式的命令，并给出可执行文件的完整路径。这种形式是 CMD 的首选格式，任何附加参数都必须以字符串的形式提供，例如：
```
FROM centos
CMD    ["/usr/bin/wc", "--help"]
```
如果希望容器每次运行同一个可执行文件，则应考虑组合使用 ENTRYPOIN 和 CMD 指令，后面会对此给出详细说明。如果用户执行 docker   run 命令时指定了参数，则该参数会覆盖 CMD 指令中的默认定义。

注意，不要混淆 RUN 和 CMD。RUN 实际执行命令并提交结果；CMD 在构建镜像时不执行任何命令，只为镜像定义想要执行的命令。

（4）EXPOSE。

EXPOSE 指令的语法格式如下。
```
EXPOSE   <端口>   [<端口>...]
```
EXPOSE 指令通知容器在运行时监听指定的网络端口，可以指定传输控制协议（Transmission Control Protocol，TCP）或用户数据报协议（User Datagram Protocol，UDP）端口，默认是 TCP 端口。

EXPOSE 不会发布该端口，只起声明作用。要想发布端口，在运行容器时，可以使用-p 选项发布一个或多个端口，或者使用-P 选项发布所有暴露的端口。

（5）ENV。

ENV 指令可以使用以下 2 种格式。

ENV <键> <值>
ENV <键>=<值> ...

ENV 指令以键值对的形式定义环境变量。其中的值会存在于构建镜像阶段的所有后续指令环境中，也可以在运行时被指定的环境变量替换。

第 1 种格式将单个变量设置为一个值，ENV 指令第 1 个空格后面的整个字符串将被视为值的一部分，包括空格和引号等字符。

第 2 种格式允许一次设置多个变量，可以使用等号，而第 1 种格式不使用等号。与命令行解析类似，反引号和反斜杠可用于转义空格。

（6）LABEL。

LABEL 指令的语法格式如下。

LABEL <键>=<值>  <键>=<值>  ...

每个标签以键值对的形式表示。要想在其中包含空格，应使用反引号和反斜杠进行转义，就像在命令行解析中一样，例如：

LABEL version= "8.4"
LABEL description="这个镜像的版本为 \
CentOS 8.4"

一个镜像可以有多个标签。要想指定多个标签，Docker 建议尽可能将它们合并到单个 LABEL 指令中。这是因为每条 LABEL 指令产生一个新层，如果使用多余 LABEL 指令指定标签，则可能会生成效率低下的镜像层。

（7）VOLUME。

VOLUME 指令的语法格式如下。

VOLUME ["挂载点路径"]

VOLUME 指令用于创建具有指定名称的挂载点，并将其标记为从本地主机或其他容器可访问的外部挂载点。挂载点路径可以是 JSON 数据，如 VOLUME ["/mnt/data "]，或具有多个参数的纯字符串，如 VOLUME  /mnt/data。

（8）WORKDIR。

WORKDIR 指令的语法格式如下。

WORKDIR  工作目录

WORKDIR 指令为 Dockerfile 中的任何 RUN、CMD、ENTRYPOINT、COPY 和 ADD 指令设置了工作目录，如果该目录不存在，则将被自动创建，即使它没有在任何后续 Dockerfile 指令中被使用。可以在一个 Dockerfile 文件中多次使用 WORKDIR 指令，如果一条 WORKDIR 指令提供了相对路径，则该路径是相对于前一条 WORKDIR 指令指定的路径的，例如：

WORKDIR  /aaa
WORKDIR  bbb
RUN  pwd

在此 Dockerfile 中，最终 pwd 命令的输出是/aaa/bbb。

（9）COPY。

COPY 指令可以使用以下 2 种格式。

COPY  [--chown=<用户>:<组>]  <源路径>...<目的路径>
COPY  [--chown=<用户>:<组>]  ["<源路径>",... ,"<目的路径>"]

--chown 选项只能用于构建 Linux 容器，不能在 Windows 容器上工作。因为用户和组的所有权概念不能在 Linux 容器和 Windows 容器之间转换，所以对于路径中包含空白字符的情况，必须采用第 2 种格式。

COPY 指令将指定源路径的文件或目录复制到容器文件系统指定的目的路径中，COPY 指令可以指定多个源路径，但文件和目录的路径将被视为相对于构建上下文的源路径，每个源路径可能包含通配符，匹配将使用 Go 的 filepath.Match 规则，例如：

```
COPY   fil*     /var/data         #添加（复制）所有以"fil"开头的文件到/var/data 目录中
COPY   fil?.txt   /var/data       # "?"用于替换任何单字符（如"file.txt"）
```

目的路径可以是绝对路径，也可以是相对于工作目录的路径（由 WORKDIR 指令指定），例如：

```
COPY   file-test   data-dir/       #将"file-test"添加到相对路径/data-dir/中
COPY   file-test   /data-dir/      #将"file-test"添加到绝对路径/data-dir/中
```

COPY 指令遵守如下复制规则。

① 源路径必须位于构建上下文中，不能使用指令 COPY ../aaa/bbb，因为 docker build 命令的第 1 步是发送上下文目录及其子目录到 Docker 守护进程中。

② 如果源路径指向目录，则复制目录的整个内容，包括文件系统元数据。注意，目录本身不会被复制，被复制的只是其内容。

③ 如果源路径指向任何其他类型的文件，则文件与其元数据被分别复制，在这种情形下，如果目的路径以斜杠（/）结尾，则它将被认为是一个目录源内容被写到"<目的>/base(<源>)"路径中。

④ 如果直接指定多个源路径，或者源路径中使用了通配符，则目的路径必须是目录，并且必须以斜杠结尾。

⑤ 如果目的路径不以斜杠结尾，则它将被视为常规文件，源路径将被写入该文件。

⑥ 如果目的路径不存在，则其会与其路径中所有缺少的目录一起被创建。

复制过来的源路径在容器中被当作新文件和目录，它们都以用户 ID（User ID，UID）和组 ID（Group ID，GID）为 0 的用户或账号的身份被创建，除非使用--chown 选项明确指定用户名、组名或 UID、GID 的组合。

（10）ADD。

ADD 指令可以使用以下 2 种格式。

```
ADD   [--chown=<用户>:<组>]   <源文件>...<目的文件>
ADD   [--chown=<用户>:<组>]   ["<源文件>",... ,"<目的文件>"]
```

ADD 指令与 COPY 指令功能基本相同，不同之处有两点：一是 ADD 指令可以使用 URL 指定路径；二是 ADD 指令的归档文件在复制过程中能够被自动解压缩。文件归档是指遵循文件的形成规律，保持文件之间的有机联系，以便于保管和利用。

在源是远程 URL 的情况下，复制产生的目的文件将具有数字 600 所表示的权限，即只有所有者可读写，其他人不可访问。

如果源是一个 URL，而目的路径不以斜杠结尾，则下载 URL 指向的文件，并将其复制到目的路径中。

如果源是 URL，并且目的路径以斜杠结尾，则从 URL 中解析出文件名，并将文件下载到"<目的路径>/<文件名>"中。

如果源是具有可识别的压缩格式的本地.tar 文件，则将其解压缩为目录，来自远程 URL 的资源不会被解压缩。

（11）ENTRYPOINT。

ENTRYPOINT 指令可以使用以下 2 种格式。

```
ENTRYPOINT   ["可执行文件","参数 1","参数 2"]
ENTRYPOINT   命令   参数 1   参数 2
```

第 1 种是首选的 exec 格式，第 2 种是 shell 格式。

ENTRYPOINT 用于配置容器运行的可执行文件，例如，下面的示例将使用 Nginx 镜像的默认内容启动监听端口 80。

ENTRYPOINT ["/bin/echo", "hello! $name"]
docker run -i -t –rm –p 80:80 nginx

docker run <镜像>的命令行参数将附加在 exec 格式的 ENTRYPOINT 指令所定义的所有元素之后，并将覆盖使用 CMD 指令所指定的所有元素。这种方式允许参数被传递给入口点，即将 docker run <镜像> -d 参数传递给入口点，用户可以使用 docker run --entrypoint 命令覆盖 ENTRYPOINT 指令。

shell 格式的 ENTRYPOINT 指令防止使用任何 CMD 或 run 命令行参数，其缺点是 ENTRYPOINT 指令将作为/bin/sh -c 的子命令启动，不传递任何其他信息。这就意味着可执行文件将不是容器的第 1 个进程，并且不会接收 Linux 信号，因此可执行文件将不会从 docker stop <容器>命令中接收到中止信号，Dockerfile 中只有最后一个 ENTRYPOINT 指令会起作用。

#### 4. Dockerfile 指令的 exec 格式和 shell 格式

RUN、CMD 和 ENTRYPOINT 指令都会用到 exec 格式和 shell 格式，exec 格式的语法格式如下。

<指令> ["可执行程序","参数 1","参数 2"]

指令执行时会直接调用命令，参数中的环境变量不会被 Shell 解析，例如：

ENV name Listener
ENTRYPOINT ["/bin/echo","hello! $name"]

运行该镜像将输出以下结果。

hello! $name

其中，环境变量 name 没有被解析，采用 exec 格式时，如果要使用环境变量，则可进行如下修改。

ENV name Listener
ENTRYPOINT ["/bin/sh","-c","echo hello! $name"]

此时，运行该镜像将输出以下结果。

hello! Listener

exec 格式没有运行 Bash 或 Shell 的开销，还可以在没有 Bash 或 Shell 的镜像中运行。
shell 格式的语法格式如下。

<指令> <命令>

指令被执行时 shell 格式底层会调用/bin/sh -c 语句来执行命令，例如：

ENV name Listener
ENTRYPOINT echo hello! $name

运行该镜像将输出以下结果。

hello! Listener

其中，环境变量 name 已经被替换为变量值。

CMD 和 ENTRYPOINT 指令应首选 exec 格式，因为这样指令的可读性更强，更容易理解；RUN 指令则选择两种格式都可以，如果使用 CMD 指令为 ENTRYPOINT 指令提供默认参数，则 CMD 和 ENTRYPOINT 指令都应以 JSON 格式指定。

#### 5. RUN、CMD 和 ENTRYPOINT 指令的区别及联系

RUN 指令执行命令并创建新的镜像层，经常用于安装应用程序和软件包。RUN 先于 CMD 或 ENTRYPOINT 指令在构建镜像时执行，并被固化在所生成的镜像中。

CMD 和 ENTRYPOINT 指令在每次启动容器时才被执行，两者的区别在于 CMD 指令被

docker run 命令所覆盖。这两个指令一起使用时，ENTRYPOINT 指令作为可执行文件，而 CMD 指令则为 ENTRYPOINT 指令提供默认参数。

CMD 指令的主要作用是为运行容器提供默认值，即默认执行的命令及其参数，但当运行带有替代参数的容器时，CMD 指令将被覆盖。如果 CMD 指令省略可执行文件，则必须指定 ENTRYPOINT 指令，CMD 可以为 ENTRYPOINT 提供额外的默认参数，同时可利用 docker run 命令替换默认参数。

当容器作为可执行文件时，应该定义 ENTRYPOINT 指令。ENTRYPOINT 指令配置了容器启动时运行的命令，可让容器以应用程序或者服务的形式运行。与 CMD 指令不同，ENTRYPOINT 指令不会被忽略，一定会被执行，即使执行 docker run 命令时指定了其他命令参数也是如此。如果 Docker 镜像的用途是运行应用程序或服务，如运行一个 MySQL 服务器，则应该先使用 exec 格式的 ENTRYPOINT 指令。

ENTRYPOINT 指令中的参数始终会被 docker run 命令使用，不可改变；而 CMD 指令中的额外参数可以在执行 docker run 命令启动容器时被动态替换。

### 6．组合使用 CMD 和 ENTRYPOINT 指令

CMD 和 ENTRYPOINT 指令都可以定义运行容器时要执行的命令，两者组合使用时应遵循以下规则。

① Dockerfile 中应至少定义一个 CMD 或 ENTRYPOINT 指令。
② 将整个容器作为一个可执行文件时应当定义 ENTRYPOINT 指令。
③ CMD 指令应为 ENTRYPOINT 指令提供默认参数，或者用于在容器中临时执行一些命令。
④ 当使用替代参数运行容器时，CMD 指令的定义将会被覆盖。

值得注意的是，如果 CMD 指令从基础镜像定义，那么 ENTRYPOINT 指令的定义会将 CMD 指令重置为空值。在这种情况下，必须在当前镜像中为 CMD 指令指定一个实际的值。

## 3.3 项目实施

### 3.3.1 离线环境下导入镜像

离线环境下不能直接执行 docker pull 命令从公网下载 Docker 镜像，但可以利用 Docker 镜像的导入功能从其他计算机中导入镜像。

（1）先在一个联网的 Docker 主机上拉取 Docker 镜像，可执行 docker pull centos 命令，拉取 CentOS 的最新版本镜像，命令执行结果如图 3.11 所示。

```
[root@localhost ~]# docker pull centos
Using default tag: latest
latest: Pulling from library/centos
Digest: sha256:5528e8b1b1719d34604c87e11dcd1c0a20bedf46e83b5632cdeac91b8c04efc1
Status: Image is up to date for centos:latest
docker.io/library/centos:latest
[root@localhost ~]#
```

V3-2 离线环境下导入镜像

图 3.11 拉取 CentOS 的最新版本镜像

（2）使用 docker save 命令将镜像导出到归档文件中，即将镜像保存到联网的 Docker 主机的本地文件中，命令执行结果如图 3.12 所示。

```
[root@localhost ~]# docker save --output centos.tar centos
[root@localhost ~]# ls  -sh centos.tar
207M centos.tar
[root@localhost ~]#
```

图 3.12 将镜像导出到归档文件中

（3）将归档文件复制到离线的 Docker 主机上，可以使用 SecureFX 工具进行镜像传送，如图 3.13 所示。

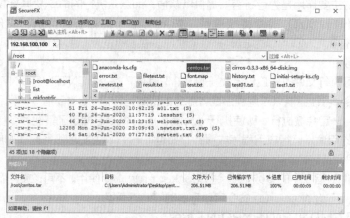

图 3.13　使用 SecureFX 工具进行镜像传送

（4）使用 docker load 命令从归档文件中加载该镜像，命令执行结果如图 3.14 所示。

```
[root@localhost ~]# docker load --input centos.tar
2653d992f4ef: Loading layer [==================================================>]  216.5MB/216.5MB
Loaded image: centos:latest
Loaded image: centos:version8.4
[root@localhost ~]#
```

图 3.14　从归档文件中加载镜像

（5）使用 docker images 命令查看刚加载的镜像，命令执行结果如图 3.15 所示。

```
[root@localhost ~]# docker images
REPOSITORY         TAG            IMAGE ID          CREATED          SIZE
fedora             latest         055b2e5ebc94      2 weeks ago      178MB
debian/httpd       version10.9    4a7a1f401734      3 weeks ago      114MB
debian             latest         4a7a1f401734      3 weeks ago      114MB
debian             version10.9    4a7a1f401734      3 weeks ago      114MB
hello-world        latest         d1165f221234      2 months ago     13.3kB
centos             latest         300e315adb2f     5 months ago     209MB
centos             version8.4     300e315adb2f     5 months ago     209MB
[root@localhost ~]#
```

图 3.15　查看刚加载的镜像

## 3.3.2　通过 commit 命令创建镜像

对于 Docker 用户来说，创建镜像最方便的方式之一是使用自己的镜像。如果找不到合适的现有镜像，或者需要在现有镜像中加入特定的功能，则需要自己构建镜像。当然，对于自己开发的应用程序，如果要在容器中部署运行，则一般需要构建自己的镜像。大部分情况下，用户是基于一个已有的基础镜像来构建镜像的，不必从"零"开始。

V3-3　通过 commit 命令创建镜像

基于容器生成镜像时，容器启动后是可写的，所有操作都保存在顶部的可写层中，可以通过使用 docker commit 命令对现有的容器进行提交来生成新的镜像，即将一个容器中运行的程序及该程序的运行环境打包起来以生成新的镜像。

具体的实现原理是通过对可写层的修改生成新的镜像。这种方式会让镜像的层数越来越多，因为联合文件系统所允许的层数是有限的，所以该方式会存在一些不足。虽然 docker commit 命令可以比较直观地构建镜像，但在实际环境中并不建议使用 docker commit 命令构建镜像，其主要原因如下。

① 在构建镜像的过程中，由于需要安装软件，因此可能会有大量的无关内容被添加进来，如果不仔细清理，则会导致镜像极其臃肿。

② 在构建镜像的过程中，docker commit 命令对所有镜像的操作都属于"暗箱操作"，除了制定镜像的用户知道执行过什么命令、怎样生成的镜像之外，其他用户无从得知，因此给后期对镜像的维护带来了很大的困难。

理论上讲，用户并未真正"创建"一个新的镜像，无论是启动一个容器还是创建一个镜像，都是在已有的基础镜像上构建的，如基础的 CentOS 镜像、Debian 镜像等。

docker commit 命令只提交容器镜像发生变更的部分，即修改后的容器镜像与当前仓库对应镜像之间的差异部分，这使得更新非常轻量。

Docker Daemon 接收到相应的 HTTP 请求后，需要执行的步骤如下。

① 根据用户请求判定是否暂停相应 Docker 容器的运行。

② 将容器的可读写层导出打包，该层代表了当前运行容器的文件系统与当初启动容器的镜像之间的差异。

③ 在层存储中注册可读写层差异包。

④ 更新镜像历史信息，并据此在镜像存储中创建一个新镜像，记录其元数据。

⑤ 如果指定了仓库信息，则给上述镜像添加标签信息。

可以使用 docker commit 命令从容器中创建一个新的镜像，其语法格式如下。

docker commit [选项]　容器[仓库[:标签]]

可使用--help 选项进行命令参数查询，执行命令如下。

```
[root@localhost ~]# docker commit --help
Usage:  docker commit [OPTIONS] CONTAINER [REPOSITORY[:TAG]]
Create a new image from a container's changes
Options:
  -a, --author string     Author (e.g., "John Hannibal Smith <hannibal@a-team.com>")
  -c, --change list       Apply Dockerfile instruction to the created image
  -m, --message string    Commit message
  -p, --pause             Pause container during commit (default true)
[root@localhost ~]#
```

docker commit 命令各选项及其功能说明如表 3.5 所示。

表 3.5　docker commit 命令各选项及其功能说明

| 选项 | 功能说明 |
| --- | --- |
| -a, --author | 指定提交的镜像作者信息 |
| -c, --change list | 表示使用 Dockerfile 指令来创建镜像 |
| -m, --message string | 提交镜像说明信息 |
| -p, --pause | 表示在执行 commit 命令时将容器暂停 |

（1）要启动一个镜像，可以使用 docker run 命令，在容器中进行修改，并将修改后的容器提交为新的镜像，需要记住该容器的 ID。使用 docker ps 命令查看当前容器列表，执行命令如下。

```
[root@localhost ~]# docker run centos
[root@localhost ~]# docker ps -a
```

命令执行结果如图 3.16 所示。

```
[root@localhost ~]# docker run centos
[root@localhost ~]# docker ps -a
CONTAINER ID   IMAGE          COMMAND      CREATED          STATUS                     PORTS     NAMES
f16fa189240c   centos         "/bin/bash"  4 seconds ago    Exited (0) 3 seconds ago             determined_mcnulty
1e548c98ec52   hello-world    "/hello"     10 seconds ago   Exited (0) 10 seconds ago            objective_hellman
[root@localhost ~]#
```

图 3.16 查看当前容器列表

（2）使用 docker commit 命令创建一个新的镜像，以镜像 centos 8.4（容器 ID 为 f16fa189240c）为例，执行命令如下。

```
[root@localhost ~]# docker commit -m "new" -a "centos8.4" f16fa189240c centos8.4:test
```

命令执行结果如图 3.17 所示。

```
[root@localhost ~]# docker commit -m "new" -a "centos8.4" f16fa189240c centos8.4:test
sha256:b9eeab075b442e43c576fe1a9a11d77420934ab4c6dab1e9620216f9168116fe
[root@localhost ~]#
```

图 3.17 创建一个新的镜像

（3）新镜像创建完成后，会返回其 ID 信息，查看镜像列表时，可以看到新镜像的信息，执行命令如下。

```
[root@localhost ~]# docker images | grep centos
[root@localhost ~]# docker images
```

命令执行结果如图 3.18 所示。

```
[root@localhost ~]# docker images | grep centos
centos8.4       test          b9eeab075b44   9 minutes ago   209MB
centos          latest        300e315adb2f   5 months ago    209MB
centos          version8.4    300e315adb2f   5 months ago    209MB
[root@localhost ~]# docker images
REPOSITORY      TAG           IMAGE ID       CREATED         SIZE
centos8.4       test          b9eeab075b44   9 minutes ago   209MB
fedora          latest        055b2e5ebc94   2 weeks ago     178MB
debian/httpd    version10.9   4a7a1f401734   3 weeks ago     114MB
debian          latest        4a7a1f401734   3 weeks ago     114MB
debian          version10.9   4a7a1f401734   3 weeks ago     114MB
hello-world     latest        d1165f221234   2 months ago    13.3kB
centos          latest        300e315adb2f   5 months ago    209MB
centos          version8.4    300e315adb2f   5 months ago    209MB
[root@localhost ~]#
```

图 3.18 新镜像的信息

### 3.3.3 利用 Dockerfile 创建镜像

除了手动生成 Docker 镜像之外，还可以使用 Dockerfile 自动生成镜像。Dockerfile 是由一组指令组成的文件，每条指令对应 Linux 中的一条命令，Docker 程序将读取 Dockerfile 中的指令生成指定镜像。

例如，在 centos 基础镜像上安装安全外壳守护进程（Secure Shell Demon，SSHD）服务，使用 Dockerfile 创建镜像并在容器中运行，首先需要建立目录，作为生成镜像的工作目录，然后分别创建并编写 Dockerfile 文件、需要运行的脚本文件，以及要复制到容器中的文件。

（1）下载基础镜像。

下载一个用来创建 SSHD 镜像的基础镜像 centos，可以使用 docker pull centos 命令拉取镜像，执行命令如下。

```
[root@localhost ~]# docker pull centos
```

（2）创建工作目录。

创建 sshd 目录，执行命令如下。

```
[root@localhost ~]# mkdir  sshd
```

```
[root@localhost ~]# cd   sshd
[root@localhost sshd]#
```

（3）创建并编写 Dockerfile 文件。

编写 Dockerfile 文件的内容，执行命令如下。

```
[root@localhost sshd]# vim   Dockerfile
```

命令执行结果如下。

```
#第一行必须指明基础镜像
FROM centos:latest
#说明新镜像的维护人信息
MAINTAINER The centos_sshd Project <cloud@csg>
#镜像操作指令
RUN yum -y install openssh-server net-tools  -y
#配置用户 root 的密码为 admin123
RUN echo 'root:admin123' | chpasswd
#修改、替换 sshd_config 文件的内容
RUN sed -i 's/UsePAM yes/UsePAM no/g' /etc/ssh/sshd_config
#指定密钥类型
RUN ssh-keygen -t dsa -f /etc/ssh/ssh_host_dsa_key
RUN ssh-keygen -t rsa -f /etc/ssh/ssh_host_rsa_key
#开启 22 端口
EXPOSE 22
#启动容器并修改执行指令
CMD   ["/usr/sbin/sshd","-D"]
[root@localhost sshd]# ll
```

命令执行结果如下。

```
总用量 4
-rw-r--r-- 1 root root 511 6月    5 23:10 Dockerfile
[root@localhost sshd]#
```

（4）利用 build 命令构建镜像。

使用 docker build 命令构建镜像，执行命令如下。

```
[root@localhost sshd]# docker build -t centos_sshd:latest .
```

命令执行结果如下。

```
Sending build context to Docker daemon    2.56kB
Step 1/9 : FROM centos:latest
 ---> 300e315adb2f
Step 2/9 : MAINTAINER The centos_sshd Project <cloud@csg>
 ---> Running in c9f58a400c53
Removing intermediate container c9f58a400c53
 ---> 5957c0bec95c
Step 3/9 : RUN yum -y install openssh-server net-tools  -y
 ---> Running in d51779f93775
CentOS Linux 8 - AppStream              3.9 MB/s | 7.4 MB     00:01
CentOS Linux 8 - BaseOS                 2.4 MB/s | 2.6 MB     00:01
CentOS Linux 8 - Extras                 9.7 kB/s | 9.6 kB     00:00
Dependencies resolved.
==================================================================
```

```
=========================================================================
 Package              Arch         Version                      Repository    Size
=========================================================================
Installing:
 net-tools            x86_64       2.0-0.52.20160912git.el8     baseos        322 k
 openssh-server       x86_64       8.0p1-6.el8_4.2              baseos        484 k
Installing dependencies:
 openssh              x86_64       8.0p1-6.el8_4.2              baseos        521 k

Transaction Summary
=========================================================================
Install  3 Packages

Total download size: 1.3 M
Installed size: 3.7 M
Downloading Packages:
(1/3): net-tools-2.0-0.52.20160912git.el8.x86_6    1.2 MB/s | 322 kB    00:00
(2/3): openssh-server-8.0p1-6.el8_4.2.x86_64.rp    1.5 MB/s | 484 kB    00:00
(3/3): openssh-8.0p1-6.el8_4.2.x86_64.rpm          1.5 MB/s | 521 kB    00:00
-------------------------------------------------------------------------
Total                                              1.2 MB/s | 1.3 MB    00:01
warning: /var/cache/dnf/baseos-f6a80ba95cf937f2/packages/net-tools-2.0-0.52.20160912git.el8.x86_64.rpm: Header V3 RSA/SHA256 Signature, key ID 8483c65d: NOKEY
CentOS Linux 8 - BaseOS                            1.6 MB/s | 1.6 kB    00:00
Importing GPG key 0x8483C65D:
 Userid      : "CentOS (CentOS Official Signing Key) <security@centos.org>"
 Fingerprint: 99DB 70FA E1D7 CE22 7FB6 4882 05B5 55B3 8483 C65D
 From        : /etc/pki/rpm-gpg/RPM-GPG-KEY-centosofficial
Key imported successfully
Running transaction check
Transaction check succeeded.
Running transaction test
Transaction test succeeded.
Running transaction
  Preparing        :                                                        1/1
  Running scriptlet: openssh-8.0p1-6.el8_4.2.x86_64                         1/3
  Installing       : openssh-8.0p1-6.el8_4.2.x86_64                         1/3
  Running scriptlet: openssh-server-8.0p1-6.el8_4.2.x86_64                  2/3
  Installing       : openssh-server-8.0p1-6.el8_4.2.x86_64                  2/3
  Running scriptlet: openssh-server-8.0p1-6.el8_4.2.x86_64                  2/3
  Installing       : net-tools-2.0-0.52.20160912git.el8.x86_64              3/3
  Running scriptlet: net-tools-2.0-0.52.20160912git.el8.x86_64              3/3
  Verifying        : net-tools-2.0-0.52.20160912git.el8.x86_64              1/3
  Verifying        : openssh-8.0p1-6.el8_4.2.x86_64                         2/3
```

```
    Verifying        : openssh-server-8.0p1-6.el8_4.2.x86_64                    3/3

Installed:
   net-tools-2.0-0.52.20160912git.el8.x86_64      openssh-8.0p1-6.el8_4.2.x86_64
   openssh-server-8.0p1-6.el8_4.2.x86_64


Complete!
Removing intermediate container d51779f93775
  ---> f8a71ed08578
Step 4/9 : RUN echo 'root:admin123' | chpasswd
  ---> Running in c05313c1848a
Removing intermediate container c05313c1848a
  ---> a753bc40b889
Step 5/9 : RUN sed -i 's/UsePAM yes/UsePAM no/g' /etc/ssh/sshd_config
  ---> Running in 1920e65d5ba2
Removing intermediate container 1920e65d5ba2
  ---> 9c3bab96568a
Step 6/9 : RUN ssh-keygen -t dsa -f /etc/ssh/ssh_host_dsa_key
  ---> Running in 68b59ca487e7
Enter passphrase (empty for no passphrase): Enter same passphrase again: Generating public/private dsa key pair.
Your identification has been saved in /etc/ssh/ssh_host_dsa_key.
Your public key has been saved in /etc/ssh/ssh_host_dsa_key.pub.
The key fingerprint is:
SHA256:fpPDu/qGPBU/O+UPS+BBtyf9p2+V6VzflEynavKf1UE root@68b59ca487e7
The key's randomart image is:
+---[DSA 1024]----+
|                 |
|                 |
|         . .E    |
|       ....oo    |
|      S  =ooo.=  |
|      . ..o*oo*=|
|       ..o*..**.O|
|        =.++o+.*=|
|        .O=oo.o+o|
+-----[SHA256]-----+
Removing intermediate container 68b59ca487e7
  ---> 6a848f28a0ef
Step 7/9 : RUN ssh-keygen -t rsa -f /etc/ssh/ssh_host_rsa_key
  ---> Running in 027185e10b17
Enter passphrase (empty for no passphrase): Enter same passphrase again: Generating public/private rsa key pair.
Your identification has been saved in /etc/ssh/ssh_host_rsa_key.
Your public key has been saved in /etc/ssh/ssh_host_rsa_key.pub.
The key fingerprint is:
SHA256:gJMDFsJp3m2NbxK5vMSgWZbYGUFNQF+vBb16h2a7vSU root@027185e10b17
```

```
The key's randomart image is:
+---[RSA 3072]----+
|o B*=. o.        |
| * o.+. o.       |
|o + X.=   o.     |
| o O O oo.       |
|   = = +.S .     |
| o    * + = .    |
|     . + + oE .  |
|          ..o    |
|          ..o.   |
+----[SHA256]-----+
Removing intermediate container 027185e10b17
 ---> e3902d90da64
Step 8/9 : EXPOSE 22
 ---> Running in 50d3f20a0d7a
Removing intermediate container 50d3f20a0d7a
 ---> 00101fa4e00f
Step 9/9 : CMD ["/usr/sbin/sshd","-D"]
 ---> Running in 60e087db03ba
Removing intermediate container 60e087db03ba
 ---> 9a3ceb67ec5a
Successfully built 9a3ceb67ec5a
Successfully tagged centos_sshd:latest
[root@localhost sshd]#
```

（5）查看镜像是否构建成功。

使用 docker images 命令，查看镜像是否构建成功，执行命令如下。

```
[root@localhost sshd]# docker images
```

命令执行结果如图 3.19 所示。

```
[root@localhost sshd]# docker images
REPOSITORY        TAG             IMAGE ID        CREATED          SIZE
centos_sshd       latest          45fbe05b9e9e    8 minutes ago    247MB
centos8.4         test            b9eeab075b44    41 hours ago     209MB
fedora            latest          055b2e5ebc94    3 weeks ago      178MB
debian/httpd      version10.9     4a7a1f401734    3 weeks ago      114MB
debian            latest          4a7a1f401734    3 weeks ago      114MB
debian            version10.9     4a7a1f401734    3 weeks ago      114MB
hello-world       latest          d1165f221234    3 months ago     13.3kB
centos            latest          300e315adb2f    5 months ago     209MB
centos            version8.4      300e315adb2f    5 months ago     209MB
[root@localhost sshd]#
```

图 3.19 查看新创建的 centos_sshd 镜像的信息

## 项目小结

本项目包含 3 个任务。

任务 3.1：Docker 镜像的相关知识，主要讲解了 Docker 镜像、Docker 镜像仓库、镜像描述文件 Dockerfile、基础镜像、基于联合文件系统的镜像分层、基于 Dockerfile 文件的镜像分层，以及镜像、容器和仓库的关系。

任务 3.2：使用 Docker 的常用命令，主要讲解了显示本地镜像列表、拉取镜像、设置镜像标签、查找镜像、查看镜像详细信息、查看镜像的构建历史、删除本地镜像的命令。

任务 3.3：Dockerfile 的相关知识，主要讲解了 Dockerfile 构建镜像的基本语法，Dockerfile 格式，Dockerfile 常用指令，Dockerfile 指令的 exec 格式和 shell 格式，RUN、CMD 和 ENTRYPOINT 指令的区别和联系，组合使用 CMD 和 ENTRYPOINT 指令。

## 课后习题

**1. 选择题**

（1）查看 Docker 镜像的历史记录使用的命令为（　　）。
　　A. docker save　　B. docker tag　　C. docker history　　D. docker prune

（2）查看 Docker 镜像列表使用的命令为（　　）。
　　A. docker load　　B. docker inspect　　C. docker pull　　D. docker images

（3）拉取 Docker 镜像使用的命令为（　　）。
　　A. docker pull　　B. docker push　　C. docker tag　　D. docker import

（4）删除 Docker 镜像使用的命令为（　　）。
　　A. docker inspect　　　　　　　　B. docker rm
　　C. docker save　　　　　　　　　D. docker push

（5）下列不属于 Dockerfile 指令的是（　　）。
　　A. MV　　B. FROM　　C. ADD　　D. COPY

（6）以下 docker commit 的常用选项中，表示指定提交的镜像作者信息的是（　　）。
　　A. -m　　B. –c　　C. -a　　D. -p

（7）【多选】Docker 私有仓库的特点有（　　）。
　　A. 访问速度快　　　　　　　　　B. 自主控制、方便存储和可维护性高
　　C. 安全性和私密性高　　　　　　D. 提供公共外网资源服务

（8）【多选】关于 Dockerfile 的说法正确的有（　　）。
　　A. Dockerfile 指令和 Linux 命令通用，可以在 Linux 下执行
　　B. Dockerfile 是一种被 Docker 程序解释的脚本
　　C. Dockerfile 是由多条指令组成的，有自己的书写格式
　　D. 当有额外的定制需求时，修改 Dockerfile 文件即可重新生成镜像

**2. 简答题**

（1）什么是 Docker 镜像？
（2）简述 Docker 公共仓库与私有仓库。
（3）简述基于联合文件系统的镜像分层。
（4）简述镜像、容器和仓库的关系。
（5）简述 Dockerfile 构建的基本语法。
（6）简述创建镜像的方法。

# 项目4
# Docker容器管理

**04**

## 【学习目标】

- 掌握Docker容器的基础知识。
- 掌握Docker镜像与容器的关系。
- 掌握Docker容器的实现原理。
- 掌握Docker容器的创建、启动、运行、停止、删除等运维管理操作。
- 掌握Docker容器资源控制管理操作。

## 4.1 项目描述

容器是 Docker 的核心概念之一，简单地说，容器是镜像的运行实例，是独立运行的一个或一组应用及其所需的运行环境，包括文件系统、系统类库、Shell 环境等。镜像是静态的只读模板，容器则会给只读模板添加额外的可写层。本项目主要介绍容器的具体操作，包括创建容器、启动容器、终止容器、进入容器内执行操作、删除容器和通过导入、导出容器来实现容器迁移等。

## 4.2 必备知识

### 4.2.1 Docker 容器的相关知识

Docker 的最终目的是部署和运行应用程序，这是由容器来实现的。从软件的角度看，镜像用于软件生命周期的构建和打包阶段，而容器用于启动和运行阶段。获得镜像后，就可以以镜像为模板启动容器了。可以将容器理解为在一个相对独立的环境中运行的一个或一组进程，相当于自带操作系统的应用程序。独立环境拥有进程运行时所需的一切资源，包括文件系统、库文件、脚本等。

**1. 什么是容器**

容器的英文名称为 Container，在 Docker 中指从镜像创建的应用程序运行实例。镜像和容器就像面向对象程序设计中的类和实例，镜像是静态的定义，容器是镜像运行时的实体，基于同一镜像可以创建若干不同的容器。

Docker 作为一个开源的应用容器引擎，让开发者可以打包应用及其依赖包到一个可移植的容器中，并将容器发布到任何装有流行的 Linux 操作系统的机器中，也可以实现虚拟化。容器是相对独立的运行环境，这一点类似于虚拟机，但是它不像虚拟机独立得那么彻底。容器通过将软件与周围环境隔离，将外界的影响降到最低。

Docker 的设计借鉴了集装箱的概念，每个容器都有一个软件镜像，相当于集装箱中的货物。可以将容器看作应用程序及其依赖环境打包而成的集装箱。容器可以被创建、启动、停止、删除、暂停等。Docker 在执行这些操作时并不关心容器中有什么软件。

容器的实质是进程，但与直接在主机上执行的进程不同，容器进程在属于自己的独立的命名空间内运行。因此，容器可以拥有自己的根文件系统、网络配置、进程空间，甚至自己的用户 ID 空间。容器内的进程运行在隔离的环境中，使用起来就好像是在独立主机的系统下操作一样。通常容器之间是彼此隔离、互不可见的。这种特性使得容器封装的应用程序比直接在主机上运行的应用程序更加安全，但这种特性可能会导致一些初学者混淆容器和虚拟机，这个问题应引起注意。

Docker 容器具有以下特点。

（1）标准。Docker 容器基于开放标准，适用于基于 Linux 和 Windows 的应用，在任何环境中都能够始终如一地运行。

（2）安全。Docker 容器将应用程序彼此隔离并从底层基础架构中分离出来，Docker 提供了强大的默认隔离功能，可以将应用程序问题限制在一个容器中，而并非整个机器中。

（3）轻量级。在一台机器上运行的 Docker 容器共享宿主机的操作系统内核，只需占用较少的资源。

（4）独立性。Docker 容器可以在一个相对独立的环境中运行一个或一组进程，相当于自带操作系统的应用程序。

### 2. 可写的容器层

容器与镜像的主要不同之处是容器顶部有可写层。一个镜像由多个可读的镜像层组成，正在运行的容器会在镜像层上面增加一个可写的容器层，所有写入容器的数据都保存在这个可写层中，包括添加的新数据或修改的已有数据。当容器被删除时，这个可写层也会被删除，但是底层的镜像层保持不变，因此，任何对容器的操作均不会影响到其镜像。

由于每个容器都有自己的可写层，所有的改变都存储在这个容器层中，因此多个容器可以共享同一个底层镜像，并且仍然拥有自己的数据状态。如图 4.1 所示，多个容器共享同一个 CentOS 8.4 镜像。

图 4.1　多个容器共享同一个 CentOS 8.4 镜像

Docker 使用存储驱动来管理镜像层和容器层的内容，每个存储驱动的实现都是不同的，但所有驱动都使用可堆叠的镜像层和写时复制策略。

### 3. 写时复制策略

写时复制策略是一个高效的文件共享和复制策略。如果一个文件位于镜像中的较低层，其他层需要读取它，包括可写层，那么只需使用现有文件即可。其他层首次需要修改该文件时，构建镜像或运行容器，文件将会被复制到该层并被修改，这最大限度地减少了后续的读取工作，并且减少了文件占用的空间。

共享有助于减小镜像大小。使用 docker pull 命令从镜像源获取镜像时，或者从一个本地不存在的镜像创建容器时，每个层都是独立拉取的，并保存在 Docker 的本地存储区域（在 Linux 主机上通常是/var/lib/docker 目录）中。

启动容器时，一个很小的容器层会被添加到其他层的顶部，容器对文件系统的任何改变都保存在此层，容器中不需要修改的任何文件都不会复制到这个可写层中，这就意味着可写层可能占用较小的空间。

修改容器中已有的文件时，存储驱动执行写时复制策略，具体步骤取决于特定的存储驱动，对于 AUFS（Another Union File System）、overlay 和 overlay2 驱动来说，执行写时复制策略的大致步骤如下。

（1）从镜像各层中搜索要修改的文件，从最新的层开始直到最底层，被找到的文件将被添加到缓存中以加速后续操作。

（2）对找到的文件的第 1 个副本执行 copy_up 操作，将其复制到容器的可写层中。

任何修改只针对该文件的这个副本，容器不能看见该文件位于镜像层的只读副本。

### 4. 容器的基本信息

可以使用 docker ps -a 命令输出本地全部容器的列表，执行命令如下。

[root@localhost ~]# docker ps -a

命令执行结果如图 4.2 所示。

```
[root@localhost ~]# docker ps -a
CONTAINER ID   IMAGE          COMMAND              CREATED             STATUS                     PORTS     NAMES
16639dcc8a2f   hello-world    "/hello"             4 seconds ago       Exited (0) 3 seconds ago             upbeat_khorana
9c96a9fd37c6   centos_sshd    "/usr/sbin/sshd -D"  About a minute ago  Up About a minute          22/tcp    bold_austin
[root@localhost ~]#
```

图 4.2　输出本地全部容器的列表

图 4.2 所示的列表中反映了容器的基本信息。CONTAINER ID 列表示容器的 ID，IMAGE 列表示容器所用镜像的名称，COMMAND 列表示启动容器时执行的命令，CREATED 列表示容器的创建时间，STATUS 列表示容器运行的状态（Up 表示运行中，Exited 表示已停止），PORTS 列表示容器对外发布的端口号，NAMES 列表示容器的名称。

创建容器之后对容器进行的各种操作，如启动、停止、修改或删除等，都可以通过容器 ID 来进行引用。容器的唯一标识容器 ID 与镜像 ID 一样采用通用唯一标识码（Universally Unique Identifier，UUID）形式表示，它是由 64 个十六进制字符组成的字符串。可以在 docker ps 命令中加上--no-trunc 选项显示完整的容器 ID，但通常采用 12 个字符的缩略形式，这在同一主机上已经可以区分各个容器。容器数量少的时候，还可以使用更短的格式，容器 ID 可以只取前面几个字符。

容器 ID 能保证唯一性，但难以记忆，因此可以通过容器名称来代替容器 ID 引用容器。容器名称默认由 Docker 自动生成，也可在执行 docker run 命令时通过--name 选项自行指定。还可以使用 docker rename 命令为现有的容器重新命名，以便于后续的容器操作。例如，使用以下命令更改容器名称。

docker rename 300e315adb2f centos_mysql

### 5. 磁盘上的容器大小

要查看一个运行中的容器的大小，可以使用 docker ps -s 命令，输出结果的 SIZE 列中会显示两个不同的值。这里以运行 centos_sshd 镜像为例，启动相应的容器，执行命令如下。

[root@localhost ~]# docker run -d centos_sshd

命令执行结果如下。

9c96a9fd37c6e12eb89a0dc15594068a2bf402b546f08cdd0bf9609a20354099
[root@localhost ~]#

再查看该容器的大小，执行命令如下。

[root@localhost ~]# docker ps -s

命令执行结果如图 4.3 所示。

```
[root@localhost ~]# docker ps -s
CONTAINER ID   IMAGE         COMMAND              CREATED         STATUS         PORTS     NAMES         SIZE
9c96a9fd37c6   centos_sshd   "/usr/sbin/sshd -D"  9 minutes ago   Up 9 minutes   22/tcp    bold_austin   2B (virtual 247MB)
[root@localhost ~]#
```

图 4.3　查看容器的大小

其中，SIZE 列的第 1 个值表示每个容器的可写层当前所有数据的大小；第 2 个值是虚拟大小，位于括号中并以 vritual 进行标记，表示该容器所用镜像层的数据量加上容器可写层数据的大小。多个容器可以共享一部分或所有的镜像层数据，从同一镜像启动的两个容器共享 100%的镜像层数据，而使用拥有公共镜像层的不同镜像的两个容器会共享那些公共的镜像层。因此，不能只是汇总虚拟大小，这会导致潜在数据量的使用，进而出现高估磁盘用量的问题。

　　磁盘上正运行的容器所用的磁盘空间是每个容器大小和虚拟大小值的总和。如果多个容器从完全相同的镜像启动，那么这些容器的总磁盘用量是容器部分大小的总和（示例中为 2B）加上一个镜像大小（虚拟大小，示例中为 247MB），这还没有包括容器通过其他方式占用的磁盘空间。

### 6. 容器操作命令

　　Docker 提供了相当多的容器操作命令，既包括创建、启动、停止、删除、暂停等容器生命周期管理操作，如 docker create、docker start；又包括查看、连接、导出容器运维操作，以及容器列表、日志、事件查看操作，如 docker ps、docker attach。这些都可看作 docker 命令的子命令。

　　被操作的容器可以使用容器 ID 或容器名称进行标识。有些命令可以操作多个容器，多个容器 ID 或容器名称之间使用空格分隔。

　　Docker 新版本提供了一个统一的容器管理操作命令 docker container，其语法格式如下。

```
docker container 子命令
```

　　docker container 子命令用于实现容器的各类管理操作功能，大多与传统的容器操作 docker 子命令相对应，功能和语法也接近，只有个别不同。Docker 容器操作命令及其功能说明如表 4.1 所示。

表 4.1　Docker 容器操作命令及其功能说明

| docker container 子命令 | docker 子命令 | 功能说明 |
| --- | --- | --- |
| docker container attach | docker attach | 将本地的标准输入、标准输出和标准错误流附加到正在运行的容器上，即连接到正在运行的容器上，其实就是进入容器 |
| docker container commit | docker commit | 从当前容器创建新的镜像 |
| docker container cp | docker cp | 在容器和本地文件系统之间复制文件和目录 |
| docker container create | docker create | 创建新的容器 |
| docker container diff | docker diff | 检查容器创建以来其文件系统中文件或目录的更改 |
| docker container exec | docker exec | 在正在运行的容器中执行命令 |
| docker container export | docker export | 将容器的文件系统导出为一个归档文件 |
| docker container inspect | docker inspect | 显示一个或多个容器的详细信息 |
| docker container kill | docker kill | 停止一个正在运行的容器 |
| docker container logs | docker logs | 获取容器的日志信息 |
| docker container ls | docker ps | 输出容器列表 |
| docker container pause | docker pause | 暂停一个或多个容器内的所有进程 |
| docker container port | docker port | 列出容器的端口映射或特定的映射 |
| docker container prune | — | 删除所有停止执行的镜像 |
| docker container rename | docker rename | 对容器重命名 |
| docker container restart | docker restart | 重启一个或多个容器 |
| docker container rm | docker rm | 删除一个或多个容器 |

续表

| docker container 子命令 | docker 子命令 | 功能说明 |
|---|---|---|
| docker container run | docker run | 创建一个新的容器并执行命令 |
| docker container start | docker start | 启动一个或多个已停止的容器 |
| docker container stats | docker stats | 显示容器资源使用统计信息的实时流 |
| docker container stop | docker stop | 停止一个或多个正在运行的容器 |
| docker container top | docker top | 显示容器中正在运行的进程 |
| docker container unpause | docker unpause | 恢复一个或多个容器内被暂停的所有进程 |
| docker container update | docker update | 更新一个或多个容器的配置 |
| docker container wait | docker wait | 阻塞一个或多个容器的运行，直到容器停止运行，然后输出退出码 |

下面介绍一下 Docker 容器常用的命令。

（1）docker run 命令用于创建并启动容器。

运行一个容器最常用的方法之一就是使用 docker run 命令，该命令用于创建一个新的容器并启动该容器，其语法格式如下。

docker run [选项] 镜像 [命令] [参数...]

docker run 命令各选项及其功能说明如表 4.2 所示。

表 4.2 docker run 命令各选项及其功能说明

| 选项 | 功能说明 |
|---|---|
| -d，--detach=false | 指定容器运行于前台还是后台，默认为前台（false），并返回容器 ID |
| -i，--interactive=false | 打开 STDIN，用于控制台交互，通常与 -t 选项同时使用 |
| -t，--tty=false | 分配终端 TTY 设备，可以支持终端登录，默认为 false，即不支持终端登录 |
| -u，--user="" | 指定容器的用户 |
| -a，--attach=[] | 登录容器（必须是以 docker run -d 命令启动的容器） |
| -w，--workdir="" | 指定容器的工作目录 |
| -c，--cpu-shares=0 | 设置容器 CPU 权值，在 CPU 共享场景中使用 |
| -e，--env=[] | 指定环境变量，容器中可以使用该环境变量 |
| -m，--memory="" | 指定容器的内存上限 |
| -P，--publish-all=false | 指定容器暴露的端口 |
| -p，--publish=[] | 指定容器暴露的端口 |
| -h，--hostname="" | 指定容器的主机名 |
| -v，--volume=[] | 将存储卷挂载到容器的某个目录 |
| --volumes-from=[] | 将其他容器上的卷挂载到容器的某个目录 |
| --cap-add=[] | 添加权限 |
| --cap-drop=[] | 删除权限 |
| --cidfile="" | 运行容器后，在指定文件中写入容器进程 ID（Process ID，PID）值，一种典型的监控系统用法 |
| --cpuset="" | 设置容器可以使用哪些 CPU，此参数可以用来设置容器独占 CPU |

续表

| 选项 | 功能说明 |
|---|---|
| --device=[ ] | 添加主机设备给容器，相当于设备直通 |
| --dns=[ ] | 指定容器的 DNS 服务器 |
| --dns-search=[ ] | 指定容器的 DNS 搜索域名，并将其写入容器的/etc/resolv.conf 文件 |
| --entrypoint="" | 覆盖镜像的入口点 |
| --env-file=[ ] | 指定环境变量文件，文件格式为每行一个环境变量 |
| --expose=[ ] | 指定容器暴露的端口，即修改镜像的暴露端口 |
| --link=[ ] | 指定容器间的关联，使用其他容器的 IP 地址、环境变量 env 等信息 |
| --lxc-conf=[ ] | 指定容器的配置文件，只有在指定--exec-driver=lxc 时使用 |
| --name="" | 指定容器名称，后续可以通过名称进行容器管理，links 链路特性需要使用容器名称 |
| --net="bridge" | 指定容器网络的设置，具体参数介绍如下。<br>Bridge：使用 Docker Daemon 指定的网桥。<br>host：容器使用主机的网络。<br>container:NAME 或 ID：使用其他容器的网络，共享 IP 地址和端口等网络资源。<br>none：容器使用自己的网络（类似--net=bridge），但是不进行配置 |
| --privileged=false | 指定容器是否为特权容器，特权容器拥有所有的能力 capabilities（权限） |
| --restart="no" | 指定容器停止后的重启策略，具体参数介绍如下。<br>no：容器退出时不重启。<br>on-failure：容器故障退出（返回值非零）时重启。<br>always：容器退出时总是重启 |
| --rm=false | 指定容器停止后自动删除容器（不支持以 docker run –d 命令启动的容器） |
| --sig-proxy=true | 设置由代理接收并处理信号，但是信号终止（SIGCHLD）、信号停止（SIGSTOP）和信号杀死（SIGKILL）不能被代理 |

（2）docker create 命令用于创建容器。

使用 docker create 命令创建一个新的容器，但不启动该容器，其语法格式如下。

docker create [选项] 镜像 [命令] [参数...]

docker create 命令与容器运行模式相关的选项及其功能说明如表 4.3 所示。

表 4.3 docker create 命令与容器运行模式相关的选项及其功能说明

| 选项 | 功能说明 |
|---|---|
| -a，--attach= [ ] | 是否绑定容器到标准输入、标准输出和标准错误 |
| -d，--detach=true\| false | 是否在后台运行容器，默认为 false |
| --detach-keys="" | 从连接 attach 模式退出的快捷键 |
| --entrypoint="" | 镜像存在入口命令时，将其覆盖为新的命令 |
| -- expose= [ ] | 指定容器会暴露出来的端口或端口范围 |
| --group-add= [ ] | 运行容器的用户组 |
| -i，-- interactive=true\|false | 保持标准输入打开，默认为 false |
| --ipc="" | 容器进程间通信（Interprocess Communication，PC）命名空间，可以为其他容器或主机 |

续表

| 选项 | 功能说明 |
| --- | --- |
| --isolation="default" | 容器使用的隔离机制 |
| --log-driver="json-file" | 指定容器的日志驱动类型,可以为 json-file、syslog、journald、gelf、fluentd、awslogs、splunk、etwlogs、gcplogs 或 none |
| --log-opt=[ ] | 传递给日志驱动的选项 |
| --net="bridge" | 指定容器网络模式,包括 bridge、none、其他容器内网络、主机的网络或某个现有网络等 |
| --net-alias=[ ] | 容器在网络中的别名 |
| -P,--publish-all=true \| false | 通过 NAT 机制将容器标记暴露的端口自动映射到本地主机的临时端口 |
| -p,--publish=[ ] | 指定如何映射到本地主机端口 |
| --pid=host | 容器的 PID 命名空间 |
| --userns="" | 启用 userns-remap 时配置用户命名空间的模式 |
| --uts=host | 容器的 uts 命名空间 |
| --restart="no" | 容器的重启策略,包括 no、on-failure[:max-retry]、always、unless-stopped 等 |
| --rm=true \| false | 容器退出后是否自动删除,不能和-d 同时使用 |
| -t,--tty=true \| false | 是否分配一个伪终端,默认为 false |
| --tmpfs=[ ] | 挂载临时文件系统到容器中内 |
| -v\|--volume | 挂载主机上的文件卷到容器中内 |
| --volume-driver="" | 挂载文件卷的驱动类型 |
| --volumes-from=[ ] | 从其他容器挂载卷 |
| -W,--workdir="" | 容器内的默认工作目录 |

docker create 命令与容器环境和配置相关的选项及其功能说明如表 4.4 所示。

表 4.4 docker create 命令与容器环境和配置相关的选项及其功能说明

| 选项 | 功能说明 |
| --- | --- |
| --add-host=[ ] | 在容器内添加一个主机名到 IP 地址的映射关系(通过/etc/hosts 文件实现) |
| --device=[ ] | 映射物理机上的设备到容器内 |
| --dns-search=[ ] | DNS 搜索域 |
| --dns-opt=[ ] | 自定义的 DNS 选项 |
| --dns=[ ] | 自定义的 DNS 服务器 |
| -e,--env=[ ] | 指定容器内的环境变量 |
| --env-file=[ ] | 从文件中读取环境变量到容器内 |
| -h,--hostname="" | 指定容器内的主机名 |
| --ip="" | 指定容器的 IPv4 地址 |
| --ip6="" | 指定容器的 IPv6 地址 |
| --link=[<name or id>:alias] | 链接到其他容器 |

续表

| 选项 | 功能说明 |
| --- | --- |
| --link-local-ip=[ ] | 容器的本地链接地址列表 |
| --mac-address="" | 指定容器的介质访问控制（Medium Access Control，MAC）地址 |
| --name="" | 指定容器的别名 |

docker create 命令与容器资源限制和安全保护相关的选项及其功能说明如表 4.5 所示。

表 4.5  docker create 命令与容器资源限制和安全保护相关的选项及其功能说明

| 选项 | 功能说明 |
| --- | --- |
| --blkio-weight=10~1000 | 容器读写块设备的 I/O 性能权值，默认为 0 |
| --blkio-weight-device=[DEVICE_NAME：WEIGHT] | 指定各个块设备的 I/O 性能权值 |
| --cpu-shares=0 | 允许容器使用 CPU 资源的相对权值，默认一个容器能使用满核的 CPU |
| --cap-add=[ ] | 增加容器的 Linux 指定安全能力 |
| --cap-drop=[ ] | 移除容器的 Linux 指定安全能力 |
| --cgroup-parent="" | 容器 CGroups 限制的创建路径 |
| --cidfile="" | 指定将容器的进程 ID 写到文件 |
| --cpu-period=0 | 限制容器在完全公平调度器（Completely Fair Scheduler，CFS）下的 CPU 占用时间片 |
| --cpuset-cpus="" | 限制容器能使用哪些 CPU 内核 |
| --cpuset-mems="" | 非统一内存访问（Non Uniform Memory Access，NUMA）架构下使用哪些内核的内存 |
| --cpu-quota=0 | 限制容器在 CFS 调度器下的 CPU 配额 |
| --device-read-bps=[ ] | 挂载设备的读吞吐率（以 bit/s 为单位）限制 |
| --device-write-bps=[ ] | 挂载设备的写吞吐率（以 bit/s 为单位）限制 |
| --device-read-iops=[ ] | 挂载设备的读速率（以每秒 I/O 次数为单位）限制 |
| --device-write-iops=[ ] | 挂载设备的写速率（以每秒 I/O 次数为单位）限制 |
| --health-cmd="" | 指定检查容器健康状态的命令 |
| --health-interval=0s | 执行健康检查的间隔时间，单位可以为 ms、s、min 或 h |
| --health-retries=int | 健康检查失败时的重试次数，超过则认为不健康 |
| --health-start-period=0s | 容器启动后进行健康检查的等待时间，单位可以为 ms、s、min 或 h |
| --health-timeout=0s | 健康检查的执行超时，单位可以为 ms、s、min 或 h |
| --no-healthcheck=true\|false | 是否禁用健康检查 |
| --init | 在容器中执行一个 init 进程，以负责响应信号和处理僵尸状态的子进程 |
| --kernel-memory="" | 限制容器使用内核的内存大小，单位可以是 bit、KB、MB 或 GB |
| -m，--memory="" | 限制容器内应用使用的内存，单位可以是 bit、KB、MB 或 GB |
| --memory-reservation="" | 当系统中内存过少时，容器会被强制限制内存大小到给定值，默认情况下，给定值等于内存限制值 |
| --memory-swap="LIMIT" | 限制容器使用内存和交换区的总大小 |
| --oom-kill-disable=true\|false | 内存耗尽时是否停止容器 |

续表

| 选项 | 功能说明 |
| --- | --- |
| --oom-score-adj="" | 调整容器的内存耗尽参数 |
| --pids-limit="" | 限制容器的 PID 个数 |
| --privileged-true\|false | 是否给容器高权限,这意味着容器内的应用将不受权限的限制,一般不推荐 |
| --read-only=true\|false | 是否让容器内的文件系统只读 |
| --security-opt=[ ] | 指定一些安全参数,包括权限、安全能力等 |
| --stop-signal=SIGTERM | 指定停止容器的系统信号 |
| --shm-size="" | /dev/shm 的大小 |
| --sig-proxy=true\|false | 是否将代理收到的信号传给应用,默认为 true,不能代理 SIGCHLD、SIGSTOP 和 SIGKILL 信号 |
| --memory-swappiness="0~100" | 调整容器的内存交换区参数 |
| -U, --user="" | 指定在容器内执行命令的用户信息 |
| --userns="" | 指定用户命名空间 |
| --ulimit=[ ] | 限制最大文件数、最大进程数 |

(3) docker start 命令用于启动容器。

使用 docker start 命令启动一个或多个处于停止状态的容器,其语法格式如下。

docker start [选项] 容器 [容器...]

docker start 命令各选项及其功能说明如表 4.6 所示。

表 4.6 docker start 命令各选项及其功能说明

| 选项 | 功能说明 |
| --- | --- |
| -a, --attach | 附加 STDOUT/STDERR 和转发信号 |
| --detache-keys | 覆盖用于分离容器的键序列 |
| -i, --interactive | 附加到容器的 STDIN |

(4) docker stop 命令用于停止容器。

使用 docker stop 命令停止一个或多个处于运行状态的容器,其语法格式如下。

docker stop [选项] 容器 [容器...]

docker stop 命令各选项及其功能说明如表 4.7 所示。

表 4.7 docker stop 命令各选项及其功能说明

| 选项 | 功能说明 |
| --- | --- |
| -t, --time int | 停止倒计时,默认为 10s |

(5) docker restart 命令用于重启容器。

使用 docker srestart 命令重启一个或多个处于运行状态的容器,其语法格式如下。

docker restart [选项] 容器 [容器...]

docker restart 命令各选项及其功能说明如表 4.8 所示。

表 4.8 docker restart 命令各选项及其功能说明

| 选项 | 功能说明 |
| --- | --- |
| -t, --time int | 重启倒计时，默认为 10s |

（6）docker ps 命令用于显示容器列表。

使用 docker ps 命令显示容器列表，其语法格式如下。

docker ps [选项]

docker ps 命令各选项及其功能说明如表 4.9 所示。

表 4.9 docker ps 命令各选项及其功能说明

| 选项 | 功能说明 |
| --- | --- |
| -a, --all | 显示所有的容器，包括未运行的容器 |
| -f, --filter | 根据条件过滤显示的内容 |
| --format | 指定返回值的模板文件 |
| -l, --latest | 显示最近创建的容器 |
| -n, --last int | 列出最近创建的 n 个容器 |
| --no-trunc | 不截断输出，显示完整的容器信息 |
| -q, --quiet | 静默模式，只显示容器 ID |
| -s, --size | 显示总的文件大小 |

（7）docker inspect 命令用于查看容器详细信息。

使用 docker inspect 命令查看容器详细信息，也就是元数据，默认情况下，以 JSON 格式输出所有结果，其语法格式如下。

docker inspect [选项] 容器 [容器...]

docker inspect 命令各选项及其功能说明如表 4.10 所示。

表 4.10 docker inspect 命令各选项及其功能说明

| 选项 | 功能说明 |
| --- | --- |
| -f, --format | 指定返回值的模板文件 |
| -s, --size | 如果类型为容器，则显示文件总大小 |
| --type | 返回指定类型的 JSON 数据 |

（8）docker attach 命令用于进入容器。

使用 docker attach 命令连接到正在运行的容器，其语法格式如下。

docker attach [选项] 容器

docker attach 命令各选项及其功能说明如表 4.11 所示。

表 4.11 docker attach 命令各选项及其功能说明

| 选项 | 功能说明 |
| --- | --- |
| --detach-keys | 用于重写分离容器键的序列 |
| --no-stdin | 不要附上 STDIN |
| --sig-proxy | 代理所有收到的进程信号（默认为 true） |

（9）docker exec 命令用于进入容器。

使用 docker exec 命令连接到正在运行的容器，其语法格式如下。

```
docker exec [选项] 容器 命令 [参数…]
```

docker exec 命令各选项及其功能说明如表 4.12 所示。

表 4.12 docker exec 命令各选项及其功能说明

| 选项 | 功能说明 |
| --- | --- |
| -d, --detach | 分离模式，在后台运行命令 |
| --detach-keys string | 指定退出容器的快捷键 |
| -e, --env list | 设置环境变量，可以设置多个 |
| --env-file list | 设置环境变量文件，可以设置多个 |
| -i, --interactive | 打开标准输入接收用户输入的命令，即使没有附加其他参数，也保持 STDIN 打开 |
| --privileged | 是否给执行命令最高权限，默认为 false |
| -t, --tty | 分配一个伪终端，进入容器的命令行界面模式 |
| -u, --user string | 指定访问容器的用户名 |
| -w, --workdir string | 需要执行命令的目录 |

（10）docker rm 命令用于删除容器。

使用 docker rm 命令删除容器，其语法格式如下。

```
docker rm [选项] 容器 [容器…]
```

docker rm 命令各选项及其功能说明如表 4.13 所示。

表 4.13 docker rm 命令各选项及其功能说明

| 选项 | 功能说明 |
| --- | --- |
| -f, --force | 通过 SIGKILL 信号强制删除一个运行中的容器 |
| -l, --link | 移除容器间的网络连接，而非容器本身 |
| -v, --volumes | 删除与容器关联的卷 |

（11）docker logs 命令用于获取容器的日志信息。

使用 docker logs 命令获取容器的日志信息，其语法格式如下。

```
docker logs [选项] 容器
```

docker logs 命令各选项及其功能说明如表 4.14 所示。

表 4.14 docker logs 命令各选项及其功能说明

| 选项 | 功能说明 |
| --- | --- |
| --details | 显示更多的信息 |
| -f, --follow | 跟踪实时日志 |
| --since string | 显示自某个生成日期之后的日志，可以指定相对时间，如 30min（即 30 分钟） |
| --tail string | 在日志末尾显示多少行日志，默认是 all |
| -t, --timestamps | 查看日志生成日期 |
| --until string | 显示自某个生成日期之前的日志，可以指定相对时间，如 30min（即 30 分钟） |

（12） docker stats 命令用于动态显示容器的资源消耗情况。

使用 docker stats 命令动态显示容器的资源消耗情况，包括 CPU、内存、网络 I/O，其语法格式如下。

docker stats [选项] [容器...]

docker stats 命令各选项及其功能说明如表 4.15 所示。

表 4.15 docker stats 命令各选项及其功能说明

| 选项 | 功能说明 |
| --- | --- |
| -a, --all | 查看所有容器信息（默认显示运行中的容器的信息） |
| --format | 以 Go 模板展示镜像信息，Go 模板提供了大量的预定义函数 |
| --no-stream | 不展示容器的一些动态信息 |

（13） docker cp 命令用于在宿主机和容器之间复制文件。

使用 docker cp 命令在宿主机和容器之间复制文件，其语法格式如下。

docker cp [选项] 文件|URL [仓库[:标签]]

docker cp 命令各选项及其功能说明如表 4.16 所示。

表 4.16 docker cp 命令各选项及其功能说明

| 选项 | 功能说明 |
| --- | --- |
| -a | 存档模式（复制所有 UID / GID 信息） |
| -L | 保持源目标中的链接 |

（14） docker port 命令用于查看容器与宿主机端口映射的信息。

使用 docker port 命令查看容器与宿主机端口映射的信息，其语法格式如下。

docker port 容器 [选项]

docker port 命令各选项及其功能说明如表 4.17 所示。

表 4.17 docker port 命令各选项及其功能说明

| 选项 | 功能说明 |
| --- | --- |
| private_port | 指定查询的端口 |
| proto | 协议类型（TCP、UDP） |

（15） docker export 命令用于将容器导出为 .tar 文件。

使用 docker export 命令将容器导出为 .tar 文件，其语法格式如下。

docker export [选项] 容器

docker export 命令各选项及其功能说明如表 4.18 所示。

表 4.18 docker export 命令各选项及其功能说明

| 选项 | 功能说明 |
| --- | --- |
| -o | 打包输出的选项，将输入内容写到文件中 |

（16） docker import 命令用于导入一个镜像文件。

使用 docker import 命令导入一个镜像文件（.tar 文件），其语法格式如下。

docker import [选项] 容器

docker import 命令各选项及其功能说明如表 4.19 所示。

表 4.19　docker import 命令各选项及其功能说明

| 选项 | 功能说明 |
| --- | --- |
| -c | 应用 Docker 指令创建镜像 |
| -m | 提交时的说明文字 |

（17）docker top 命令用于查看容器中运行的进程情况。

使用 docker top 命令查看容器中运行的进程情况，其语法格式如下。

docker top [选项] 容器

（18）docker pause 命令用于暂停容器进程。

使用 docker pause 命令暂停容器进程，其语法格式如下。

docker pause 容器 [容器...]

（19）docker unpause 命令用于恢复容器内暂停的进程。

使用 docker unpause 命令恢复容器内暂停的进程，其语法格式如下。

docker unpause 容器 [容器...]

（20）docker rename 命令用于重命名容器。

使用 docker rename 命令为现有的容器重命名，以便于后续的容器操作，其语法格式如下。

docker rename 容器 容器名称

### 4.2.2　Docker 容器的实现原理

容器和虚拟机具有相似的资源隔离和分配优势，但是它们的功能不同，虚拟机实现资源隔离的方法是通过独立的客户机操作系统，并利用 Hypervisor 虚拟化 CPU、内存、I/O 设备等实现，引导、加载操作系统内核是比较耗时而又消耗资源的过程。与虚拟机实现资源和环境隔离相比，容器不用重新加载操作系统内核，它利用 Linux 内核特性实现隔离，可以在几秒内完成启动、停止，并可以在宿主机上启动多个容器。

#### 1. Docker 容器的功能

Docker 容器的功能如下。

（1）通过命名空间对不同的容器实现隔离，命名空间允许一个进程及其子进程从共享的宿主机内核资源（挂载点、进程列表等）中获得仅自己可见的隔离区域，让同一个命名空间下的所有进程感知彼此的变化，而对外界进程一无所知，仿佛运行在独占的操作系统中。

（2）通过 CGroups 隔离宿主机上的物理资源，如 CPU、内存、磁盘 I/O 和网络带宽。使用 CGroups 还可以为资源设置权值、计算使用量、操控任务（进程或线程）启动或停止等。

（3）使用镜像管理功能，利用 Docker 的镜像分层、写时复制、内容寻址、联合挂载技术实现一套完整的容器文件系统及运行环境。结合镜像仓库，镜像可以快速下载和共享。

#### 2. Docker 对容器内文件的操作

Docker 镜像是 Docker 容器运行的基础。有了镜像才能启动容器，容器可以被创建、启动、终止、删除、暂停等。在容器启动前，Docker 需要本地存在对应的镜像，如果本地不存在对应的镜像，则 Docker 通过镜像仓库下载（默认镜像仓库是 Docker Hub）。

每一个镜像都会有一个文本文件 Dockerfile，其定义了如何构建 Docker 镜像。由于 Docker 镜像是分层管理的，因此 Docker 镜像的定制实际上就是定制每一层所添加的配置、文件。一个新镜像是由基础镜像一层一层叠加生成的，每安装一个软件就会在现有的镜像层上增加一层。

当容器启动时，一个新的可写层被加载到镜像层的顶部，这一层称为容器层，容器层之下都为镜像层。只有容器层是可写的，容器层下面的所有镜像层都是只读的，对容器的任何改动都只会发生在容器层中。如果 Docker 容器需要改动底层 Docker 镜像中的文件，则会启动写时复制机制，即先将此文件从镜像层复制到最上层的可写层中，再对可写层中的副本进行操作。因此，容器层保存的是镜像变化的部分，不会对镜像本身进行任何修改，所以镜像可以被多个容器共享。Docker 对容器内文件的操作可以归纳如下。

（1）添加文件。在容器中创建文件时，新文件被添加到容器层中。

（2）读取文件。当在容器中读取某个文件时，Docker 会从上向下依次在各镜像层中查找此文件，一旦找到就打开此文件并计入内存。

（3）修改文件。在容器中修改已存在的文件时，Docker 会从上向下依次在各镜像层中查找此文件，一旦找到就立即将其复制到容器中，再进行修改。

（4）删除文件。在容器中删除文件时，Docker 会从上向下依次在各镜像层中查找此文件，找到后在容器层记录此删除操作。

### 4.2.3　Docker 容器资源控制相关概念

为了更高效地使用容器，需要对容器资源进行控制。控制组（Control Groups，CGroups）是 Linux 内核提供的一种可以限制单个进程或者多个进程所使用的资源的机制，这种机制可以根据需求把一系列系统任务及其子任务整合（或分隔）到按资源划分等级的不同组内，从而为系统资源管理提供一个统一的框架。Docker 可使用 CGroups 提供的资源限制功能来完成对 CPU、内存等部分的资源控制。

**1. CGroups 的含义**

CGroups 提供了对进程进行分组化管理的功能和接口，内存或磁盘 I/O 的分配控制等具体的资源管理功能是通过对进程进行分组化管理来实现的。这些具体的资源管理功能称为 CGroups 子系统或控制器，主要通过以下子系统实现。

（1）blkio：为每个块设备（如磁盘、光盘和 USB 等设备）设置 I/O 限制。

（2）cpu：使用调度程序提供对 CPU 的 CGroups 任务进行访问。

（3）cpuacct：自动生成 CGroups 任务的 CPU 资源使用报告。

（4）cpuset：为 CGroups 中的任务分配独立 CPU（在多核系统中）和内存节点。

（5）devices：允许或拒绝 CGroups 任务访问设备。

（6）freezer：暂停和恢复 CGroups 任务。

（7）memory：设置每个 CGroups 中任务使用的内存限制，并自动生成由那些任务使用的内存资源报告。

（8）net_cls：标记每个网络包以供 CGroups 任务使用。

（9）ns：命名空间子系统。

**2. CGroups 的功能和特点**

CGroups 的主要功能如下。

（1）CGroups 可实现对进程组使用的资源总额的限制。例如，使用 memory 子系统为进程组设定一个内存使用上限，在进程组使用的内存达到限额后再申请内存，会触发内存耗尽（Out Of Memory，OOM）警告。

（2）CGroups 可实现对进程组的优先级控制。通过控制分配的 CPU 时间片数量和磁盘 I/O 带宽，实际上就控制了任务运行的优先级。

（3）CGroups 可以统计系统的资源使用量，如 CPU 使用时长、内存用量等。这个功能非常适用于当前云端产品按使用量计费的方式。

（4）CGroups 可实现对进程组的隔离和控制。例如，使用 ns 子系统对不同的进程组分配不同的命名空间，以达到隔离的目的。可使用不同的进程组实现各自的进程、网络、文件系统挂载空间，也可使用 freezer 子系统将进程组暂停和恢复。

CGroups 的主要特点如下。

（1）具有控制族群。控制族群就是一组按照某种标准划分的进程。CGroups 中的资源控制都是以控制族群为单位实现的。一个进程可以加入某个控制族群，也可以从一个进程组迁移到另一个控制族群。一个进程组的进程可以使用 CGroups 以控制族群为单位分配的资源，同时受到 CGroups 以控制族群为单位设定的限制。

（2）具有层级（Hierarchy）。控制族群可以组织成层级的形式，即形成一棵控制族群树。控制族群树上的子控制族群是父控制族群的孩子，继承父控制族群的特定属性。

（3）具有子系统（Subsystem）。一个子系统就是一个资源控制器，例如，cpu 子系统就是控制 CPU 时间分配的一个控制器。子系统必须附加到一个层级上才能起作用，一个子系统附加到某个层级以后，这个层级上的所有控制族群都受到这个子系统的控制。

## 4.3 项目实施

### 4.3.1 Docker 容器创建和管理

Docker 提供了相当多的容器生命周期管理相关的操作命令。

V4-1 Docker 容器创建和管理

**1. 创建容器**

使用 docker create 命令创建一个新的容器。例如，使用 Docker 镜像 centos:latest 创建容器，并将容器命名为 centos_nginx，并查看容器状态，执行命令如下。

```
[root@localhost ~]# docker create -it --name centos_nginx centos:latest
[root@localhost ~]# docker ps -a
```

命令执行结果如图 4.4 所示。

```
[root@localhost ~]# docker create -it --name centos_nginx centos:latest
cc69326e37b1814064bbdd17b2bef859f1a3d2af83ced7de860bba09d9eacaaa
[root@localhost ~]# docker ps -a
CONTAINER ID   IMAGE          COMMAND              CREATED          STATUS                      PORTS     NAMES
cc69326e37b1   centos:latest  "/bin/bash"          28 seconds ago   Created                               centos_nginx
16639dcc8a2f   hello-world    "/hello"             24 hours ago     Exited (0) 24 hours ago               upbeat_khorana
9c96a9fd37c6   centos_sshd    "/usr/sbin/sshd -D"  24 hours ago     Exited (255) 13 minutes ago 22/tcp    bold_austin
[root@localhost ~]#
```

图 4.4 创建 centos_nginx 容器

通过 docker ps -a 命令可以查看到新建的名称为 centos_nginx 的容器的状态为"Created"，容器并未实际启动，可以利用 docker start 命令启动容器。

**2. 启动容器**

启动容器有两种方式：一种是将终止状态的容器重新启动，另一种是基于镜像创建一个容器并启动。

（1）启动终止的容器。

可以使用 docker start 命令启动一个已经终止的容器，例如，启动刚刚创建的容器 centos_nginx，执行命令如下。

```
[root@localhost ~]# docker start centos_nginx
```

命令执行结果如下。

centos_nginx
[root@localhost ~]#

查看当前容器的状态,命令执行结果如图 4.5 所示。

```
[root@localhost ~]# docker ps -a
CONTAINER ID   IMAGE           COMMAND              CREATED          STATUS                      PORTS     NAMES
cc69326e37b1   centos:latest   "/bin/bash"          44 minutes ago   Up 18 minutes                         centos_nginx
16639dcc8a2f   hello-world     "/hello"             25 hours ago     Exited (0) 25 hours ago               upbeat_khorana
9c96a9fd37c6   centos_sshd     "/usr/sbin/sshd -D"  25 hours ago     Exited (255) 57 minutes ago  22/tcp   bold_austin
[root@localhost ~]#
```

图 4.5 查看当前容器的状态

容器启动成功后,容器状态由"Created"变为"Up"。启动容器时,可以使用容器名称、容器 ID 或容器短 ID 表示容器,但要求短 ID 必须唯一。例如,上面启动容器的操作也可通过执行如下命令实现。

[root@localhost ~]# docker start cc69326e37b1

docker create 命令只将容器启动起来,如果需要进入交互式终端,则可以利用 docker exec 命令,并指定一个 Bash 终端。

(2)创建并启动容器。

除了利用 docker create 命令创建容器并通过 docker start 命令来启动容器外,也可以直接利用 docker run 命令创建并启动容器。docker run 命令等同于先执行 docker create 命令,再执行 docker start 命令。

例如,利用镜像 centos_sshd,使用 docker run 命令输出"hello world"信息后容器自动终止,执行命令如下。

[root@localhost ~]# docker run centos_sshd:latest /bin/echo "hello world"

命令执行结果如下。

hello world
[root@localhost ~]# docker ps -a

命令执行结果如图 4.6 所示。

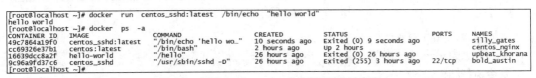

图 4.6 使用 docker run 命令创建并启动容器

通过执行结果可以看出,使用 docker run 命令输出"hello world"信息后容器自动终止,此时容器状态为"Exited"。该命令与在本地直接执行/bin/echo "hello world"命令几乎没有区别,无法知晓容器是否已经启动,也无法实现容器与用户的交互。

当使用 docker run 命令来创建并启动容器时,Docker 在后台运行的流程如下。

① 检查本地是否存在指定的镜像,若不存在,则从镜像仓库中下载。
② 利用镜像创建并启动一个容器。
③ 分配文件系统,并在只读的镜像层上挂载可写容器层。
④ 从宿主机的网桥接口中桥接虚拟接口到容器中。
⑤ 从地址池中分配 IP 地址给容器。
⑥ 执行用户指定的应用程序。
⑦ 执行完毕后容器被终止。

如果需要实现容器与用户的交互操作,则可以启动一个 Bash 终端,执行命令如下。

```
[root@localhost ~]# docker run -it centos_sshd:latest /bin/bash
[root@240eb810df27 /]#
```

其中，-i 选项表示允许容器的标准输入保持开启状态，-t 选项表示允许 Docker 分配一个伪终端并将伪终端绑定到容器的标准输入上。

在交互模式下，用户可以在终端上执行如下命令。

```
[root@240eb810df27 /]# date
```

命令执行结果如下。

```
Tue Jun  8 13:42:16 UTC 2021
[root@20b91523619b /]# ls
```

命令执行结果如下。

```
bin  dev  etc  home  lib  lib64  lost+found  media  mnt  opt  proc  root  run  sbin  srv
sys  tmp  usr  var
[root@20b91523619b /]#
```

可以输入 exit 命令或按 Ctrl+D 组合键退出容器，让容器处于"Exited"状态。

通常情况下，用户需要容器在后台以守护状态（即一直运行状态）运行，而不是把执行命令的结果直接输出到当前宿主机中，此时可以使用-d 参数，执行命令如下。

```
[root@localhost ~]# docker run -dit --name test_centos_sshd centos_sshd:latest
```

命令执行结果如下。

```
c43a0360bb4d271cf77eb6c0600fe56719022b94320e2febd0a6dbd0dc01ac69
[root@localhost ~]#
```

命令执行结果如图 4.7 所示。

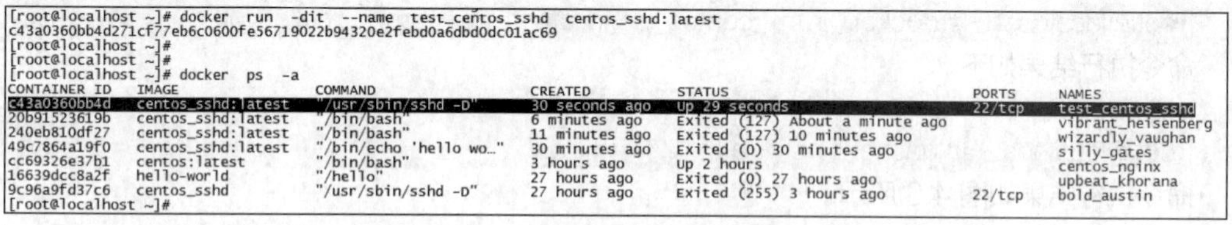

```
[root@localhost ~]# docker run  -dit  --name test_centos_sshd  centos_sshd:latest
c43a0360bb4d271cf77eb6c0600fe56719022b94320e2febd0a6dbd0dc01ac69
[root@localhost ~]#
[root@localhost ~]#
[root@localhost ~]# docker ps -a
CONTAINER ID   IMAGE                COMMAND                CREATED          STATUS                     PORTS     NAMES
c43a0360bb4d   centos_sshd:latest   "/usr/sbin/sshd -D"    30 seconds ago   Up 29 seconds              22/tcp    test_centos_sshd
20b91523619b   centos_sshd:latest   "/bin/bash"            6 minutes ago    Exited (127) About a minute ago      vibrant_heisenberg
240eb810df27   centos_sshd:latest   "/bin/bash"            11 minutes ago   Exited (127) 10 minutes ago          wizardly_vaughan
49c7864a19f0   centos_sshd:latest   "/bin/echo 'hello wo…" 30 minutes ago   Exited (0) 30 minutes ago            silly_gates
cc69326e37b1   centos_sshd:latest   "/bin/bash"            3 hours ago      Up 2 hours                           centos_nginx
16639dcc8a2f   hello-world          "/hello"               27 hours ago     Exited (0) 27 hours ago              upbeat_khorana
9c96a9fd37c6   centos_sshd          "/usr/sbin/sshd -D"    27 hours ago     Exited (255) 3 hours ago   22/tcp    bold_austin
[root@localhost ~]#
```

图 4.7  容器在后台以守护状态运行

查看新建容器的 IP 地址，执行命令如下。

```
[root@localhost ~]# docker exec test_centos_sshd hostname -I
```

命令执行结果如下。

```
172.17.0.3
[root@localhost ~]#
```

验证 SSH 是否配置成功，执行命令如下。

```
[root@localhost ~]# ssh root@172.17.0.3
```

命令执行结果如下。

```
The authenticity of host '172.17.0.3 (172.17.0.3)' can't be established.
RSA key fingerprint is SHA256:gJMDFsJp3m2NbxK5vMSgWZbYGUFNQF+vBb16h2a7vSU.
RSA key fingerprint is MD5:17:80:45:ed:07:fb:cd:50:8a:cd:a2:57:8d:2c:f5:c5.
Are you sure you want to continue connecting (yes/no)? yes           //输入 yes
Warning: Permanently added '172.17.0.3' (RSA) to the list of known hosts.
root@172.17.0.3's password:                                          //输入密码 admin123
[root@c43a0360bb4d ~]#                                               //SSH 登录成功
[root@c43a0360bb4d ~]# ls
anaconda-ks.cfg  anaconda-post.log  original-ks.cfg
```

```
[root@c43a0360bb4d ~]#
[root@c43a0360bb4d ~]# ifconfig
eth0: flags=4163<UP,BROADCAST,RUNNING,MULTICAST>  mtu 1500
        inet 172.17.0.3   netmask 255.255.0.0   broadcast 172.17.255.255
        ether 02:42:ac:11:00:03   txqueuelen 0   (Ethernet)
        RX packets 140   bytes 18844 (18.4 KiB)
        RX errors 0   dropped 0   overruns 0   frame 0
        TX packets 91   bytes 18618 (18.1 KiB)
        TX errors 0   dropped 0 overruns 0   carrier 0   collisions 0

lo: flags=73<UP,LOOPBACK,RUNNING>   mtu 65536
        inet 127.0.0.1   netmask 255.0.0.0
        loop   txqueuelen 1000   (Local Loopback)
        RX packets 0   bytes 0 (0.0 B)
        RX errors 0   dropped 0   overruns 0   frame 0
        TX packets 0   bytes 0 (0.0 B)
        TX errors 0   dropped 0 overruns 0   carrier 0   collisions 0
[root@c43a0360bb4d ~]#
```

### 3. 显示容器列表

可以使用 docker ps 命令显示容器列表信息。

例如，使用 docker ps 命令并且不加任何参数时，可以列出本地宿主机中所有正在运行的容器的信息，执行命令如下。

```
[root@localhost ~]# docker ps
```

命令执行结果如图 4.8 所示。

```
[root@localhost ~]# docker ps
CONTAINER ID    IMAGE           COMMAND         CREATED         STATUS          PORTS       NAMES
cc69326e37b1    centos:latest   "/bin/bash"     30 minutes ago  Up 3 minutes                centos_nginx
[root@localhost ~]#
```

图 4.8　本地宿主机中所有正在运行的容器的信息

列出本地宿主机中最近创建的 2 个容器的信息，执行命令如下。

```
[root@localhost ~]# docker ps -n 2
```

命令执行结果如图 4.9 所示。

```
[root@localhost ~]# docker ps -n 2
CONTAINER ID    IMAGE           COMMAND         CREATED         STATUS                   PORTS       NAMES
cc69326e37b1    centos:latest   "/bin/bash"     37 minutes ago  Up 10 minutes                        centos_nginx
16639dcc8a2f    hello-world     "/hello"        24 hours ago    Exited (0) 24 hours ago              upbeat_khorana
[root@localhost ~]#
```

图 4.9　最近创建的 2 个容器的信息

列出本地宿主机中所有容器的信息，执行命令如下。

```
[root@localhost ~]# docker ps -a -q
[root@localhost ~]# docker ps -a
```

命令执行结果如图 4.10 所示。

```
[root@localhost ~]# docker ps -a -q
cc69326e37b1
16639dcc8a2f
9c96a9fd37c6
[root@localhost ~]# docker ps -a
CONTAINER ID    IMAGE           COMMAND             CREATED         STATUS                      PORTS       NAMES
cc69326e37b1    centos:latest   "/bin/bash"         40 minutes ago  Up 14 minutes                           centos_nginx
16639dcc8a2f    hello-world     "/hello"            25 hours ago    Exited (0) 25 hours ago                 upbeat_khorana
9c96a9fd37c6    centos_sshd     "/usr/sbin/sshd -D" 25 hours ago    Exited (255) 53 minutes ago 22/tcp      bold_austin
[root@localhost ~]#
```

图 4.10　本地宿主机中所有容器的信息

### 4. 查看容器详细信息

使用 docker inspect 命令可以查看容器的配置信息，包括容器名称、环境变量、运行命令、主机配置、网络配置和数据卷配置等，默认情况下，以 JSON 格式输出所有结果，执行命令如下。

```
[root@localhost ~]# docker inspect centos:latest
```

命令执行结果如下。

```
[
    {
        "Id": "sha256:300e315adb2f96afe5f0b2780b87f28ae95231fe3bdd1e16b9ba606307728f55","RepoTags": [
            "centos:latest",
            "centos:version8.4"
        ],
        "RepoDigests": [
"centos@sha256:5528e8b1b1719d34604c87e11dcd1c0a20bedf46e83b5632cdeac91b8c04efc1"
        ],
        "Parent": "",
        "Comment": "",
        "Created": "2020-12-08T00:22:53.076477777Z",
        "Container": "395e0bfa7301f73bc994efe15099ea56b8836c608dd32614ac5ae279976d 33e4","ContainerConfig": {
            "Hostname": "395e0bfa7301",
            "Domainname": "",
            "User": "",
            "AttachStdin": false,
            "AttachStdout": false,
            "AttachStderr": false,
            "Tty": false,
            "OpenStdin": false,
            "StdinOnce": false,
            "Env": [
                "PATH=/usr/local/sbin:/usr/local/bin:/usr/sbin:/usr/bin:/sbin:/bin"
            ],
            "Cmd": [
                "/bin/sh",
                "-c",
                "#(nop) ",
                "CMD [\"/bin/bash\"]"
            ],
            "Image": "sha256:6de05bdfbf9a9d403458d10de9e088b6d93d971dd5d48d18b4b6 758f4554f451",
            "Volumes": null,
            "WorkingDir": "",
            "Entrypoint": null,
            "OnBuild": null,
            "Labels": {
                "org.label-schema.build-date": "20201204",
                "org.label-schema.license": "GPLv2",
```

```
                "org.label-schema.name": "CentOS Base Image",
                "org.label-schema.schema-version": "1.0",
                "org.label-schema.vendor": "CentOS"
            }
        },
        "DockerVersion": "19.03.12",
        "Author": "",
        "Config": {
            "Hostname": "",
            "Domainname": "",
            "User": "",
            "AttachStdin": false,
            "AttachStdout": false,
            "AttachStderr": false,
            "Tty": false,
            "OpenStdin": false,
            "StdinOnce": false,
            "Env": [
                "PATH=/usr/local/sbin:/usr/local/bin:/usr/sbin:/usr/bin:/sbin:/bin"
            ],
            "Cmd": [
                "/bin/bash"
            ],
            "Image": "sha256:6de05bdfbf9a9d403458d10de9e088b6d93d971dd5d48d18b4b 6758f4554f451",
            "Volumes": null,
            "WorkingDir": "",
            "Entrypoint": null,
            "OnBuild": null,
            "Labels": {
                "org.label-schema.build-date": "20201204",
                "org.label-schema.license": "GPLv2",
                "org.label-schema.name": "CentOS Base Image",
                "org.label-schema.schema-version": "1.0",
                "org.label-schema.vendor": "CentOS"
            }
        },
        "Architecture": "amd64",
        "Os": "linux",
        "Size": 209348104,
        "VirtualSize": 209348104,
        "GraphDriver": {
            "Data": {
                "MergedDir": "/var/lib/docker/overlay2/b4622d9bda2b0d0a26f6bbdd290e4a90430e4e260cc0a632358526c5fe2a59e6/merged",
                "UpperDir": "/var/lib/docker/overlay2/b4622d9bda2b0d0a26f6bbdd290e4a90430e4e260cc0a632358526c5fe2a5
```

```
9e6/diff",
                    "WorkDir":
"/var/lib/docker/overlay2/b4622d9bda2b0d0a26f6bbdd290e4a90430e4e260cc0a632358526c5fe2a5
9e6/work"
                },
                "Name": "overlay2"
            },
            "RootFS": {
                "Type": "layers",
                "Layers": [
"sha256:2653d992f4ef2bfd27f94db643815aa567240c37732cae1405ad1c13 09ee9859"
                ]
            },
            "Metadata": {
                "LastTagTime": "0001-01-01T00:00:00Z"
            }
        }
]
[root@localhost ~]#
```

如果只需要其中的特定内容，则可以使用-f（--format）选项来指定。例如，获取容器 cc69326e37b1 的名称，执行命令如下。

```
[root@localhost ~]# docker inspect --format='{{.Name}}' cc69326e37b1
```

命令执行结果如下。

```
/centos_nginx
[root@localhost ~]#
```

例如，获取 centos_nginx 容器的 IP 地址，执行命令如下。

```
[root@localhost~]# docker inspect --format='{{range .NetworkSettings. Networks}} {{.IPAddress}} {{end}}' centos_nginx
```

命令执行结果如下。

```
172.17.0.2
[root@localhost ~]#
```

### 5. 进入容器

当使用-d 选项创建容器后，由于容器在后台运行，因此无法看到容器中的信息，也无法对容器进行操作。如果需要进入容器的交互模式，则用户可以通过执行相应的 Docker 命令进入该容器。目前 Docker 主要提供以下两种操作方法。

（1）使用 docker attach 命令连接到正在运行的容器。

例如，利用 centos 镜像生成容器，并利用 docker attach 命令进入容器，执行命令如下。

```
[root@localhost ~]# docker run -dit centos:latest /bin/bash
```

命令执行结果如下。

```
fff053681985fb0ebba5658ff315f747e9ca467080592713e78645b08b0d8e56
[root@localhost ~]# docker ps -n 1
[root@localhost ~]# docker attach fff053681985
```

命令执行结果如下。

```
[root@fff053681985 /]# ls
[root@fff053681985 /]# exit
exit
```

[root@localhost ~]#

命令执行结果如图 4.11 所示。

```
[root@localhost ~]# docker run -dit centos:latest /bin/bash
fff053681985fb0ebba5658ff315f747e9ca467080592713e78645b08b0d8e56
[root@localhost ~]# docker ps -n 1
CONTAINER ID   IMAGE           COMMAND        CREATED          STATUS         PORTS     NAMES
fff053681985   centos:latest   "/bin/bash"    16 seconds ago   Up 14 seconds            nifty_mcnulty
[root@localhost ~]# docker attach fff053681985
[root@fff053681985 /]# ls
bin  dev  etc  home  lib  lib64  lost+found  media  mnt  opt  proc  root  run  sbin  srv  sys  tmp  usr  var
[root@fff053681985 /]#
[root@fff053681985 /]# exit
exit
[root@localhost ~]#
```

图 4.11　使用 docker attach 命令进入容器

连接到容器后，可使用 exit 命令或按 Ctrl+C 组合键退出当前容器（脱离容器），这会导致容器停止。要使容器依然运行，需要在使用 docker run 命令运行容器时加上 --sig-proxy=false 选项，确保按 Ctrl+C 组合键后不会停止容器。例如，执行命令如下。

[root@localhost ~]#docker run -dit --name test_centos_01 centos:latest /bin/bash
[root@localhost ~]# docker ps -n 1
[root@localhost ~]# docker attach --sig-proxy=false test_centos_01
[root@b70f15ea4f04 /]# ls
[root@b70f15ea4f04 /]# ^C
[root@b70f15ea4f04 /]# exit

命令执行结果如图 4.12 所示。

```
[root@localhost ~]# docker run -dit --name test_centos_01 centos:latest /bin/bash
b70f15ea4f04e6cf8c505366601b9e64d3b80293baf7fe530f3b55cbaa6aff79
[root@localhost ~]# docker ps -n 1
CONTAINER ID   IMAGE           COMMAND        CREATED         STATUS        PORTS     NAMES
b70f15ea4f04   centos:latest   "/bin/bash"    9 seconds ago   Up 8 seconds            test_centos_01
[root@localhost ~]# docker attach --sig-proxy=false test_centos_01
[root@b70f15ea4f04 /]# ls
bin  dev  etc  home  lib  lib64  lost+found  media  mnt  opt  proc  root  run  sbin  srv  sys  tmp  usr  var
[root@b70f15ea4f04 /]# ^C
[root@b70f15ea4f04 /]# exit
[root@localhost ~]#
[root@localhost ~]# docker ps -n 1
CONTAINER ID   IMAGE           COMMAND        CREATED          STATUS               PORTS     NAMES
b70f15ea4f04   centos:latest   "/bin/bash"    11 minutes ago   Exited (130) 10 minutes ago    test_centos_01
[root@localhost ~]#
```

图 4.12　运行容器时加上 --sig-proxy=false 选项

从上面的执行结果可以看出，使用 exit 命令退出容器后，容器 STATUS 列显示 "Exited"，表示当前容器 test_centos_01 已停止。

（2）使用 docker exec 命令在正在运行的容器中执行命令，执行命令如下。

[root@localhost~]# docker run -dit --name test_centos_02  centos:latest  /bin/bash
[root@localhost ~]# docker ps -n 1
[root@localhost ~]# docker exec -it test_centos_02 /bin/bash
[root@436305a7577c /]# ls
[root@436305a7577c /]# ^C
[root@436305a7577c /]# exit
[root@localhost ~]# docker ps -a

命令执行结果如图 4.13 所示。

从上面的执行结果可以看出，当使用 exit 命令退出容器后，容器 STATUS 列显示 "Up"，表示当前容器 test_centos_02 并没有停止。

在使用 docker exec 命令进入交互环境时，必须指定 -i、-t 选项的参数以及 Shell 的名称。

使用 docker exec 和 docker attach 命令均可进入容器，在实际应用中，推荐使用 docker exec 命令，主要原因如下。

```
[root@localhost ~]# docker run -dit --name test_centos_02 centos:latest /bin/bash
436305a7577c26b4c1be99ad4682bb319a606f1b2669f0dee8df0e5dfdb8d7a9
[root@localhost ~]# docker ps -n 1
CONTAINER ID   IMAGE           COMMAND        CREATED         STATUS          PORTS      NAMES
436305a7577c   centos:latest   "/bin/bash"    8 seconds ago   Up 7 seconds               test_centos_02
[root@localhost ~]# docker exec -it test_centos_02 /bin/bash
[root@436305a7577c /]# ls
bin  dev  etc  home  lib  lib64  lost+found  media  mnt  opt  proc  root  run  sbin  srv  sys  tmp  usr  var
[root@436305a7577c /]# ^C
[root@436305a7577c /]# exit
[root@localhost ~]# docker ps -a
CONTAINER ID   IMAGE                COMMAND                  CREATED          STATUS                      PORTS     NAMES
436305a7577c   centos:latest        "/bin/bash"              55 seconds ago   Up 55 seconds                         test_centos_02
b70f15ea4f04   centos:latest        "/bin/bash"              18 minutes ago   Exited (130) 18 minutes ago           test_centos_01
fff053681985   centos:latest        "/bin/bash"              45 minutes ago   Exited (0) 40 minutes ago             nifty_mcnulty
155aa2315779   centos_sshd:latest   "/bin/bash"              8 hours ago      Exited (255) About an hour ago 22/tcp elastic_darwin
c43a0360bb4d   centos_sshd:latest   "/usr/sbin/sshd -D"      9 hours ago      Exited (255) About an hour ago 22/tcp test_centos_sshd
20b91523619b   centos_sshd:latest   "/bin/bash"              9 hours ago      Exited (127) 9 hours ago              vibrant_heisenberg
240eb810df27   centos_sshd:latest   "/bin/bash"              9 hours ago      Exited (127) 9 hours ago              wizardly_vaughan
49c7864a19f0   centos_sshd:latest   "/bin/echo 'hello wo..." 9 hours ago      Exited (0) 9 hours ago                silly_gates
cc69326e37b1   centos:latest        "/bin/bash"              11 hours ago     Exited (255) About an hour ago        centos_nginx
16639dcc8a2f   hello-world          "/hello"                 35 hours ago     Exited (0) 35 hours ago               upbeat_khorana
9c96a9fd37c6   centos_sshd          "/usr/sbin/sshd -D"      35 hours ago     Exited (255) 12 hours ago      22/tcp bold_austin
[root@localhost ~]#
```

图 4.13　使用 docker exec 命令进入容器

① docker attach 是同步的，若有多个用户进入同一个容器，则当一个窗口命令被阻塞时，其他窗口都无法执行操作。

② 使用 docker attach 命令进入交互环境时，使用 exit 命令退出窗口之后，容器即停止，而使用 docker exec 命令后容器不会停止。

### 6. 容器重命名

可以使用 docker rename 命令进行容器名称更改。显示最近创建的容器，并将容器的名称 test_centos_02 更改为 test_centos_20，执行命令如下。

```
[root@localhost ~]# docker ps -n 1
[root@localhost ~]# docker rename test_centos_02 test_centos_20
```

命令执行结果如图 4.14 所示。

```
[root@localhost ~]# docker ps -n 1
CONTAINER ID   IMAGE           COMMAND       CREATED        STATUS                     PORTS   NAMES
436305a7577c   centos:latest   "/bin/bash"   14 hours ago   Exited (255) 12 minutes ago         test_centos_02
[root@localhost ~]# docker rename test_centos_02 test_centos_20
[root@localhost ~]# docker ps -n 1
CONTAINER ID   IMAGE           COMMAND       CREATED        STATUS                     PORTS   NAMES
436305a7577c   centos:latest   "/bin/bash"   14 hours ago   Exited (255) 12 minutes ago         test_centos_20
[root@localhost ~]#
```

图 4.14　使用 docker rename 命令进行容器名称更改

### 7. 删除容器

可以使用 docker rm 命令删除一个或多个容器，默认只能删除非运行状态的容器。

例如，删除容器 test_centos_20，执行命令如下。

```
[root@localhost ~]# docker rm test_centos_20
```

命令执行结果如图 4.15 所示。

```
[root@localhost ~]# docker ps -n 1
CONTAINER ID   IMAGE           COMMAND       CREATED        STATUS                     PORTS   NAMES
436305a7577c   centos:latest   "/bin/bash"   14 hours ago   Exited (255) 29 minutes ago         test_centos_20
[root@localhost ~]# docker rm test_centos_20
test_centos_20
[root@localhost ~]# docker ps -a
CONTAINER ID   IMAGE                COMMAND                  CREATED       STATUS                     PORTS    NAMES
b70f15ea4f04   centos:latest        "/bin/bash"              15 hours ago  Exited (130) 15 hours ago           test_centos_01
fff053681985   centos:latest        "/bin/bash"              15 hours ago  Exited (0) 15 hours ago             nifty_mcnulty
155aa2315779   centos_sshd:latest   "/bin/bash"              23 hours ago  Exited (255) 16 hours ago  22/tcp   elastic_darwin
c43a0360bb4d   centos_sshd:latest   "/usr/sbin/sshd -D"      23 hours ago  Exited (255) 16 hours ago  22/tcp   test_centos_sshd
20b91523619b   centos_sshd:latest   "/bin/bash"              23 hours ago  Exited (127) 23 hours ago           vibrant_heisenberg
240eb810df27   centos_sshd:latest   "/bin/bash"              23 hours ago  Exited (127) 23 hours ago           wizardly_vaughan
49c7864a19f0   centos_sshd:latest   "/bin/echo 'hello wo..." 24 hours ago  Exited (0) 24 hours ago             silly_gates
cc69326e37b1   centos:latest        "/bin/bash"              26 hours ago  Exited (255) 16 hours ago           centos_nginx
16639dcc8a2f   hello-world          "/hello"                 2 days ago    Exited (0) 2 days ago               upbeat_khorana
9c96a9fd37c6   centos_sshd          "/usr/sbin/sshd -D"      2 days ago    Exited (255) 26 hours ago  22/tcp   bold_austin
[root@localhost ~]#
```

图 4.15　使用 docker rm 命令删除容器 test_centos_20

如果容器处于非运行状态，则可以正常删除；反之会报错，需要先终止容器再进行删除。可以使用-f 选项进行强制删除，也可以在删除容器的时候，删除容器挂载的数据卷。从 Docker 1.13 开始，可以使用 docker container prune 命令删除停止的容器。

### 8. 导出和导入容器

（1）导出容器。

如果要导出某个容器到本地，则可以使用 docker export 命令将容器导出为 .tar 文件。

例如，将容器名称为 test_centos_01 的容器导出，文件名格式为"centos_01-日期.tar"，使用 -o 选项表示指定导出的 .tar 文件名，执行命令如下。

```
[root@localhost ~]# docker export -o centos_01-`date +%Y%m%d`.tar test_centos_01
[root@localhost ~]# ls centos_01*
```

命令执行结果如下。

```
centos_01-20210609.tar
[root@localhost ~]#
```

（2）导入容器。

可以使用 docker import 命令导入一个容器镜像，类型为 .tar 文件。

例如，使用镜像归档文件 centos_01-20210609.tar 创建镜像 centos_test，执行命令如下。

```
[root@localhost ~]# docker import centos_01-20210609.tar centos_test:import
[root@localhost ~]# docker images
```

命令执行结果如图 4.16 所示。

```
[root@localhost ~]# docker import centos_01-20210609.tar centos_test:import
sha256:0ac78671f2fae66627edcb91605682efc3e31b83723c418fcec7331f78ca76ac
[root@localhost ~]# docker images
REPOSITORY      TAG           IMAGE ID       CREATED         SIZE
centos_test     import        0ac78671f2fa   5 seconds ago   209MB
centos_sshd     latest        9a3ceb67ec5a   3 days ago      247MB
centos8.4       test          b9eeab075b44   5 days ago      209MB
fedora          latest        055b2e5ebc94   3 weeks ago     178MB
debian          latest        4a7a1f401734   4 weeks ago     114MB
debian          version10.9   4a7a1f401734   4 weeks ago     114MB
debian/httpd    version10.9   4a7a1f401734   4 weeks ago     114MB
hello-world     latest        d1165f221234   3 months ago    13.3kB
centos          latest        300e315adb2f   6 months ago    209MB
centos          version8.4    300e315adb2f   6 months ago    209MB
[root@localhost ~]#
```

图 4.16 使用 docker import 命令创建镜像 centos_test

### 9. 查看容器日志

使用 docker logs 命令可以将标准输出数据作为日志输出到执行 docker logs 命令的终端上，常用于查看在后台运行的容器的日志信息。

例如，查看容器 test_centos_01 的日志信息，执行命令如下。

```
[root@localhost ~]# docker logs test_centos_01
```

命令执行结果如图 4.17 所示。

```
[root@localhost ~]# docker logs test_centos_01
[root@b70f15ea4f04 /]# ls
bin dev etc home lib lib64 lost+found media mnt opt proc root
[root@b70f15ea4f04 /]# ^C
[root@b70f15ea4f04 /]# exit
[root@localhost ~]#
```

图 4.17 使用 docker logs 命令查看容器 test_centos_01 的日志信息

### 10. 查看容器资源使用情况

可以使用 docker stats 命令动态显示容器的资源使用情况。

例如，查看容器 test_centos_01 的资源使用情况，执行命令如下。

```
[root@localhost ~]# docker stats test_centos_01
```

命令执行结果如图 4.18 所示。

```
[root@localhost ~]# docker  stats  test_centos_01
CONTAINER ID    NAME            CPU %   MEM USAGE / LIMIT    MEM %   NET I/O       BLOCK I/O   PIDS
b70f15ea4f04    test_centos_01  0.00%   528KiB / 3.683GiB    0.01%   2.42kB / 0B   0B / 0B     1
```

图 4.18　使用 docker stats 命令查看容器 test_centos_01 的资源使用情况

**11．查看容器中运行的进程信息**

可以使用 docker top 命令查看容器中运行的进程的信息。

例如，查看容器 test_centos_01 中运行的进程的信息，执行命令如下。

[root@localhost ~]# docker　top　test_centos_01

命令执行结果如图 4.19 所示。

```
[root@localhost ~]# docker  top  test_centos_01
UID    PID     PPID    C   STIME    TTY     TIME       CMD
root   21174   21154   0   21:40    pts/0   00:00:00   /bin/bash
[root@localhost ~]#
```

图 4.19　使用 docker top 命令查看容器 test_centos_01 中运行的进程的信息

**12．在宿主机和容器之间复制文件**

可以使用 docker cp 命令在宿主机和容器之间复制文件。

例如，将容器 test_centos_01 中的/root/anaconda-post.log 文件复制到宿主机的/mnt 目录下，执行命令如下。

[root@localhost ~]# docker　exec　-it　test_centos_01　/bin/bash
[root@b70f15ea4f04 /]# ls
[root@b70f15ea4f04 /]# cd root
[root@b70f15ea4f04 ~]# ls

命令执行结果如下。

anaconda-ks.cfg　anaconda-post.log　original-ks.cfg
[root@b70f15ea4f04 ~]# exit
[root@localhost ~]# docker　ps -n　1
[root@localhost ~]# docker cp　test_centos_01:/root/anaconda-post.log　/mnt
[root@localhost ~]# ls　/mnt

命令执行结果如下。

anaconda-post.log
[root@localhost ~]#

命令执行结果如图 4.20 所示。

```
[root@localhost ~]# docker exec -it test_centos_01 /bin/bash
[root@b70f15ea4f04 /]# ls
bin  dev  etc  home  lib  lib64  lost+found  media  mnt  opt  proc  root  run  sbin  srv  sys  tmp  usr  var
[root@b70f15ea4f04 /]# cd root
[root@b70f15ea4f04 ~]# ls
anaconda-ks.cfg  anaconda-post.log  original-ks.cfg
[root@b70f15ea4f04 ~]# exit
exit
[root@localhost ~]# docker  ps -n 1
CONTAINER ID   IMAGE           COMMAND       CREATED        STATUS           PORTS     NAMES
b70f15ea4f04   centos:latest   "/bin/bash"   16 hours ago   Up 21 minutes              test_centos_01
[root@localhost ~]# docker cp  test_centos_01:/root/anaconda-post.log  /mnt
[root@localhost ~]# ls  /mnt
anaconda-post.log
[root@localhost ~]#
```

图 4.20　使用 docker cp 命令将容器中的文件复制到宿主机中

同时，可以将宿主机中的文件/mnt/anaconda-post.log 复制到容器 test_centos_01 的/mnt 中，执行命令如下。

[root@localhost ~]# docker  cp  /mnt/anaconda-post.log  test_centos_01:/mnt
[root@localhost ~]# docker  exec  -it  test_centos_01  /bin/bash
[root@b70f15ea4f04 /]# cd /mnt
[root@b70f15ea4f04 mnt]# ls

命令执行结果如下。

anaconda-post.log
[root@b70f15ea4f04 mnt]# exit
exit
[root@localhost ~]#

### 13. 停止容器

可以使用 docker  stop 命令停止容器。

例如，停止容器 centos_nginx，执行命令如下。

[root@localhost ~]# docker  stop  centos_nginx
[root@localhost ~]# docker  ps  -a

命令执行结果如图 4.21 所示。

图 4.21  使用 docker  stop 命令停止容器 centos_nginx

### 14. 暂停和恢复容器

可以使用 docker  pause 命令暂停容器。

例如，暂停容器 centos_nginx，执行命令如下。

[root@localhost ~]# docker  pause  centos_nginx
[root@localhost ~]# docker  ps  -a

命令执行结果如图 4.22 所示。

图 4.22  使用 docker  pause 命令暂停容器 centos_nginx

可以使用 docker  unpause 命令恢复容器。

例如，恢复容器 centos_nginx，执行命令如下。

[root@localhost ~]# docker  unpause  centos_nginx
[root@localhost ~]# docker  ps  -a

命令执行结果如图 4.23 所示。

```
[root@localhost ~]# docker   unpause   centos_nginx
centos_nginx
[root@localhost ~]# docker   ps   -a
CONTAINER ID    IMAGE              COMMAND              CREATED         STATUS                      PORTS      NAMES
b70f15ea4f04    centos:latest      "/bin/bash"          16 hours ago    Up 52 minutes                          test_centos_01
fff053681985    centos:latest      "/bin/bash"          17 hours ago    Exited (0) 17 hours ago                nifty_mcnulty
155aa2315779    centos_sshd:latest "/bin/bash"          24 hours ago    Exited (255) 18 hours ago   22/tcp     elastic_darwin
c43a0360bb4d    centos_sshd:latest "/usr/sbin/sshd -D"  25 hours ago    Exited (255) 18 hours ago   22/tcp     test_centos_sshd
20b91523619b    centos_sshd:latest "/bin/bash"          25 hours ago    Exited (127) 25 hours ago              vibrant_heisenberg
240eb810df27    centos_sshd:latest "/bin/bash"          25 hours ago    Exited (127) 25 hours ago              wizardly_vaughan
49c7864a19f0    centos_sshd:latest "/bin/echo 'hello wo…" 25 hours ago  Exited (0) 25 hours ago                silly_gates
cc69326e37b1    centos:latest      "/bin/bash"          27 hours ago    Up 5 minutes                           centos_nginx
16639dcc8a2f    hello-world        "/hello"             2 days ago      Exited (0) 2 days ago                  upbeat_khorana
9c96a9fd37c6    centos_sshd        "/usr/sbin/sshd -D"  2 days ago      Exited (255) 28 hours ago   22/tcp     bold_austin
[root@localhost ~]#
```

图 4.23 使用 docker unpause 命令恢复容器 centos_nginx

### 15. 重启容器

可以使用 docker restart 命令重启容器。

例如，重启容器 centos_nginx，执行命令如下。

[root@localhost ~]# docker   restart   centos_nginx
[root@localhost ~]# docker   ps   -a

命令执行结果如图 4.24 所示。

```
[root@localhost ~]# docker   restart   centos_nginx
centos_nginx
[root@localhost ~]# docker   ps   -a
CONTAINER ID    IMAGE              COMMAND              CREATED         STATUS                      PORTS      NAMES
b70f15ea4f04    centos:latest      "/bin/bash"          16 hours ago    Up 55 minutes                          test_centos_01
fff053681985    centos:latest      "/bin/bash"          17 hours ago    Exited (0) 17 hours ago                nifty_mcnulty
155aa2315779    centos_sshd:latest "/bin/bash"          24 hours ago    Exited (255) 18 hours ago   22/tcp     elastic_darwin
c43a0360bb4d    centos_sshd:latest "/usr/sbin/sshd -D"  25 hours ago    Exited (255) 18 hours ago   22/tcp     test_centos_sshd
20b91523619b    centos_sshd:latest "/bin/bash"          25 hours ago    Exited (127) 25 hours ago              vibrant_heisenberg
240eb810df27    centos_sshd:latest "/bin/bash"          25 hours ago    Exited (127) 25 hours ago              wizardly_vaughan
49c7864a19f0    centos_sshd:latest "/bin/echo 'hello wo…" 25 hours ago  Exited (0) 25 hours ago                silly_gates
cc69326e37b1    centos:latest      "/bin/bash"          28 hours ago    Up 2 seconds                           centos_nginx
16639dcc8a2f    hello-world        "/hello"             2 days ago      Exited (0) 2 days ago                  upbeat_khorana
9c96a9fd37c6    centos_sshd        "/usr/sbin/sshd -D"  2 days ago      Exited (255) 28 hours ago   22/tcp     bold_austin
[root@localhost ~]#
```

图 4.24 使用 docker restart 命令重启容器 centos_nginx

## 4.3.2 Docker 容器资源控制管理

V4-2 Docker 容器资源控制管理

Docker 通过 CGroups 来控制容器使用的资源配额，包括 CPU、内存、磁盘 I/O 三大方面，基本覆盖了常见的资源配额和使用数量控制。

### 1. CPU 资源配额控制

（1）CPU 配额控制。

在创建容器时，利用 --cpu-shares 选项指定容器可使用的 CPU 配额值，执行命令如下。

[root@localhost ~]# docker   images
[root@localhost ~]# docker   run   -dit   --cpu-shares   1000   centos:latest
[root@localhost ~]# docker   ps   -n   1
[root@localhost ~]#

命令执行结果如图 4.25 所示。

```
[root@localhost ~]# docker images
REPOSITORY         TAG          IMAGE ID         CREATED         SIZE
centos_test        import       0ac78671f2fa     2 hours ago     209MB
centos_sshd        latest       9a3ceb67ec5a     3 days ago      247MB
centos8.4          test         b9eeab075b44     5 days ago      209MB
fedora             latest       055b2e5ebc94     4 weeks ago     178MB
debian/httpd       version10.9  4a7a1f401734     4 weeks ago     114MB
debian             latest       4a7a1f401734     4 weeks ago     114MB
debian             version10.9  4a7a1f401734     4 weeks ago     114MB
hello-world        latest       d1165f221234     3 months ago    13.3kB
centos             latest       300e315adb2f     6 months ago    209MB
centos             version8.4   300e315adb2f     6 months ago    209MB
[root@localhost ~]# docker run -dit --cpu-shares 1000 centos:latest
52b01d4c372f7b5411594e5a18410367d6264ea8a483e6f0be0b9b3b75bddf79
[root@localhost ~]# docker ps -n 1
CONTAINER ID    IMAGE          COMMAND          CREATED         STATUS          PORTS      NAMES
52b01d4c372f    centos:latest  "/bin/bash"      15 seconds ago  Up 15 seconds              busy_tereshkova
[root@localhost ~]#
```

图 4.25 CPU 配额控制

容器创建完成后，可以使用 cat /sys/fs/cgroup/cpu/docker/<容器的完整 ID>/cpu.shares 命令查看 cpu.shares 文件，得到 CPU 的配额信息，命令执行结果如图 4.26 所示。

```
[root@localhost ~]# cat  /sys/fs/cgroup/cpu/docker/52b01d4c372f7b5411594e5a18410367d6264ea8a483e6f0be0b9b3b75bddf79/cpu.shares
1000
[root@localhost ~]#
```

图 4.26　查看 CPU 的配额信息

--cpu-shares 选项的参数仅仅表示一个弹性的权值,不能保证获得相应的 CPU 或者 CPU 时间片。

默认情况下,每个 Docker 容器的 CPU 配额都是 1024。CPU 配额只有在同时运行多个容器时才能体现其效果,单个容器的配额是没有意义的。例如,容器 A 和容器 B 所占用的 CPU 配额分别为 1000 和 500,表示在进行 CPU 时间片分配的时候,容器 A 获得 CPU 时间片的概率是容器 B 的两倍,但分配的结果取决于当时主机和其他容器的运行状态。例如,容器 A 的进程一直是空闲的,那么容器 B 是可以获取比容器 A 更多的 CPU 时间片的。如果主机上只运行了一个容器,那么即使它的 CPU 配额只有 500,它也可以独占整个主机的 CPU 资源。

CGroups 只在容器分配的资源紧缺(即需要对容器使用的资源进行限制)时,才会让--cpu-shares 选项生效。因此,无法单纯根据某个容器的 CPU 配额来确定将多少 CPU 资源分配给它,资源分配结果取决于同时运行的其他容器的 CPU 配额和容器中进程的运行情况。

(2) CPU 周期控制。

Docker 提供了--cpu-period、--cpu-quota 两个选项控制容器可以分配到的 CPU 时钟周期。

① --cpu-period 用来指定容器对 CPU 的使用要在多长时间内做一次重新分配,而--cpu-quota 用来指定在这个周期内,最多可以有多少时间用来运行这个容器。和--cpu-shares 不同的是,这种配置是指定一个绝对值,而且没有弹性,容器对 CPU 资源的使用量绝对不会超过配置的值。

② --cpu-period 和 cpu-quota 的值的单位为微秒(μs)。--cpu-period 的最小值为 1000 μs,最大值为 1s($10^6$ μs),默认值为 0.1s(100000 μs)。--cpu-quota 的值默认为-1,表示不进行控制。

例如,如果容器进程需要每秒使用单个 CPU 的 0.2s 时间,则可以将--cpu-period 设置为 1000000 μs(即 1s),--cpu-quota 设置为 200000 μs(0.2s)。当然,在多核情况下,如果允许容器进程完全占用两个 CPU,则可以将--cpu-period 设置为 100000 μs(即 0.1s),--cpu-quota 设置为 200000 μs(0.2s),执行命令如下。

```
[root@localhost ~]# docker  run  -dit  --cpu-period 100000  --cpu-quota 200000  centos:latest
```

命令执行结果如下。

```
f83035dff310433a43cf4d09a78818507a71e6303981ee93abcefa3092c5151d
[root@localhost ~]# docker  ps  -n  1
```

命令执行结果如图 4.27 所示。

```
[root@localhost ~]# docker  run  -dit  --cpu-period 100000  --cpu-quota 200000  centos:latest
f83035dff310433a43cf4d09a78818507a71e6303981ee93abcefa3092c5151d
[root@localhost ~]# docker  ps  -n 1
CONTAINER ID   IMAGE          COMMAND       CREATED         STATUS        PORTS     NAMES
f83035dff310   centos:latest  "/bin/bash"   28 seconds ago  Up 27 seconds           inspiring_feistel
[root@localhost ~]#
```

图 4.27　CPU 周期控制

容器创建完成后,可以使用 cat /sys/fs/cgroup/cpu/docker/<容器的完整 ID>/文件名命令查看 cpu.cfs_period_us 和 cpu.cfs_quota_us 文件,命令执行结果如图 4.28 和图 4.29 所示。

```
[root@localhost ~]# cat  /sys/fs/cgroup/cpu/docker/f83035dff310433a43cf4d09a78818507a71e6303981ee93abcefa3092c5151d/cpu.cfs_period_us
100000
[root@localhost ~]#
```

图 4.28　查看 cpu.cfs_period_us 文件

```
[root@localhost ~]# cat    /sys/fs/cgroup/cpu/docker/f83035dff310433a43cf4d09a78818507a71e6303981ee93abcefa3092c5151d/cpu.cfs_quota_us
200000
[root@localhost ~]#
```

图 4.29　查看 cpu.cfs_quota_us 文件

（3）CPU 内核控制。

对于多核 CPU 的服务器，Docker 还可以控制容器运行限定使用哪些 CPU 内核和内存节点，通过使用 --cpuset-cpus 和 --cpuset-mems 参数实现。这对具有非均匀存储器访问（Non-uniform Memory Access，NUMA）拓扑结构（具有多 CPU、多内存节点）的服务器尤其有用，可以对需要高性能计算的容器进行性能最优的配置。如果服务器只有一个内存节点，则 --cpuset-mems 的配置基本上不会有明显效果。

例如，创建容器名为 centos_test 的容器，要求创建的容器只能使用 0 内核，执行命令如下。

[root@localhost ~]# docker run -dit --name centos_test --cpuset-cpus 0 centos:latest

命令执行结果如下。

fc306064739c1d07d984bb7852b1f6caffa18ff04b59370310796d16b5fef90d
[root@localhost ~]#

容器创建完成后，可以使用 cat /sys/fs/cgroup/cpuset/cpuset.cpus 命令或使用 cat /sys/fs/cgroup/cpuset/docker/<容器的完整 ID>/cpuset.cpus 命令查看文件，执行命令如下。

[root@localhost ~]# cat /sys/fs/cgroup/cpuset/cpuset.cpus

命令执行结果如下。

0

[root@localhost ~]# cat    /sys/fs/cgroup/cpuset/docker/ fc306064739c1d07d984bb7852b1f6caffa18ff04b59370310796d16b5fef90d/cpuset.cpus

命令执行结果如下。

0

[root@localhost ~]#

命令执行结果如图 4.30 所示。

```
[root@localhost ~]# cat /sys/fs/cgroup/cpuset/cpuset.cpus
0
[root@localhost ~]# cat /sys/fs/cgroup/cpuset/docker/fc306064739c1d07d984bb7852b1f6caffa18ff04b59370310796d16b5fef90d/cpuset.cpus
0
[root@localhost ~]#
```

图 4.30　查看 cpuset.cpus 文件

（4）CPU 配额控制参数的混合使用。

当 --cpu-shares 控制只发生在容器竞争同一个内核的时间片时，如果通过 --cpuset-cpus 指定容器 A 使用内核 0，容器 B 使用内核 1，在主机上只有这两个容器使用对应内核，它们各自占用全部的内核资源，则 --cpu-shares 参数没有明显效果。

--cpu-period、--cpu-quota 这两个参数一般联合使用，在单核情况或者通过 --cpuset-cpus 强制容器使用同一个 CPU 内核的情况下，即使 --cpu-quota 的值大于 --cpu-period 的值，也不会使容器使用更多的 CPU 资源。

--cpuset-cpus、--cpuset-mems 只在具有多核、多内存节点的服务器上有效，并且必须与实际的物理配置匹配，否则无法达到资源控制的目的。

在系统具有多个 CPU 内核的情况下，需要通过 --cpuset-cpus 为容器 CPU 内核比较方便地进行测试。

**2．内存资源配额控制**

和 CPU 资源配额控制一样，Docker 也提供了若干参数来控制容器的内存资源配额，可以控制容器的 swap 分区大小、可用内存大小等各种内存方面的资源，主要有以下参数。

--memory-swappiness：控制进程将物理内存交换到 swap 分区的倾向，默认系数为 60。系数越小，越倾向于使用物理内存。其值为 0～100。当值为 100 时，表示尽量使用 swap 分区；当值为 0 时，表示禁用容器 swap 分区功能（这一点不同于宿主机，即使将宿主机的 --memory-swappiness 设置为 0 也不保证 swap 分区不会被使用）。

--kernel-memory：内核内存，不会被交换到 swap 分区上。一般情况下，不建议修改该参数，可以直接参考 Docker 的官方文档进行设置。

--memory：设置容器使用的最大内存上限，其默认单位为 B，可以使用 KB、GB、MB 等单位。

--memory-reservation：启用弹性的内存共享，当宿主机资源充足时，允许容器尽量多地使用内存，当检测到内存竞争或者低内存时，强制将容器的内存降低到--memory-reservation 所指定的内存大小。按照官方说法，不设置此参数时，有可能出现某些容器长时间占用大量内存的情况，导致性能上的损失。

--memory-swap：等于内存和 swap 分区大小的总和，其值设置为-1 时，表示 swap 分区的大小是无限的。其默认单位为 B，可以使用 KB、GB、MB 等单位。如果--memory-swap 的设置值小于--memory 的值，则使用--memory-swap 值的两倍作为默认值。

默认情况下，容器可以使用主机上的所有空闲内存。

与 CPU 的 CGroups 配置类似，Docker 容器会在目录/sys/fs/cgroup/memory/docker/<容器的完整 ID>中创建相应的 CGroups 配置文件。

例如，创建容器名称为 centos_memory01 的容器，设置容器使用的最大内存为 256MB，执行命令如下。

[root@localhost ~]# docker run -dit --name centos_memory01 --memory 256m centos:latest

命令执行结果如下。

069e6d52a4ea42697bb1760ddf45597e04f66627662aaad4163fd7974311e024
[root@localhost ~]#

默认情况下，Docker 还为容器分配了同样大小的 swap 分区，如上面的代码创建出的容器实际上最多可以使用 512MB 的内存空间，而不是 256MB 的内存空间。如果需要自定义 swap 分区大小，则可以通过联合使用--memory-swap 参数来实现。

可通过查看 memory.limit_in_bytes 和 memory.memsw.limit_in_bytes 文件提取设置的值，如图 4.31 所示。

```
[root@localhost ~]# cat /sys/fs/cgroup/memory/docker/069e6d52a4ea42697bb1760ddf45597e04f66627662aaad4163fd7974311e024/memory.limit_in_bytes
268435456
[root@localhost ~]# cat /sys/fs/cgroup/memory/docker/069e6d52a4ea42697bb1760ddf45597e04f66627662aaad4163fd7974311e024/memory.memsw.limit_in_bytes
536870912
[root@localhost ~]#
```

图 4.31　查看 memory.limit_in_bytes 和 memory.memsw.limit_in_bytes 文件

### 3. 磁盘 I/O 资源配额控制

相对于 CPU 和内存的配额控制，docker 对磁盘 I/O 的配额控制相对不成熟，大多数必须在有宿主机设备的情况下使用。其主要包括以下参数。

--device-read-bps：限制此设备上的读速度，单位可以是 KB/s、MB/s 或者 GB/s。

--device-read-iops：通过每秒读 I/O 次数来限制指定设备的读速度。

--device-write-bps：限制此设备上的写速度，单位可以是 KB/s、MB/s 或者 GB/s。

--device-write-iops：通过每秒写 I/O 次数来限制指定设备的写速度。

--blkio-weight：容器默认磁盘 I/O 的加权值，有效值为 10～100。

--blkio-weight-device：针对特定设备的 I/O 加权控制。其格式为 DEVICE_NAME:WEIGHT。例如，创建容器 centos_disk，限制容器的写速度为 2MB/s，执行命令如下。

[root@localhost ~]# docker run -dit --name centos_disk --device-write-bps /dev/sda:2mb centos:latest

命令执行结果如图 4.32 所示。

```
[root@localhost ~]# docker run -dit --name centos_disk --device-write-bps /dev/sda:2mb centos:latest
f2c722d56b20b644237b5f4777a3d8207d309056a4f8ffb4e53999f5faee0ffa
[root@localhost ~]#
```

图 4.32　磁盘 I/O 配额控制

## 项目小结

本项目包含 5 个任务。

任务 4.1：Docker 容器的相关知识，主要讲解了什么是容器、可写的容器层、写时复制策略、容器的基本信息、磁盘上的容器大小、容器操作命令。

任务 4.2：Docker 容器的实现原理，主要讲解了 Docker 容器的工作过程、Docker 对容器内文件的操作。

任务 4.3：Docker 容器资源控制相关概念，主要讲解了 CGroups 的含义、CGroups 的功能和特点。

任务 4.4：Docker 容器创建和管理，主要讲解了创建容器、启动容器、显示容器列表、查看容器详细信息、进入容器、容器重命名、删除容器、导入和导出容器、查看容器日志、查看容器资源使用情况、查看容器中运行的进程信息、在宿主机和容器之间复制文件、停止容器、暂停和恢复容器、重启容器。

任务 4.5：Docker 容器资源控制管理，主要讲解了 CPU 资源配额控制、内存资源配额控制、磁盘 I/O 资源配额控制。

## 课后习题

**1. 选择题**

（1）查看 Docker 容器列表的命令为（　　）。
  A. docker attch　　　　　　　　B. docker ps
  C. docker create　　　　　　　 D. docker diff

（2）从当前容器创建新的镜像使用的命令为（　　）。
  A. docker commit　　　　　　　B. docker inspect
  C. docker export　　　　　　　 D. docker attch

（3）显示一个或多个容器的详细信息使用的命令为（　　）。
  A. docker load　　　　　　　　 B. docker create
  C. docker pause　　　　　　　　D. docker inspect

（4）启动一个或多个已停止的容器使用的命令为（　　）。
  A. docker stats　　　　　　　　B. docker load
  C. docker start　　　　　　　　D. docker top

（5）显示容器正在运行的进程使用的命令为（　　）。
　　A. docker stats　　　　　　　B. docker load
　　C. docker start　　　　　　　D. docker top
（6）恢复一个或多个容器内被暂停的所有进程使用的命令为（　　）。
　　A. docker unpause　　　　　　B. docker stop
　　C. docker pause　　　　　　　D. docker port
（7）重启一个或多个容器使用的命令为（　　）。
　　A. docker rename　　　　　　 B. docker restart
　　C. docker pause　　　　　　　D. docker stop
（8）对容器重命名使用的命令为（　　）。
　　A. docker rename　　　　　　 B. docker restart
　　C. docker pause　　　　　　　D. docker stop
（9）更新一个或多个容器的配置使用的命令为（　　）。
　　A. docker load　　　　　　　 B. docker pause
　　C. docker update　　　　　　 D. docker top
（10）显示容器资源使用统计信息的实时流使用的命令为（　　）。
　　A. docker start　　　　　　　B. docker stop
　　C. docker update　　　　　　 D. docker stats
（11）使用docker run命令时，（　　）参数可以指定容器在后台运行。
　　A. -d　　　B. -i　　　C. -t　　　D. -h
（12）使用docker run命令时，（　　）参数可以支持终端登录。
　　A. -d　　　B. -i　　　C. -t　　　D. -h
（13）使用docker run命令时，（　　）参数用于控制台交互。
　　A. -d　　　B. -i　　　C. -t　　　D. -h
（14）【多选】Docker容器的特点有（　　）。
　　A. 标准　　　B. 安全　　　C. 轻量级　　　D. 独立性
（15）【多选】进入容器可使用的命令为（　　）。
　　A. docker attach　　　　　　 B. docker load
　　C. docker exec　　　　　　　 D. docker top
（16）【多选】Docker对容器内文件的操作包括（　　）。
　　A. 添加文件　　B. 读取文件　　C. 修改文件　　D. 删除文件

**2. 简答题**

（1）简述什么是容器。
（2）简述使用docker attach与docker exec命令进入容器的区别。
（3）简述Docker容器的工作过程。
（4）简述Docker对容器内文件的操作。
（5）简述CGroups的功能和特点。

# 项目5
# Docker编排与部署

【学习目标】

- 掌握Docker编排的基本操作。
- 掌握Compose文件格式和语法，学会编写Compose文件。
- 掌握Compose命令的使用，学会使用Compose部署和管理应用程序。

## 5.1 项目描述

Docker 有很多优势，但对于运维者或开发者来说，Docker 最大的优点之一是它提供了一种全新的发布机制。这种发布机制指的是使用 Docker 镜像作为统一的软件制品载体，使用 Docker 容器提供独立的软件运行上下文环境，使用 Docker Hub 提供镜像统一协作，更重要的是，该机制使用 Dockerfile 定义容器内部行为和容器关键属性来支撑软件运行。

Docker 本身提供了命令行接口，用于管理容器的应用程序，适合少量容器的简单管理和单一任务的实现。对于较复杂的应用程序，如一个 Web 网站，需要先启动数据库服务器容器，再启动 Web 服务器容器，这就需要分别执行多条 Docker 命令，操作起来比较麻烦，也不便于统一管理。为此，Docker 引入了可用于容器编排与部署的工具 Docker Compose。Compose 是定义和运行多容器 Docker 应用程序的工具。Compose 通过 YMAL 配置文件来创建和运行所有服务，再使用单个命令创建并启动配置中的所有服务，实现多容器的自动化管理，Docker Compose 适用于所有环境，适用于生产、预发布、开发和测试，以及持续集成工作流程。

## 5.2 必备知识

### 5.2.1 Docker Compose 的相关知识

Docker Compose 是一个定义和运行复杂应用程序的 Docker 工具，它负责实现对容器的编排与部署，通过配置文件管理多个容器，非常适用于组合多个容器进行开发的场景。

**1. 为什么要使用 Docker Compose 编排与部署容器**

使用 Docker 编排与部署容器的步骤如下：先定义 Dockerfile 文件，再使用 docker build 命令构建镜像，最后使用 docker run 命令启动容器。

然而，在生产环境，尤其是微服务架构中，业务模块一般包含若干个服务，每个服务一般会部署多个实例。整个系统的部署或启停将涉及多个子服务的部署或启停，且这些子服务之间存在强依赖关系，手动操作不仅劳动强度大还容易出错。

Docker Compose 就是解决这种容器编排问题的一个高效轻量化工具，它通过一个配置文件来描述整个应用涉及的所有容器与容器之间的依赖关系，然后可以用一条指令来启动或停止整个应用。先来分解一下平时是怎样编排与部署 Docker 的。

① 先定义 Dockerfile 文件，再使用 docker build 命令构建镜像或使用 docker search 命令查找镜像。

② 使用 docker run -dit<镜像名称>命令运行指定镜像。

③ 如果需要运行其他镜像，则需要使用 docker search、docker run 等命令。

上面的"docker run --dit<镜像名称>"只是基本的操作。如果要映射硬盘、设置 NAT 网络或者映射端口等，则需要做更多的 Docker 操作，这显然是非常没有效率的，如果要进行大规模的部署，则会更加麻烦。但是如果把这些操作写在 Docker Compose 文件中，则只需要运行 docker-compose up -d 命令就可以完成操作。许多应用程序通过多个更小的服务互相协作来构成完整可用的项目，如一个订单应用程序可能包括 Web 前端、订单处理程序和后台数据库等多个服务，这相当于一个简单的微服务架构。这种架构很适合用容器实现，每个服务由一个容器承载，一台计算机同时运行多个容器就能部署整个应用程序。

仅使用 docker 命令部署和管理这类多容器应用程序时往往需要编写若干脚本文件，使用的命令可能会变得冗长，包括大量的选项和参数，配置过程比较复杂，而且容易发生差错。为了解决这个问题，Orchard 公司推出了多容器部署管理工具 Fig。Docker 公司收购 Fig 之后将其改名为 Docker Compose。Docker Compose 并不是通过脚本和各种 docker 命令将多个容器组织起来的，而是通过一个声明式的配置文件描述整个应用程序，从而让用户使用一条 docker-compose 命令即可完成整个应用程序的部署。

### 2. Docker Compose 的项目概念

在使用 Docker 的时候，可以通过定义 Dockerfile 文件，并使用 docker build、docker run 等命令操作容器。然而，微服务架构的应用系统通常包括若干个微服务，每个微服务又会部署多个实例，如果每个微服务都要手动启动、停止，则会带来效率低、维护量大的问题，而使用 Docker Compose 可以轻松、高效地管理容器。

V5-1 Docker Compose 的项目概念

Compose 是 Docker 官方的开源项目，定位是"定义和运行多个 Docker 容器应用的工具"，负责实现对 Docker 容器集群的快速编排，实现配置应用程序的服务。

在 Docker 中构建自定义镜像是通过使用 Dockerfile 模板文件来实现的，从而使用户可以方便地定义单独的应用容器。而 Compose 使用的模板文件是一个 YAML 格式的文件，它允许用户通过 docker-compose.yml 模板文件将一组相关联的应用容器定义为一个项目。

Docker Compose 以项目为单位管理应用程序的部署，可以将它所管理的对象从上到下依次分为以下 3 个层次。

（1）项目。

项目又称工程，表示需要实现的一个应用程序，并涵盖该应用程序所需的所有资源，是由一组关联的容器组成的一个完整业务单元。其在 docker-compose.yml 中定义，即 Compose 的一个配置文件可以解析为一个项目，Compose 文件定义一个项目要完成的所有容器管理与部署操作。一个项目拥有特定的名称，可包含一个或多个服务，Docker Compose 实际上是面向项目进行管理的，它通过命令对项目中的一组容器实现生命周期管理。项目具体由项目目录下的所有文件（包括配置文件）和子目录组成。

（2）服务。

服务是一个比较抽象的概念，表示需要实现的一个子应用程序，它以容器方式完成某项任务。一个服务运行一个镜像，它决定了镜像的运行方式。一个应用的容器实际上可以包括若干运行相同镜像的容器实例，每个服务都有自己的名称、使用的镜像、挂载的数据卷、所属的网络、依赖的服务等，服务也可以看作分布式应用程序或微服务的不同组件。

（3）容器。

这里的容器指的是服务的副本，每个服务又可以以多个容器实例的形式运行，可以更改容器实例的数量来增减服务数量，从而为进程中的服务分配更多的计算资源。例如，Web 应用为保证高可用性和负载均衡，通常会在服务器上运行多个服务。即使在单主机环境下，Docker Compose 也支持一个服务有多个副本，每个副本就是一个服务容器。

Docker Compose 的默认管理对象是项目，通过子命令对项目中的一组容器进行便捷的生命周期管理。Docker Compose 将逻辑关联的多个容器编排为一个整体进行统一管理，提高了应用程序的部署效率。

### 3. Docker Compose 的工作机制

docker-compose 命令运行的目录下的所有文件（docker-compose.yml、extends 文件或环境变量文件等）组成一个项目。一个项目中可包含多个服务，每个服务中定义了容器运行的镜像、参数与依赖。每一个服务当中又包含一个或多个容器实例，但 Docker Compose 并没有负载均衡功能，还需要借助其他工具来实现服务发现与负载均衡。创建 Docker Compose 项目的核心在于定义配置文件，配置文件的默认名称为 docker-compose.yml，也可以使用其他名称，但需要修改环境变量 COMPOSE_FILE 或者启动时通过-f 参数指定配置文件。配置文件定义了多个有依赖关系的服务及每个服务运行的容器。

Docker Compose 启动一个项目主要经历如下步骤。

（1）项目初始化。解析配置文件（包括 docker-compose.yml、外部配置文件 extends、环境变量配置文件 env_file），并将每个服务的配置转换成 Python 字典，初始化 docker-py 客户端（即用 Python 编写的一个 API 客户端）用于与 Docker 引擎进行通信。

（2）根据 docker-compose 的命令参数将命令分发给相应的处理函数，其中启动命令为 up；调用 project 类的 up 函数，得到当前项目中的所有服务，根据服务的依赖关系进行拓扑排序并去掉重复出现的服务。

通过项目名以及服务名从 Docker 引擎获取当前项目中处于运行状态中的容器，从而确定当前项目中各个服务的状态，再根据当前状态为每个服务制定接下来的动作。Docker Compose 使用 labels 标记启动的容器，使用 docker inspect 命令可以看到通过 Docker Compose 启动的容器都被添加了标签。

使用 Docker Compose 启动一个项目时，存在以下几种情况。

① 若容器不存在，则服务动作设置为创建（create）。
② 若容器存在但设置不允许重建，则服务动作设置为启动（start）。
③ 若容器配置（config-hash）发生变化或者设置强制重建标志，则服务动作设置为重建（recreate）。
④ 若容器状态为停止，则服务动作设置为启动（start）。
⑤ 若容器状态为运行但其依赖容器需要重建，则服务状态设置为重建（recreate）。
⑥ 若容器状态为运行且无配置改变，则不进行操作。

根据每个服务动作执行不同的操作。

（3）根据拓扑排序的次序，依次执行每个服务的动作，如果服务动作为创建，则检查镜像是否存在，若镜像不存在，则检查配置文件中关于镜像的定义。如果在配置文件中设置为 build，则调用 "docker-py build" 与 Docker 引擎进行通信，完成 docker build 的功能；如果在配置文件中设置为 image，则通过 docker-py pull 拉取函数与 Docker 引擎进行通信，完成 docker pull 拉取的功能。

（4）获取当前服务中容器的配置信息，如端口、存储卷、主机名，以及使用镜像环境变量等配置的信息。若在配置中指定本服务必须与某个服务在同一台主机（previous_container，用于集群），则在环境变量中设置 affinity:container。通过 docker-py 与 Docker 引擎进行通信，创建并启动容器。

（5）如果服务动作为重建，则停止当前的容器，将现有的容器重命名，这样数据卷在原容器被删除前就可以复制到新创建的容器中了；或者创建并启动新容器，将 previous_container 设置为原容器并确保其运行在同一台主机（存储卷挂载），此后，删除旧容器。

（6）如果服务动作为启动，则启动停止的容器。

这就是 docker-compose up 的命令执行过程，docker-compose.yml 文件中定义的所有服务或容器会被全部启动。

使用 Docker Compose 时，首先要编写定义多容器应用的 YAML 格式的 Compose 文件，即 docker-compose.yml 配置文件，然后将其交由 docker-compose 命令处理，Docker Compose 就会基于 Docker 引擎完成应用程序的部署。

Docker Compose 项目使用 Python 语言编写而成，实际上，其调用 Docker API 来实现对容器的管理，如图 5.1 所示，对于不同的 docker-compose 命令，Docker Compose 将调用不同的处理方法。由于处理必须落实到 Docker 引擎对容器的部署与管理上，因此 Docker Compose 最终必须与 Docker 引擎建立连接，并在该连接之上完成 Docker API 的处理。实际上，Docker Compose 是借助 docker-py 软件来完成这个任务的，docker-py 是一个使用 Python 开发并调用 Docker API 的软件。其通过调用 docker-py 库与 Docker 引擎交互实现构建 Docker 镜像，启动、停止 Docker 容器等操作实现容器编排，而 docker-py 库通过调用 docker remote API（远程 API 接口）与 Docker Daemon 交互，可通过 DOCKER_HOST 配置本地或远程 Docker Daemon 的地址来操作 Docker 镜像与容器实现其管理。

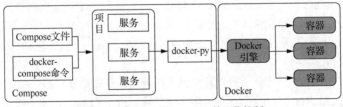

图 5.1　Docker Compose 的工作机制

### 4. Docker Compose 的基本使用步骤

Docker Compose 的基本使用步骤如下。

（1）使用 Dockerfile 定义应用程序的环境，以便可以在任何地方分发应用程序，通过 Docker Compose 编排的主要是多容器的复杂应用程序，这些容器的创建和运行需要相应的镜像，而镜像则要基于 Dockerfile 构建。

（2）使用 Compose 文件定义组成应用程序的服务。该文件主要声明应用程序的启动配置，可以定义一个包含多个相互关联的容器的应用程序。

（3）使用 docker-compose up 命令启动整个应用程序。使用这条简单的命令即可启动配置文件中的所有容器，不再需要使用任何 Shell 脚本。

### 5. Docker Compose 的特点

Docker Compose 的特点如下。

（1）为不同环境或用户定制编排。

Docker Compose 支持 Compose 文件中的变量，可以使用这些变量为不同的环境或不同的用户定制编排。

（2）在单主机上建立多个隔离环境。

Docker Compose 使用项目名称隔离环境，其应用场景如下。

① 在开发主机上可以创建单个环境的多个副本，如为一个项目的每个功能分支运行一个稳定的副本。

② 在共享主机或开发主机上，防止可能使用相同服务名称的不同项目之间的相互干扰。

③ 在持续集成服务上，为防止构建互相干扰，可以将项目名称设置为唯一的构建编号。

（3）仅重建已更改的容器。

Docker Compose 可以使用缓存创建容器，当重新启动更改的服务时，将重用已有的容器，仅重建已更改的容器，这样可以快速更改环境。

（4）创建容器时保留卷数据。

Docker Compose 会保留服务所使用的所有卷，确保在卷中创建的任何数据都不会丢失。

### 6. Docker Compose 的应用场景

Docker Compose 是一个部署多个容器的简单但是非常必要的工具，可以使用一条简单的命令部署多个容器。Docker Compose 在实际工作中非常有价值，其大大简化了多容器的部署过程，避免了在不同环境中运行多个重复步骤所带来的错误，使多容器移植变得简单可控。从其路线图 Roadmap 可以看出，Docker Compose 的目标是做一个生产环境可用的工具，包括服务回滚，多环境（dev/test/staging/prod）支持，支持在线服务部署升级，防止服务中断并且监控服务使其始终运行在正确的状态。其另一个目标是更好地与 Docker Swarm 集成，目前版本存在的主要问题是无法保证处于多个主机的容器间正常通信，因为它目前不支持跨主机间容器通信，相信新的 Docker 网络实现将会解决这一问题。另外，Docker Compose 中定义构建的镜像只存在于一台 Docker Swarm 主机上，无法做到多主机共享，因此目前需要手动构建镜像并将其上传到一个镜像仓库中，使多个 Docker Swarm 主机可以访问并下载镜像。相信随着 Docker Compose 的完善，其必将取代 docker run 命令而成为开发者启动 Docker 容器的首选。

V5-2 Docker Compose 的应用场景

（1）单主机部署。

Docker Compose 一直专注于开发和测试工作流，但在每个发行版中都会增加更多面向生产的功能。可以使用 Docker Compose 将应用程序部署到远程 Docker 引擎中，Docker 引擎可以是 Docker Machine（Docker 安装在虚拟主机上，并且通过 docker-machine 命令进行管理）或整个 Docker 集群配置的单个实例。

（2）软件开发环境。

在开发软件时，Docker Compose 命令行工具可用于创建隔离的环境，在其中运行应用程序并与之进行交互。Compose 文件提供了记录和配置所有应用程序的服务依赖关系的方式，如数据库、队列、缓存和 Web 服务 API 等。通过 Docker Compose 命令行工具，可以使用单个命令为每个项目创建和启动一个或多个容器。

（3）自动化测试环境。

自动化测试环境是持续部署或持续集成过程的一个重要部分，通过 Docker Compose 可以创建和销毁用于测试集合的隔离测试环境。在 Compose 文件中定义完整的环境后，可以仅使用几条命令就创建和销毁这些环境。

## 5.2.2 编写 Docker Compose 文件

Compose 文件是 Docker Compose 项目的配置文件，又称 Compose 模板文件。它用于定义整个应用程序，包括服务、网络和卷。Compose 文件是文本文件，采用了 YAML 格式，可以使用.yml 或.yaml 扩展名，默认的文件名为 docker-compose.yml。YAML 是 JSON 的一个子集，是一种轻量级的数据交换格式，因此，Compose 也可以使用 JSON 格式，构建时需要明确指定要使用的文件名，如 docker-compose -f docker-compose.json up，但建议统一使用 YAML 格式。编写 Compose 文件是使用 Docker Compose 的关键环节。

> **注意** YAML 是 "YAML Ain't a Markup Language"（YAML 不是一种标记语言）的递归缩写。在开发这种语言时，YAML 的意思其实是 "Yet Another Markup Language"（仍是一种标记语言），但为了强调这种语言以数据为中心，而不是以标记语言为重点，故用反义缩写进行了重命名。

### 1. YAML 文件格式

YAML 是一种数据序列化格式，易于阅读和使用，尤其适合用来表示数据。YAML 类似于可扩展标记语言（Extensible Markup Language，XML），但 YAML 的语法比 XML 的语法简单得多。YAML 的数据结构通过缩进表示，连续的项目通过减号表示，键值对用冒号分隔，数据用方括号（[ ]）标注，散列函数用花括号（{ }）标注。

使用 YAML 时需要注意如下事项。

（1）通常开头缩进两个空格。

（2）使用缩进表示层级关系，不支持使用制表符缩进，需要使用空格缩进，但相同层级应当左对齐（一般为 2 个或 4 个空格）。

（3）每个冒号与它后面所跟的参数之间都需要一个空格，字符（如冒号、逗号、横杠）后需要一个空格。

（4）如果包含特殊字符，则要使用单引号（' '）标注。

（5）使用#表示注释，YAML 中只有行注释。

（6）布尔值（true、false、yes、no、on、off）必须用双引号（" "）标注，这样分析器才会将它们解释为字符串。

（7）字符串可以不用引号标注。

（8）区分字符的大小写。

### 2. YAML 表示的数据类型

YAML 表示的数据类型可分为以下 3 种。

（1）序列。

序列（Sequence）就是列表，相当于数组，使用一个短横线加一个空格表示一个序列项，实际上是一种字典，例如：

```
- "5000"
- "7000"
```

序列支持流式语法，如对于上面的示例，也可将它们改写在一行中。

```
["5000","7000"]
```

（2）标量。

标量（Scalar）相当于常量，是 YAML 数据的最小单位，不可再分割。YAML 支持整数、浮点数、字符串、NULL、日期、布尔值和时间等多种标量类型。

（3）映射。

映射（Map）相当于 JSON 中的对象，也使用键值对表示，只是冒号后面一定要加一个空格，同一缩进层次的所有键值对属于同一个映射，例如：

```
RACK_ENV: development
SHOW: 'true'
```

### 3. Compose 文件结构

docker-compose.yml 文件包含 version、services、networks 和 volumes 这 4 个部分。其中，services 和 networks 是关键部分；version 是必须指定的，而且总位于文件的第一行，没有任何下级节点，它定义了 Compose 文件格式的版本，目前有 3 种版本的 Compose 文件格式，版本 1.x 是传统的格式，通过 YAML 文件的 version 指定，除了个别字段或选项，版本 2.x 和 3.x 的 Compose 文件的结构基本相同，建议使用最新版的格式；services、networks 和 volumes 分别定义服务、网络和卷（存储）资源配置，都由下级节点具体定义。

首先，要在各部分中定义资源名称，在 services、networks 和 volumes 各部分中可以分别指定若干服务、网络和卷的名称；其次，在这些资源名称下采用缩进结构"<键>:<选项>:<值>"定义其具体配置，键也被称为字段。服务定义包含该服务启动的每个容器的配置，这与将命令行参数传递给 docker container create 命令类似。同样的，定义网络和卷类似于使用 docker network create 和 docker volume create 命令。

services 用于定义不同的应用服务，服务中定义了镜像、端口、网络和卷等，Docker Compose 会将每个服务部署在各自的容器中。networks 用于定义要创建的容器网络，Docker Compose 会创建默认的桥接网络。volumes 用于定义要创建的卷，可以使用默认配置，即使用 Docker 的默认驱动 local（本地驱动）。

docker-compose.yml 文件配置常用字段描述如表 5.1 所示。

表 5.1 docker-compose.yml 文件配置常用字段描述

| 字段 | 描述 |
| --- | --- |
| build | 指定 Dockerfile 文件名 |
| context | 可以是 Dockerfile 的路径，或者是指向 Git 仓库的 URL |
| command | 执行命令，覆盖默认命令 |
| container name | 指定容器名称，容器名称是唯一的，如果指定自定义名称，则无法使用 scale 命令 |
| dockerfile | 构建镜像上下文路径 |
| deploy | 指定部署和运行服务相关配置，只能在 Swarm 模式下使用 |
| environment | 添加环境变量 |
| hostname | 容器主机名 |
| image | 指定镜像 |
| networks | 加入网络 |
| ports | 暴露容器端口，与-p 相同，但端口号不小于 60 |
| restart | 重启策略，默认值为 no，可选值有 always、nofailure、unless-stoped |
| volumes | 挂载宿主机路径或命令卷 |

### 4. 服务定义

在 services 部分中定义若干服务，每个服务实际上是一个容器，需要基于镜像运行。每个

Compose 文件必须指定 image 或 build 键以提供镜像，其他键是可选的。和使用 docker container create 命令一样，Dockerfile 中的指令，如 CMD、EXPOSE、ENV、VOLUME 等，默认已经被接受，不必在 Compose 文件中定义它们。

在 services 部分中指定服务的名称，在服务名称下面使用键进行具体定义，下面介绍部分常用的键及其选项。

（1）image 键。

image 键用于指定启动容器的镜像，可以指定镜像名称或镜像 ID，例如：

```
services:
  web:
    image: centos
    image: nignx
    image: fedora:latest
    image: debian:10.9
    image: d1165f221234
```

在 services 键下的 web 为第二级键，键名可由用户自定义，它也是服务名称。

如果镜像在本地不存在，则 Docker Compose 将会尝试从镜像注册中心拉取镜像。如果定义了 build 键，则将基于 Dockerfile 构建镜像。

（2）build 键。

build 键用于定义构建镜像时的配置，可以定义包括构建上下文路径的字符串，例如：

```
build: ./test_dir
```

也可以定义对象，例如：

```
build:
  context: ./test_dir
  dockerfile: Dockerfile
  args:
    buildno: 1
```

可指定 arg 键，与 Dockerfile 中的 ARG 指令一样，arg 键可以在构建过程中指定环境变量，并在构建成功后取消。

如果同时指定了 image 和 build 两个键，那么 Docker Compose 会构建镜像并且将镜像命名为 image 键所定义的那个名称。例如，镜像将从 ./test_dir 中构建，被命名为 centos_web，并被设置 app_tag 键。

```
build: ./test_dir
image: centos_web:app_tag
```

build 键下面可以使用如下选项。

① context：定义构建上下文路径，可以是包含 Dockerfile 的目录，或是访问 Git 仓库的 URL。

② dockerfile：指定 Dockerfile。

③ args：指定构建参数，即仅在构建阶段访问的环境变量，允许是空值。

（3）command 键。

command 键用于覆盖容器启动后默认执行的命令，例如：

```
command: bundle exec thin –p 4000
```

也可以写为类似 Dockerfile 中的格式，例如：

```
command: [bundle, exec, thin, –p, 4000]
```

（4）dns 键。

dns 键用于配置 DNS 服务器，其可以是具体值，例如：

```
  dns: 114.114.114.114
```
也可以是列表,例如:
```
  dns:
   - 114.114.114.114
   - 8.8.8.8
```
还可以配置 DNS 搜索域,其可以是值或列表,例如:
```
  dns_search: www.example.com
  dns_search:
   - www.example01.com
   - www.example02.com
```
(5) depends_on 键。

depends_on 键用于定义服务之间的依赖关系,指定容器服务的启动顺序,例如:
```
version: "3.7"
services:
  web:
    build: .
    depends_on:
      - db
      - redis
  redis:
    images: redis
  db:
    images: database
```
按服务依赖顺序启动服务时,容器会先启动 redis 和 db 两个服务,再启动 web 服务。

使用 docker-compose up <服务名称>命令将自动编排该服务的依赖。上述示例中如果使用的是 docker-compose up  web 命令,则会创建并启动 db 服务和 redis 服务。

按依赖顺序停止服务时,上述示例中的 web 服务先于 db 服务和 redis 服务停止。

(6) environment 键。

environment 键用于设置镜像变量,与 arg 键不同的是,arg 键设置的变量仅用于构建过程中,而 environment 键设置的变量会一直存在于镜像和容器中,例如:
```
environment:
  RACK_ENV: development
  SHOW: 'true'
  SESSION_SECRET:
```
也可以是如下格式:
```
environment:
  - RACK_ENV= development
  - SHOW=true
  - SESSION_SECRET
```
(7) env_file 键。

env_file 键用于设置从 env 文件中获取的环境变量,可以指定一个文件路径或路径列表,其优先级低于 environment 指定的环境变量,即当其设置的变量名称与 environment 键设置的变量名称冲突时,以 environment 键设置的变量名称为主,例如:
```
env_file: .env
```

（8）expose 键。

expose 键用于设置暴露端口，只将端口暴露给连接的服务，而不暴露给主机，例如：

```
expose:
  - "6000"
  - "6050"
```

（9）links 键。

links 键用于指定容器连接到当前连接，可以设置别名，例如：

```
links:
  - db
  - db:database
  - redis
```

（10）logs 键。

logs 键用于设置日志 I/O 信息，例如：

```
logging:
  driver: syslog
  options:
    syslog-address: "tcp://192.168.100.100:3000"
```

（11）network_mode 键。

network_mode 键用于设置网络模式，例如：

```
network_mode: "bridge"
network_mode: "host"
network_mode: "none"
network_mode: "service:[service name]"
network_mode: "container:[container name/id]"
```

（12）networks 键。

默认情况下，Docker Compose 会为应用程序自动创建名为"<项目名>_default"的默认网络。服务的每个容器都会加入默认网络，该网络上的其他容器都可以访问该网络，并且可以通过与容器名称相同的主机名来发现该网络。对于每项服务都可以使用 networks 键指定要连接的网络，此处的网络名称引用 networks 部分中所定义的名称，例如：

```
services:
  some_service:
    - front_network
    - back_network
```

networks 键有一个特别的 aliases 选项，用来设置服务在该网络上的别名。同一网络的其他容器可以使用服务名称或该别名来连接该服务的一个容器，同一服务可以在不同的网络上有不同的别名。在下面的示例中，分别提供了名为 web、ftp 和 db 的 3 个服务，以及 front_network 和 back_network 网络。db 服务可以通过 front_network 网络中的主机名 db 或别名 database 访问，也可以通过 back_network 网络中的主机名 db 或别名 mysql 访问，例如：

```
version: "3.7"
services:
  web:
    image: "nginx:latest"
    networks:
      - front_network
  ftp:
```

```
        images: "my_ftp:latest"
        networks:
          - back_network
    db:
        images: "mysql:latest"
        networks:
          front_network:
            aliases:
              - database
          back_network:
            aliases:
              - mysql
networks:
    front_network:
    back_network:
```

要让服务加入现有的网络,可以使用 external 选项,例如:

```
networks:
    default:
        external:
            name: my_network
```

此时,不用创建名为"<项目名>_default"的默认网络,Docker Compose 会查找名为 my_network 的网络,并将应用程序的容器连接到它。

(13) port 键。

port 键用于对外暴露端口定义,使用 host:container 格式,或者只指定容器的端口号,宿主机会随机映射端口,例如:

```
ports:
  - "5000"
  - "5869:5869"
  - "8080:8080"
```

 **注意**　　当使用 host:container 格式来映射端口时,如果使用的容器端口号小于 60,则可能会得到错误的结果,因为 YAML 会将<mm:nn>格式的数字解析为六十进制,所以建议使用字符串格式。

(14) volumes 键。

volumes 键用于指定卷挂载路径,与 volumes 部分专门定义卷存储不同,其可以挂载目录或者已存在的数据卷容器。可以直接使用 host:container 格式,或者使用 host:container:ro 格式,对于容器来说,后者的数据卷是只读的,这样可以有效保护宿主机的文件系统。

```
volumes:
    #只指定路径(该路径是容器内部的),Docker 会自动创建数据卷
    - /var/lib/mysql
    #使用绝对路径挂载数据卷
    - /opt/data:/var/lib/mysql
    #以 Compose 配置文件为参照的相对路径将作为数据卷挂载到容器
    - ./cache:/tmp/cache
    #使用用户的相对路径(~/表示的目录是 /home/<用户目录>/ 或者 /root/)
```

```
        - ~/configs:/etc/configs/:ro
        #已经存在的数据卷
        - datavolume:/var/lib/mysql
```
如果不使用宿主机的路径，则可以指定 volume_driver。
```
volume_driver: mydriver
```
（15）volumes_from 键。

volumes_from 键用于设置从其他容器或服务挂载数据卷，可选的参数是:ro 和:rw，前者表示容器是只读的，后者表示容器对数据卷是可读写的，默认情况下是可读写的。
```
volumes_from:
    - service_name
    - service_name: ro
    - container: container_name
    - container: container_name:rw
```

### 5. 网络定义

除使用默认的网络外，还可以自定义网络，创建更复杂的拓扑，并设置自定义网络驱动和选项，以及将服务连接到不受 Docker Compose 管理的外部网络中，在 networks 部分中自定义要创建的容器网络，供服务定义中的 networks 键引用。网络定义常用的两个键说明如下。

（1）driver 键。

driver 键用于设置网络的驱动，默认驱动取决于 Docker 引擎的配置方式，但在大多数情况下，在单机上使用 bridge 驱动，而在 Swarm 集群中使用 overlay 驱动，例如：
```
driver: overlay
```
（2）external 键。

external 键用于设置网络是否在 Docker Compose 外部创建。如果设置为 true，则 docker-compose up 命令不会尝试创建它，如果该网络不存在，则会引发错误。以前 external 键不能与其他网络定义键（driver、driver_opts、ipam、internal）一起使用，但从 Docker Compose 3.4 版本开始，这个问题就不存在了。

在下面的示例中，proxy 是到外部网络的网关，这里没有创建一个名为"<项目名>_outside"的网络，而是让 Docker Compose 查找一个名为 outside 的现有网络，并将 proxy 服务的容器连接到该网络，例如：
```
version: "3.7"
services:
  proxy:
    build: ./proxy
      - outside
      - default
  app:
    build: ./app
    networks:
      - default
services:
  outside:
    external: true
```

### 6. 卷（存储）定义

不同于前文中服务定义的 volumes 键，这里的卷定义是指要单独创建命名卷，这些卷能在多个服务中重用,可以通过 Docker 命令行或 API 查找和查看。

下面是一个设置两个服务的示例,其中一个数据库服务的数据目录作为一个卷与其他服务共享,可以被周期性地备份,例如:

```
version: "3.7"
services:
  db:
    image: db
    volumes:
      - data-volume:/var/lib/db
  backup:
    image: backup-service
    volumes:
      - data-volume:/var/lib/backup/db
volumes:
  data-volume:
```

volumes 部分中定义的卷可以只有名称,不做其他具体配置,这种情形会使用 Docker 配置的默认驱动,也可以使用以下键对卷进行具体配置。

(1) driver 键。

driver 键用于定义卷驱动,默认使用 Docker 所配置的驱动,多数据情况下使用本地驱动。如果驱动不可用,则在使用 docker-compose up 命令创建卷时,Docker 会返回错误,例如:

```
driver: foobar
```

(2) external 键。

external 键用于设置卷是否在 Docker Compose 外部创建。如果设置为 true,则 docker-compose up 命令不会尝试创建它,如果该卷不存在,则会引发错误。external 键不能与其他卷配置键(driver、driver_opts、labels)一起使用,但从 Docker Compose 3.4 版本开始,这个问题就不存在了。

在下面的示例中,Docker Compose 不会尝试创建一个名为"<项目名>_data"的卷,而是会查找一个名称为 data 的卷,并将其挂载到 db 服务的容器中,例如:

```
version: "3.7"
services:
  db:
    image: mysql
    volumes:
      - data:/var/lib/mysql/data
volumes:
  data:
    external: true
```

### 5.2.3 Docker Compose 常用命令

除了部署应用程序外,Docker Compose 还可以管理应用程序,如启动、停止和删除应用程序,以及获取应用程序的状态等,这需要用到 Compose 命令。

Compose 的常用命令通常跟在 docker-compose 主命令后面,其语法格式如下:

```
docker-compose [-f<arg>...] [选项] [命令] [参数...]
```

docker-compose 命令各选项及其功能说明如表 5.2 所示。

表5.2 docker-compose命令各选项及其功能说明

| 选项 | 功能说明 |
| --- | --- |
| -f, --file FILE | 指定 Compose 配置文件，默认为 docker-compose.yml |
| -p,--project-name<项目名> | 指定项目名称，默认使用当前目录名作为项目名称 |
| --project-directory<项目路径> | 指定项目路径，默认为 Compose 文件所在路径 |
| --verbose | 输出更多调试信息 |
| --log-level<日志级别> | 设置日志级别（DEBUG、INFO、WARNING、ERROR、CRITICAL） |
| --no-ansi | 不输出 ANSI 控制字符 |
| -v, --version | 显示 Docker Compose 命令的版本信息 |
| -h,--help | 获取 Compose 命令的帮助信息 |

Compose 命令支持多个选项，-f 是一个特殊的选项，用于指定一个或多个 Compose 文件的名称和路径，如果不定义该选项，则将使用默认的 docker-compose.yml 文件。使用多个-f 选项提供多个 Compose 文件时，Docker Compose 将它们按提供的顺序组合到单一的配置中，修改过的 Compose 文件中的定义将覆盖之前的 Compose 文件中的定义，例如：

```
docker-compose -f docker-compose.yml -f docker-com
docker-compose -f docker-compose.yml -f docker-compose.root.yml run backup_db
```

默认情况下，Compose 文件位于当前目录下。对于不在当前目录下的 Compose 文件，可以使用-f 选项明确指定其路径。例如，要运行 Compose nginx 实例，在 myweb/nginx 目录下有一个 docker-compose.yml 文件，可使用以下命令为 db 服务获取相应的镜像。

```
docker-compose -f ~/myweb/nginx/docker-compose.yml pull db
```

docker-compose 命令与 docker 命令的使用方法非常相似，但是需要注意的是，大部分 docker-compose 命令需要在 docker-compose.yml 文件所在的项目目录下才能正常执行。

docker-compose 命令的子命令比较多，可以使用以下命令查看某个具体命令的使用说明。

```
docker-compose [子命令] --help
```

使用帮助命令查看命令选项和子命令的使用说明，执行命令如下。

```
[root@localhost ~]# docker-compose --help
```

命令执行结果如下。

```
Define and run multi-container applications with Docker.
Usage:
  docker-compose [-f <arg>...] [options] [COMMAND] [ARGS...]
  docker-compose -h|--help
Options:
  -f, --file FILE             Specify an alternate compose file
                              (default: docker-compose.yml)
  -p, --project-name NAME     Specify an alternate project name
                              (default: directory name)
  --verbose                   Show more output
  --log-level LEVEL           Set log level (DEBUG, INFO, WARNING, ERROR, CRITICAL)
  --no-ansi                   Do not print ANSI control characters
  -v, --version               Print version and exit
  -H, --host HOST             Daemon socket to connect to
  --tls                       Use TLS; implied by --tlsverify
  --tlscacert CA_PATH         Trust certs signed only by this CA
```

```
      --tlscert CLIENT_CERT_PATH    Path to TLS certificate file
      --tlskey TLS_KEY_PATH         Path to TLS key file
      --tlsverify                   Use TLS and verify the remote
      --skip-hostname-check         Don't check the daemon's hostname against the
                                    name specified in the client certificate
      --project-directory PATH      Specify an alternate working directory
                                    (default: the path of the Compose file)
      --compatibility               If set, Compose will attempt to convert keys
                                    in v3 files to their non-Swarm equivalent
Commands:
  build              Build or rebuild services
  bundle             Generate a Docker bundle from the Compose file
  config             Validate and view the Compose file
  create             Create services
  down               Stop and remove containers, networks, images, and volumes
  events             Receive real time events from containers
  exec               Execute a command in a running container
  help               Get help on a command
  images             List images
  kill               Kill containers
  logs               View output from containers
  pause              Pause services
  port               Print the public port for a port binding
  ps                 List containers
  pull               Pull service images
  push               Push service images
  restart            Restart services
  rm                 Remove stopped containers
  run                Run a one-off command
  scale              Set number of containers for a service
  start              Start services
  stop               Stop services
  top                Display the running processes
  unpause            Unpause services
  up                 Create and start containers
  version            Show the Docker-Compose version information
[root@localhost ~]#
```

（1）docker-compose ps 命令。

docker-compose ps 命令用于列出所有运行的容器，其语法格式如下。

docker-compose ps ［选项］ ［容器...］

docker-compose ps 命令各选项及其功能说明如表 5.3 所示。

表 5.3  docker-compose ps 命令各选项及其功能说明

| 选项 | 功能说明 |
| --- | --- |
| -q，--quiet | 只显示容器 ID |
| --services | 显示服务 |

续表

| 选项 | 功能说明 |
|---|---|
| --filter KEY=VAL | 过滤服务属性值 |
| -a, --all | 显示所有容器，包括已停止的容器 |

例如，列出所有运行的容器的代码，执行命令如下。

docker-compose ps

（2）docker-compose build 命令。

docker-compose build 命令用于构建或重新构建服务，其语法格式如下。

docker-compose build ［选项］ ［--build-arg 键=值...］ ［服务...］

其中，"服务"参数指定的是服务的名称，默认格式为"项目名_服务名"，如项目名为 compose_test，一个服务名为 web，则它构建的服务名称为 compose_test_web。

docker-compose build 命令各选项及其功能说明如表 5.4 所示。

表 5.4  docker-compose build 命令各选项及其功能说明

| 选项 | 功能说明 |
|---|---|
| --compress | 使用 gzip 压缩构建上下文 |
| --force-rm | 删除构建过程中的临时容器 |
| --no-cache | 构建镜像的过程中不使用缓存，这会延长构建过程 |
| --pull | 总是尝试拉取最新版本的镜像 |
| -m, --memory mem | 创建容器时对内存的限制 |
| --build-arg key=val | 为服务设置构建时变量 |
| --parallel | 并行构建镜像 |

如果 Compose 文件定义了镜像名称，则该镜像将以该名称作为标签，替换之前的标签名称。如果改变了服务的 Dockerfile 或者其构建目录的内容，则需要使用 docker-compose build 命令重新构建服务，可以随时在项目目录下使用该命令重新构建服务。

（3）docker-compose up 命令。

docker-compose up 命令较为常用且功能强大，用于构建镜像，创建、启动和连接指定的服务容器，使用该命令连接的所有服务都会被启动，除非它们已经运行，其语法格式如下。

docker-compose up ［选项］ ［--scale 服务=值...］ ［服务...］

docker-compose up 命令各选项及其功能说明如表 5.5 所示。

表 5.5  docker-compose up 命令各选项及其功能说明

| 选项 | 功能说明 |
|---|---|
| -d, --detach | 与使用 docker run 命令创建容器一样，该选项表示分离模式，即在后台运行服务容器，会输出新容器的名称，该选项与--abort-on-container-exit 选项不能兼容 |
| --no-color | 产生单色输出 |
| --quiet-pull | 拉取镜像时不会输出进程信息 |
| --no-deps | 不启动所连接的服务 |
| --force-recreate | 强制重新创建容器，即使其配置和镜像没有改变 |

续表

| 选项 | 功能说明 |
|---|---|
| --always-recreate-deps | 总是重新创建所依赖的容器,它与--no-recreate 选项不兼容 |
| --no-recreate | 如果容器已经存在,则不要重新创建容器,与--force-recreate 和-V 选项不兼容 |
| --no-build | 不构建缺失的镜像 |
| --no-start | 创建服务后不启动服务 |
| --build | 在启动容器之前构建镜像 |
| --abort-on-container-exit | 只要有容器停止就停止所有的容器,它与-d 选项不兼容 |
| -t,--timeout TIMEOUT | 设置停止连接的容器或已经运行的容器的超时时间,单位是秒。其默认值为 10,也就是说,对已启动的容器发出关闭命令,需要等待 10s 后才能执行 |
| -V,--renew-anon-volumes | 重新创建匿名卷,而不是从以前的容器中检索数据 |
| --remove-orphans | 移除 Compose 文件中未定义的服务容器 |
| --exit-code-from SERVICE | 为指定服务的容器返回退出码 |
| --scale SERVICE=NUM | 设置服务的实例数,该选项的值会覆盖 Compose 文件中的 scale 键值 |

docker-compose up 命令会聚合指定的每个容器的输出,实质上是使用 docker-compose logs -f 命令。该命令默认所有输出重定向到当前终端,相当于 docker run 命令的前台模式,这对排查问题很有用。该命令使用完成后,所有的容器都会停止。当然,加上 -d 选项后使用 docker-compose up 命令时会采用分离模式在后台启动容器并让它们保持运行。

如果服务的容器已经存在,服务的配置或镜像在创建后被改变,则使用 docker-compose up 命令会停止并重新创建容器(保留挂载的卷)。要阻止 Dokcer Compose 的这种行为,可使用 --no-recreate 选项。

如果使用 SIGINT(按 Ctrl+C 组合键)或 SIGTERM 信号中断进程,则容器会被停止,退出码是 0;如果遇到错误,则退出码是 1;如果在关闭阶段发送 SIGINT 或 SIGTERM 信号,则正在运行的容器会被强制停止,退出码是 2。

(4) docker-compose logs 命令。

docker-compose logs 命令用于查看服务日志输出,其语法格式如下。

docker-compose logs　[选项]　[服务...]

docker-compose logs 命令各选项及其功能说明如表 5.6 所示。

表 5.6　docker-compose logs 命令各选项及其功能说明

| 选项 | 功能说明 |
|---|---|
| --no-color | 产生单色输出 |
| -f,--follow | 实时输出日志 |
| -t,--timestamps | 显示时间戳 |
| --tail="all" | 对于每个容器在日志末尾显示行数 |

例如,查看 Nginx 的实时日志,执行命令如下。

docker-compose　logs　-f　nginx

(5) docker-compose port 命令。

docker-compose port 命令用于输出绑定的公共端口,其语法格式如下。

```
docker-compose port [选项] [服务...]
```
docker-compose port 命令各选项及其功能说明如表 5.7 所示。

表 5.7 docker-compose port 命令各选项及其功能说明

| 选项 | 功能说明 |
| --- | --- |
| --protocol=proto | TCP 或 UDP，默认为 TCP |
| --index=index | 使用多个容器时的索引，默认为 1 |

例如，输出 Nginx 服务 8650 端口所绑定的公共端口，执行命令如下。
```
docker-compose  port  nginx  8650
```

（6）docker-compose start 命令。

docker-compose start 命令仅用于重新启动之前已经创建但已停止的容器，并不是创建新的容器，其语法格式如下。
```
docker-compose start [服务...]
```
例如，启动 Nginx 容器，执行命令如下。
```
docker-compose  start  nginx
```

（7）docker-compose stop 命令。

docker-compose stop 命令命令用于已经运行服务的容器，其语法格式如下。
```
docker-compose stop [服务...]
```
例如，停止 Nginx 容器，执行命令如下。
```
docker-compose  stop  nginx
```

（8）docker-compose rm 命令。

docker-compose rm 命令用于删除已停止服务的容器，其语法格式如下。
```
docker-compose rm [选项] [服务...]
```
docker-compose rm 命令各选项及其功能说明如表 5.8 所示。

表 5.8 docker-compose rm 命令各选项及其功能说明

| 选项 | 功能说明 |
| --- | --- |
| -f, --force | 强制删除 |
| -s, --stop | 删除容器时需要先停止容器 |
| -v | 删除与容器相关的任何匿名卷 |
| -a, --all | 弃用已无效的容器 |

例如，删除已停止的 Nginx 容器，执行命令如下。
```
docker-compose  rm  nginx
```

（9）docker-compose exec 命令。

docker-compose exec 命令用于在支持的容器中执行命令，其语法格式如下。
```
docker-compose exec [选项] [服务...]
```
docker-compose exec 命令各选项及其功能说明如表 5.9 所示。

表 5.9 docker-compose exec 命令各选项及其功能说明

| 选项 | 功能说明 |
| --- | --- |
| -d, --detach | 在后台运行容器 |
| --privileged | 授予进程特殊权限 |

续表

| 选项 | 功能说明 |
| --- | --- |
| -u，--user USER | 以指定的用户身份运行命令 |
| -T | 禁用伪 TTY 分配。默认情况下通过 docker compose exec 分配 TTY |
| --index=index | 使用多个容器时的索引，默认为 1 |
| -e，--env KEY=VAL | 设置环境变量 |
| -w，--workdir DIR | 设置 workdir 目录的路径 |

例如，登录到 Nginx 容器，执行命令如下。

```
docker-compose exec nginx bash
```

（10）docker-compose scale 命令。

docker-compose scale 命令用于指定服务启动容器的个数，其语法格式如下。

```
docker-compose scale [选项] [服务=数值...]
```

docker-compose scale 命令各选项及其功能说明如表 5.10 所示。

表 5.10 docker-compose scale 命令各选项及其功能说明

| 选项 | 功能说明 |
| --- | --- |
| -t，--timeout TIMEOUT | 以秒为单位，指定关机超时时间，默认为 10s |

例如，设置指定服务运行容器的个数，以<服务>=<数值>的形式指定，执行命令如下。

```
docker-compose scale user=4 movie=4
```

（11）docker-compose down 命令。

docker-compose down 命令用于停止容器和删除容器、网络、数据卷及镜像，其语法格式如下。

```
docker-compose down [选项] [服务...]
```

docker-compose down 命令各选项及其功能说明如表 5.11 所示。

表 5.11 docker-compose down 命令各选项及其功能说明

| 选项 | 功能说明 |
| --- | --- |
| --rmi type | 删除指定类型的镜像。其值为 all 时表示删除 compose 文件中定义的所有镜像，其值为 local 时表示删除镜像名为空的镜像 |
| -v，--volumes | 删除在文件的卷部分中声明的命名卷以及附加到容器的匿名卷 |
| --remove-orphans | 删除组合文件未定义服务的容器 |
| -t，--timeout TIMEOUT | 以秒为单位指定关机超时时，默认为 10s |

docker-compose down 命令用于停止容器并删除 docker-compose up 命令启动的容器、网络、卷和镜像。默认情况下，只有以下对象会被同时删除。

① Compose 文件中定义服务的容器。
② Compose 文件中 networks 部分所定义的网络。
③ 所使用的默认网络。

外部定义的网络和卷不会被删除。

例如，使用--volumes 选项可以删除由容器使用的数据卷，执行命令如下。

```
docker-compose down --volumes
```

使用--remove-orphans 选项可删除未在 Compose 文件中定义的服务容器。

（12） docker-compose 的 3 个命令 up、run、start 的区别。

通常使用 docker-compose up 命令启动或重新构建在 docker-compose.yml 中定义的所有服务。在默认的前台模式下，会看到所有容器中的所有日志。在分离模式（由-d 选项指定）下，Docker Compose 在启动容器后退出，但容器继续在后台运行。

docker-compose run 命令用于运行"一次性"或"临时性"任务。它需要指定运行的服务名称，并且仅启动正在运行的服务所依赖的服务容器。该命令适合运行测试或执行管理任务，如删除或添加数据的容器。docker-compose run 命令的作用与使用 docker run -it 命令打开容器的交互式终端一样，docker-compose run 命令返回与容器中的进程的退出状态匹配的退出状态。

docker-compose start 命令仅用于重新启动之前创建但已停止的容器，并不创建新的容器。

（13） docker-compose 命令的其他管理子命令。

① docker-compose create 命令用于创建一个服务。
② docker-compose help 命令用于查看帮助信息。
③ docker-compose image 命令用于列出本地的 Docker 镜像。
④ docker-compose kill 命令通过发送 SIGKILL 信号来停止指定服务的容器。
⑤ docker-compose pause 命令用于挂起容器。
⑥ docker-compose pull 命令用于下载镜像。
⑦ docker-compose push 命令用于推送镜像。
⑧ docker-compose restart 命令用于重启服务。

## 5.3 项目实施

### 5.3.1 安装 Docker Compose 并部署 WordPress

Docker Compose 是 Docker 官方的开源项目，依赖 Docker 引擎才能正常工作，但 Compose 并未完全集成到 Docker 引擎中，因此，安装 Docker Compose 之前应确保已经安装了本地或远程 Docker 引擎。

**1. 安装 Docker Compose**

在 Linux 操作系统上先安装 Docker，再安装 Docker Compose。作为一个需要在 Docker 主机上进行安装的外部 Python 工具，Compose 有两种常用的安装方式：一种是通过 GitHub 上的 Docker Compose 仓库下载 Docker Compose 二进制文件进行安装；另一种是使用 pip 安装 Docker Compose。

（1）通过仓库下载并安装 Compose。

在 GitHub 上下载 Compose 二进制文件，将二进制文件下载到指定路径中，执行命令如下。

```
[root@localhost ~]# curl -L
https://github.com/docker/compose/releases/download/1.24.1/ docker-compose-`uname-s`-`uname-m` -o /usr/local/bin/docker-compose
```

命令执行结果如图 5.2 所示。

```
[root@localhost ~]# curl -L https://github.com/docker/compose/releases/download/1.24.1/docker-compose-`uname -s`-`uname -m` -o /usr/local/bin/docker-compose
  % Total    % Received % Xferd  Average Speed   Time    Time     Time  Current
                                 Dload  Upload   Total   Spent    Left  Speed
100   633  100   633    0     0   1020      0 --:--:-- --:--:-- --:--:--  1019
100 15.4M  100 15.4M    0     0  5032k      0  0:00:03  0:00:03 --:--:-- 7708k
[root@localhost ~]# chmod +x /usr/local/bin/docker-compose
[root@localhost ~]# ll /usr/local/bin/docker-compose
-rwxr-xr-x 1 root root 16168192 6月  12 10:03 /usr/local/bin/docker-compose
[root@localhost ~]# docker-compose --version
docker-compose version 1.24.1, build 4667896b
[root@localhost ~]#
```

图 5.2 通过仓库下载并安装 Compose

添加可执行的权限，执行命令如下。

```
[root@localhost ~]# chmod   +x   /usr/local/bin/docker-compose
[root@localhost ~]# ll   /usr/local/bin/docker-compose
```

命令执行结果如下。

```
-rwxr-xr-x 1 root root 16168192 6 月   12 10:03 /usr/local/bin/docker-compose
[root@localhost ~]#
```

查看 Compose 的版本，执行命令如下。

```
[root@localhost ~]# docker-compose   --version
```

命令执行结果如下。

```
docker-compose version 1.24.1, build 4667896b
[root@localhost ~]#
```

（2）通过 pip 安装 Compose 工具。

因为 Compose 是使用 Python 语言编写的，所以可以将其当作一个 Python 应用从 pip 源中下载并进行安装。

① 检查 Linux 操作系统中是否已经安装 pip，执行命令如下。

```
[root@localhost bin]# pip3   -V
```

命令执行结果如下。

```
bash: pip: 未找到命令...
[root@localhost bin]#
```

② 没有 pip 时，需要进行 epel-release 的安装，执行命令如下。

```
[root@localhost bin]# yum   -y   install   epel-release
```

命令执行结果如图 5.3 所示。

```
[root@localhost bin]# yum  -y  install  epel-release
已加载插件：fastestmirror, langpacks
Determining fastest mirrors
 * base: mirrors.bfsu.edu.cn
 * extras: mirrors.huaweicloud.com
 * updates: mirrors.cn99.com
base
docker-ce-stable
epel
extras
updates
(1/6): epel/x86_64/group_gz
(2/6): docker-ce-stable/7/x86_64/primary_db
(3/6): extras/7/x86_64/primary_db
(4/6): epel/x86_64/updateinfo
(5/6): epel/x86_64/primary_db
(6/6): updates/7/x86_64/primary_db
正在解决依赖关系
--> 正在检查事务
---> 软件包 epel-release.noarch.0.7-13 将被 安装
--> 解决依赖关系完成

依赖关系解决

================================================================================
 Package              架构             版本             源             大小
================================================================================
正在安装:
 epel-release         noarch           7-13             epel           15 k

事务概要
================================================================================
安装  1 软件包

总下载量：15 k
安装大小：25 k
Downloading packages:
epel-release-7-13.noarch.rpm                                |  15 kB  00:00:00
Running transaction check
Running transaction test
Transaction test succeeded
Running transaction
  正在安装    : epel-release-7-13.noarch                                    1/1
  验证中      : epel-release-7-13.noarch                                    1/1

已安装:
  epel-release.noarch 0:7-13

完毕!
[root@localhost bin]#
```

图 5.3　epel-release 的安装

③ 进行 python3-pip 安装，执行命令如下。

```
[root@localhost ~]# yum   -y   install   python3-pip
```

命令执行结果如图 5.4 所示。

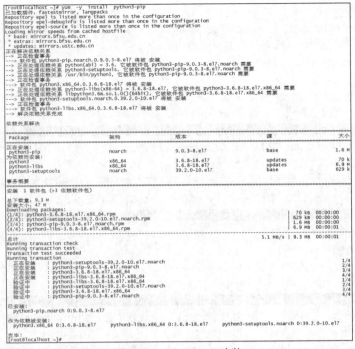

图 5.4 python3-pip 安装

④ 安装好以后更新 pip 工具，执行命令如下。

[root@localhost ~]# pip3  install  --upgrade  pip

命令执行结果如下。

```
Collecting pip
  Downloading
https://files.pythonhosted.org/packages/cd/82/04e9aaf603fdbaecb4323b9e723f13c92c245f6ab2902
195c53987848c78/pip-21.1.2-py3-none-any.whl (1.5MB)
      100% |████████████████████████████████| 1.6MB 803kB/s
Installing collected packages: pip
Successfully installed pip-21.1.2
[root@localhost ~]#
```

⑤ 查看当前 pip 的版本，执行命令如下。

[root@localhost bin]# pip3  -V

命令执行结果如下。

pip 21.1.2 from /usr/lib/python3.6/site-packages (python 3.6)
[root@localhost bin]#

⑥ 通过 pip 安装 Compose 工具，执行命令如下。

[root@localhost ~]# pip3  install  docker-compose

命令执行结果如下。

```
Collecting docker-compose
  Downloading
https://files.pythonhosted.org/packages/f3/3e/ca05e486d44e38eb495ca60b8ca526b192071717387
346ed1031ecf78966/docker_compose-1.29.2-py2.py3-none-any.whl (114kB)
      100% |████████████████████████████████| 122kB 1.3MB/s
Collecting distro<2,>=1.5.0 (from docker-compose)
```

```
        Downloading
https://files.pythonhosted.org/packages/25/b7/b3c4270a11414cb22c6352ebc7a83aaa3712043be29
daa05018fd5a5c956/distro-1.5.0-py2.py3-none-any.whl
        Collecting docker[ssh]>=5 (from docker-compose)
        Downloading
https://files.pythonhosted.org/packages/b2/5a/f988909dfed18c1ac42ad8d9e611e6c5657e270aa6eb
68559985dbb69c13/docker-5.0.0-py2.py3-none-any.whl (146kB)
            100% |████████████████████████████████| 153kB 3.4MB/s
        Collecting requests<3,>=2.20.0 (from docker-compose)
        Downloading
https://files.pythonhosted.org/packages/29/c1/24814557f1d22c56d50280771a17307e6bf87b70727d
975fd6b2ce6b014a/requests-2.25.1-py2.py3-none-any.whl (61kB)
            100% |████████████████████████████████| 61kB 3.8MB/s
        Collecting jsonschema<4,>=2.5.1 (from docker-compose)
        Downloading
https://files.pythonhosted.org/packages/c5/8f/51e89ce52a085483359217bc72cdbf6e75ee595d5b1d
4b5ade40c7e018b8/jsonschema-3.2.0-py2.py3-none-any.whl (56kB)
            100% |████████████████████████████████| 61kB 4.2MB/s
        Collecting cached-property<2,>=1.2.0; python_version < "3.8" (from docker-compose)
        Downloading
https://files.pythonhosted.org/packages/48/19/f2090f7dad41e225c7f2326e4cfe6fff49e57dedb5b536
36c9551f86b069/cached_property-1.5.2-py2.py3-none-any.whl
        Collecting PyYAML<6,>=3.10 (from docker-compose)
        Collecting websocket-client<1,>=0.32.0 (from docker-compose)
        Using cached
https://files.pythonhosted.org/packages/f7/0c/d52a2a63512a613817846d430d16a8fbe5ea56dd889
e89c68facf6b91cb6/websocket_client-0.59.0-py2.py3-none-any.whl
        Collecting cached-property<2,>=1.2.0; python_version < "3.8" (from docker-compose)
        Using cached
https://files.pythonhosted.org/packages/48/19/f2090f7dad41e225c7f2326e4cfe6fff49e57dedb5b536
36c9551f86b069/cached_property-1.5.2-py2.py3-none-any.whl
        Collecting paramiko>=2.4.2; extra == "ssh" (from docker[ssh]>=5->docker-compose)
        Using cached
https://files.pythonhosted.org/packages/95/19/124e9287b43e6ff3ebb9cdea3e5e8e88475a873c05cc
df8b7e20d2c4201e/paramiko-2.7.2-py2.py3-none-any.whl
        Collecting six>=1.11.0 (from jsonschema<4,>=2.5.1->docker-compose)
        [root@localhost ~]#
```

（3）卸载 Compose 工具。

如果 Compose 是以二进制文件方式进行安装的，则删除二进制文件即可删除 Compose 工具，执行命令如下。

```
[root@localhost ~]# rm    /usr/local/bin/docker-compose
```

如果 Compose 是通过 pip 工具安装的，则删除 Compose 工具时应执行命令如下。

```
[root@localhost ~]# pip3    uninstall    docker-compose
```

命令执行结果如下。

```
Please see https://github.com/pypa/pip/issues/5599 for advice on fixing the underlying issue.
To avoid this problem you can invoke Python with '-m pip' instead of running pip directly.
Found existing installation: docker-compose 1.29.2
```

```
Uninstalling docker-compose-1.29.2:
  Would remove:
    /usr/bin/docker-compose
    /usr/local/bin/docker-compose
    /usr/local/lib/python3.6/site-packages/compose/*
    /usr/local/lib/python3.6/site-packages/docker_compose-1.29.2.dist-info/*
Proceed (y/n)? y
  Successfully uninstalled docker-compose-1.29.2
[root@localhost ~]#
```

### 2. 使用 Docker Compose 部署 WordPress

WordPress 是使用页面超文本预处理器（Page Hypertext Preprocessor，PHP）语言开发的博客平台，用户可以在支持 PHP 和 MySQL 数据库的服务器上架设属于自己的网站，也可以把 WordPress 当作一个内容管理系统来使用。WordPress 也是一个个人博客系统，并逐步演化成一个内容管理系统软件，用户可以在支持 PHP 和 MySQL 数据库的服务器上使用自己的博客。

（1）WordPress 的优点与缺点。

WordPress 的优点如下。

① WordPress 功能强大、扩展性强，这主要得益于其插件众多，易于扩充功能，基本上一个完整网站该有的功能，通过其第三方插件都能实现。

② WordPress 搭建的博客搜索引擎友好，博客收录速度快。

③ 适合自己搭建，如果喜欢内容丰富的网站，那么 WordPress 可以很好地符合喜好。

④ 主题很多，各色各样，应有尽有。

⑤ WordPress 的内容备份和网站转移比较方便，原站点使用站内工具导出后，使用 WordPress Importer 插件就能方便地将内容导入新网站。

⑥ WordPress 有强大的社区支持，有上千万的开发者贡献代码和审查 WordPress，所以 WordPress 是安全并且不断发展的。

WordPress 的缺点如下。

① WordPress 源码系统初始内容只是一个框架，需要花费时间由用户自己进行搭建。

② 插件虽多，但是不能安装太多插件，否则会拖慢网站速度和降低用户体验。

③ 服务器空间选择不够自由。

④ 静态化较差，如果想为整个网站生成真正的静态化页面，则其做不到很好，最多生成首页和文章页静态页面，所以只能对整站实现伪静态化!

⑤ WordPress 的博客程序定位和简单的数据库层等特点都注定了它不能适应大数据环境。

⑥ WordPress 使用的字体、头像经常被阻截，访问时加载速度慢，不能一键更新。

（2）部署 WordPress。

使用 Docker Compose 进行容器编排时，部署 WordPress 之前，应当确认已经安装了 Docker Compose。

① 定义项目。

创建一个空的项目目录，执行命令如下。

```
[root@localhost ~]# mkdir   my_wordpress
```

该目录可根据需要进行命名，这个名称将作为 Docker Compose 项目名称。该目录是应用程序镜像的构建上下文，仅包含用于构建镜像的资源。这个项目目录应包括一个名为 docker-compose.yml 的 Compose 文件，用来定义项目。

将当前工作目录切换到该项目目录中，执行命令如下。

```
[root@localhost ~]# cd    my_wordpress
```
在该目录下创建并编辑 docker-compose.yml 文件，执行命令如下。
```
[root@localhost my_wordpress]# vim    docker-compose.yml
```
命令执行结果如下。
```
version: '3.3'

services:
   db:
      image: mysql:5.7
      volumes:
         - db_data:/var/lib/mysql
      restart: always
      environment:
         MYSQL_ROOT_PASSWORD: wordpress
         MYSQL_DATABASE: wordpress
         MYSQL_USER: wordpress
         MYSQL_PASSWORD: wordpress

   wordpress:
      depends_on:
         - db
      image: wordpress:latest
      ports:
         - "8000:80"
      restart: always
      environment:
         WORDPRESS_DB_HOST: db:3306
         WORDPRESS_DB_USER: wordpress
         WORDPRESS_DB_PASSWORD: wordpress
         WORDPRESS_DB_NAME: wordpress
volumes:
   db_data: {}
[root@localhost my_wordpress]#
```
这个 Compose 文件中定义了两个服务，db 是独立的 MySQL 服务，用于持久存储数据，wordpress 是 WordPress。它还定义了一个卷 db_data，用于保存 WordPress 提交到数据库的任何数据。

② 构建项目。

在当前目录下使用 docker-compose   up   -d 命令，下载所需的 Docker 镜像，在后台启动 WordPress 和数据库容器，执行命令如下。
```
[root@localhost my_wordpress]# docker-compose   up   -d
```
命令执行结果如下。
```
Creating network "my_wordpress_default" with the default driver
Creating volume "my_wordpress_db_data" with default driver
Pulling db (mysql:5.7)...
5.7: Pulling from library/mysql
b4d181a07f80: Pull complete
a462b60610f5: Pull complete
```

```
......
7d75cacde0f8: Pull complete
Digest: sha256:1a2f9cd257e75cc80e9118b303d1648366bc2049101449bf2c8d82b022ea86b7
Status: Downloaded newer image for mysql:5.7
Pulling wordpress (wordpress:latest)...
latest: Pulling from library/wordpress
b4d181a07f80: Already exists
78b85dd8f014: Pull complete
8589b26a90be: Pull complete
......
7bf10a169530: Pull complete
Digest: sha256:37be4c1afbce8025ebaca553b70d9ce5d7ce4861a351e4bea42c36ee966b27bb
Status: Downloaded newer image for wordpress:latest
Creating my_wordpress_db_1 ... done
Creating my_wordpress_wordpress_1 ... done
[root@localhost my_wordpress]#
```

查看当前正在运行的容器，使用 docker ps 命令，命令执行结果如图 5.5 所示。

```
[root@localhost my_wordpress]# docker ps
CONTAINER ID   IMAGE              COMMAND                  CREATED          STATUS          PORTS                              NAMES
41ef70f6eca1   wordpress:latest   "docker-entrypoint.s…"   15 seconds ago   Up 13 seconds   0.0.0.0:8000->80/tcp               my_wordpress_wordpress_1
6db0b0b27a1e   mysql:5.7          "docker-entrypoint.s…"   15 seconds ago   Up 14 seconds   3306/tcp, 33060/tcp                my_wordpress_db_1
[root@localhost my_wordpress]#
```

图 5.5 查看当前正在运行的容器

从图 5.5 中可以看出，使用 docker ps 命令之后启动了两个容器，这两个容器分别被命名为 my_wordpress_wordpress_1 和 my_wordpress_db_1。

每个服务容器就是服务的一个副本，其名称的格式为"项目名_服务名_序号"，序号从 1 开始，不同的序号表示依次分配的副本，默认只为服务分配一个副本，其序号为 1。

③ 在浏览器中打开 WordPress。

当用户第一次使用浏览器打开 WordPress 时，需要进行初始化安装，在浏览器中访问 http://192.168.100.100:8000/wp-admin/install.php（192.168.100.100 为主机的 IP 地址）。

进行安装时，首先选择安装语言，如图 5.6 所示。

图 5.6 选择安装语言

单击"继续"按钮,弹出安装界面,填写 WordPress 的配置信息,如图 5.7 所示。

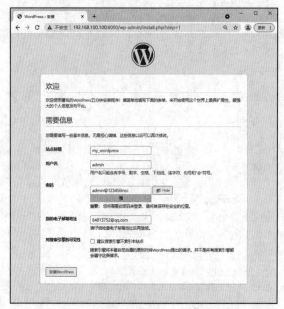

图 5.7 填写 WordPress 的配置信息

相关信息填写完成后,单击"安装 WordPress"按钮,进行 WordPress 安装,安装完成后,弹出保存密码对话框,如图 5.8 所示。

图 5.8 保存密码对话框

单击"保存"按钮,完成 WordPress 的安装,如图 5.9 所示。

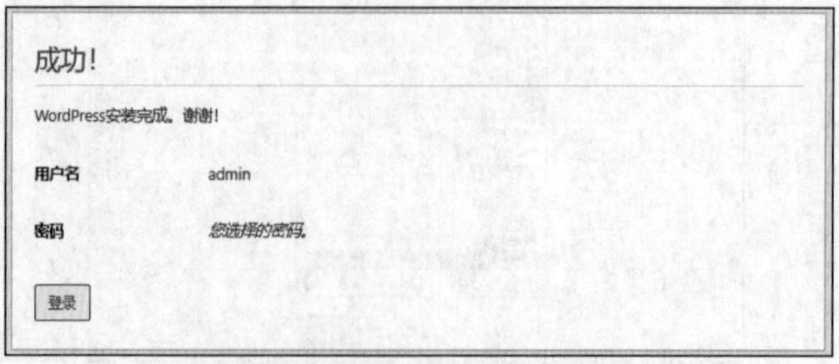

图 5.9 完成 WordPress 的安装

单击"登录"按钮,弹出 WordPress 登录界面,如图 5.10 所示。

图 5.10　WordPress 登录界面

输入用户名和密码,单击"登录"按钮,弹出 my_wordpress 仪表盘界面,如图 5.11 所示。

图 5.11　my_wordpress 仪表盘界面

④ 关闭和清理。

使用 docker-compose down 命令可以删除容器和默认网络,但是会保留存储在卷中的 WordPress 数据库,如果要同时删除卷,则执行命令如下。

[root@localhost my_wordpress]# docker-compose down --volumes

命令执行结果如下。

Stopping my_wordpress_wordpress_1 ... done
Stopping my_wordpress_db_1        ... done
Removing my_wordpress_wordpress_1 ... done
Removing my_wordpress_db_1        ... done

```
Removing network my_wordpress_default
Removing volume my_wordpress_db_data
[root@localhost my_wordpress]#
```

### 5.3.2 从源代码开始构建、部署和管理应用程序

可以使用 Docker Compose 从源代码开始构建、部署和管理应用程序。

**1. 编写单个服务的 Compose 文件**

对于单个服务容器的部署,可以使用 Docker 命令轻松实现,但是如果涉及的选项和参数比较多,则采用 Compose 文件实现更为方便。下面编写 docker-compose.yml 文件,使用 Docker Compose 部署 MySQL 8.0 服务,执行命令如下。

```
[root@localhost ~]# vim  docker-compose.yml
```

命令执行结果如下。

```
version: '3.7'
services:
  mysql:
    image: mysql:8
    container_name: mysql8
    ports:
    - 3306:3306
    command:
      --default-authentication-plugin=mysql_native_password
      --character-set-server=utf8mb4
      --collation-server=utf8mb4_general_ci
      --explicit_defaults_for_timestamp=true
      --lower_case_table_names=1
    environment:
    - MYSQL_ROOT_PASSWORD=root
    volumes:
    - /etc/localtime:/etc/localtime:ro
    - mysql8-data:/var/lib/mysql
volumes:
  mysql8-data: null
[root@localhost ~]#
```

从上面的 Compose 文件中,可以看出仅基于已有镜像定义了一个 MySQL 服务,其中通过 command 键定义了 MySQL 的一些设置,并将 MySQL 数据库文件保存在卷中,使用主机的 /etc/localtime 文件设置 MySQL 容器的时间。

编写好 Compose 文件之后,可以使用 docker-compose config 命令进行验证和查看,执行命令如下。

```
[root@localhost ~]# docker-compose  config
```

命令执行结果如下。

```
services:
  mysql:
    command: --default-authentication-plugin=mysql_native_password  --character-set-server=utf8mb4
      --collation-server=utf8mb4_general_ci --explicit_defaults_for_timestamp=true
```

```
      --lower_case_table_names=1
    container_name: mysql8
    environment:
      MYSQL_ROOT_PASSWORD: root
    image: mysql:8
    ports:
    - published: 3306
      target: 3306
    volumes:
    - /etc/localtime:/etc/localtime:ro
    - mysql8-data:/var/lib/mysql:rw
version: '3.7'
volumes:
  mysql8-data: {}
[root@localhost ~]#
```

验证结果正常,并以更规范的形式显示整个 Compose 文件。
启动 MySQL 服务,执行命令如下。

```
[root@localhost ~]# docker-compose  up  -d
```

命令执行结果如下。

```
Creating network "root_default" with the default driver
Creating volume "root_mysql8-data" with default driver
Pulling mysql (mysql:8)...
8: Pulling from library/mysql
b4d181a07f80: Already exists
......
9ecc8abdb7f5: Pull complete
......
2f40c47d0626: Pull complete
Digest: sha256:52b8406e4c32b8cf0557f1b74517e14c5393aff5cf0384eff62d9e81f4985d4b
Status: Downloaded newer image for mysql:8
Creating mysql8 ... done
[root@localhost ~]#
```

查看正在运行的服务,可以发现 MySQL 服务正在正常运行,执行命令如下。

```
[root@localhost ~]# docker-compose  ps
```

命令执行结果如下。

```
 Name                 Command             State              Ports
-----------------------------------------------------------------------------
mysql8    docker-entrypoint.sh --def ...   Up     0.0.0.0:3306->3306/tcp, 33060/tcp
[root@localhost ~]#
```

验证完成后,可以进行关闭并清理服务操作,执行命令如下。

```
[root@localhost ~]# docker-compose  down  --volumes
```

命令执行结果如下。

```
Stopping mysql8 ... done
Removing mysql8 ... done
Removing network root_default
Removing volume root_mysql8-data
```

```
[root@localhost ~]# docker-compose  ps
Name    Command    State    Ports
------------------------------
[root@localhost ~]#
```

#### 2. 编写多个服务的 Compose 文件

Django 是一个基于 Python 的 Web 应用框架,它与 Python 的 Web 应用框架 Flask 最大的区别是,它奉行"包含一切"的理念。该理念的含义如下:创建 Web 应用所需的通用功能都应该包含到框架中,而不应存在于独立的软件包中。例如,身份验证、URL 路由、模板系统、对象关系映射和数据库迁移等功能都已包含在 Django 框架中,这虽然看上去失去了弹性,但是可以在构建网站的时候更加有效率。

Docker Compose 主要用于编排多个服务,这种情形要重点考虑各服务的依赖关系和相互通信。这里给出部署 Django 框架的示例,示范如何使用 Docker Compose 建立和运行简单的 Django 和 PostgreSQL 应用程序。

(1)定义项目组件。

在这个项目中,需要创建一个 Dockerfile 文件、一个 Python 依赖文件和一个名为 docker-compose.yml 的 Compose 文件。

① 创建一个空的项目目录。

这个目录为应用程序镜像的构建上下文,应当包括构建镜像的资源。执行以下命令创建名为 django-ps 的项目目录,并将当前工作目录切换到该项目目录,执行命令如下。

```
[root@localhost ~]# mkdir   django-ps
[root@localhost ~]# cd   django-ps
```

② 在该项目目录下创建并编辑 Dockerfile 文件。

输入以下内容并保存,执行命令如下。

```
[root@localhost django-ps]# vim   Dockerfile
```

命令执行结果如下。

```
#从 Python 3 父镜像开始
FROM python:3
ENV PYTHONUNBUFFERED 1
#在镜像中添加 code 目录
RUN mkdir /code
WORKDIR /code
COPY requirements.txt /code/
#在镜像中安装由 requirements.txt 文件指定要安装的 Python 依赖
RUN pip install -r requirements.txt
COPY . /code/
[root@localhost django-ps]#
```

Dockerfile 通过若干配置镜像的构建指令定义一个镜像的内容,一旦完成构建,就可以在容器中运行该镜像。

③ 在该项目目录下创建并编辑 requirements.txt 文件。

输入以下内容并保存,执行命令如下。

```
[root@localhost django-ps]# vim   requirements.txt
```

命令执行结果如下。

```
Django>=2.0,<3.0
psycopg2>=2.7,<3.0
[root@localhost django-ps]#
```

Python 项目中包含一个 requirements.txt 文件,用于记录所有依赖及其可用版本号范围,以便于部署依赖。

④ 在该项目目录下创建并编辑 docker-compose.yml 文件。

输入以下内容并保存,执行命令如下。

```
[root@localhost django-ps]# vim docker-compose.yml
```

命令执行结果如下。

```yaml
version: '3'
services:
  db:
    image: postgres
    environment:
      - POSTGRES_DB=postgres
      - POSTGRES_USER=postgres
      - POSTGRES_PASSWORD=postgres
    volumes:
      - db_data:/var/lib/postgresql
  web:
    build: .
    command: python manage.py runserver 0.0.0.0:8000
    volumes:
      - .:/code
    ports:
      - "8000:8000"
    depends_on:
      - db
volumes:
  db_data: {}
[root@localhost django-ps]#
```

docker-compose.yml 文件描述了组成应用程序的服务,其中定义了两个服务:一个是名为 db 的 PostgresSQL 数据库;另一个是名为 web 的 Django 应用程序。它还描述了服务所用的 Docker 镜像、服务如何连接、服务要暴露的端口,以及需要挂载到容器中的卷。

(2)创建 Django 项目。

通过上一步定义的构建上下文、构建镜像来创建一个 Django 初始项目。

① 在该项目目录下,通过使用 docker-compose run 命令创建 Django 项目,执行命令如下。

```
[root@localhost django-ps]# docker-compose run web django-admin startproject myexample.
```

命令执行结果如下。

```
Creating network "django-ps_default" with the default driver
Creating volume "django-ps_db_data" with default driver
Pulling db (postgres:)...
latest: Pulling from library/postgres
b4d181a07f80: Already exists
46ca1d02c28c: Pull complete
……
a6032b436e45: Pull complete
Digest: sha256:2b87b5bb55589540f598df6ec5855e5c15dd13628230a689d46492c1d433c4df
```

```
Status: Downloaded newer image for postgres:latest
Creating django-ps_db_1 ... done
Building web
Step 1/7 : FROM python:3
3: Pulling from library/python
......
055b01fdac49: Waiting
Step 7/7 : COPY . /code/
 ---> d6b9982d76ab
Successfully built d6b9982d76ab
Successfully tagged django-ps_web:latest
WARNING: Image for service web was built because it did not already exist. To rebuild this image you must use `docker-compose build` or `docker-compose up --build`.
[root@localhost django-ps]#
```

docker-compose run 命令使 Docker Compose 使用 Web 服务的镜像和配置在一个容器中执行 django-admin startproject myexample 命令。因为 Web 镜像不存在，所以 Docker Compose 按照 docker-compose.yml 文件中的"build: ."行的定义，从当前目录构建该镜像。Web 镜像构建完毕后，Docker Compose 在容器中执行 django-admin startproject 命令，该命令引导 Django 创建一个 Django 项目，即一组特定的文件和目录。

② 执行完以上 docker-compose 命令之后，可以查看所创建项目目录的内容，执行命令如下。

```
[root@localhost django-ps]# ll
```

命令执行结果如下。

```
总用量 16
-rw-r--r-- 1 root root 398 7月  13 22:24 docker-compose.yml
-rw-r--r-- 1 root root 147 7月  13 22:11 Dockerfile
-rwxr-xr-x 1 root root 629 7月  13 23:53 manage.py
drwxr-xr-x 2 root root  74 7月  13 23:53 myexample
-rw-r--r-- 1 root root  37 7月  13 22:14 requirements.txt
[root@localhost django-ps]#
```

此示例在 Linux 平台上运行 Docker，由 django-admin 所创建的文件的所有者为 root，这是因为容器以 root 身份运行。可以修改这些文件的所有者，执行命令如下。

```
[root@localhost django-ps]# chown -R $USER:$USER
```

（3）连接数据库。

现在可以为 Django 设置数据库连接了。

① 编辑项目目录下的 myexample/settings.py 文件，对其中的 ALLOWED_HOSTS 与 DATABASES 定义进行如下修改。

```
[root@localhost django-ps]# cd myexample    //切换目录
[root@localhost myexample]# ll
```

命令执行结果如下。

```
用量 12
-rw-r--r-- 1 root root    0 7月  13 23:53 __init__.py
-rw-r--r-- 1 root root 3098 7月  13 23:53 settings.py
-rw-r--r-- 1 root root  751 7月  13 23:53 urls.py
-rw-r--r-- 1 root root  395 7月  13 23:53 wsgi.py
[root@localhost myexample]# vim settings.py
```

命令执行结果如下。
```
ALLOWED_HOSTS = ['*']
DATABASES = {
    'default': {
        'ENGINE': 'django.db.backends.postgresql',
        'NAME': 'postgres',
        'USER': 'postgres',
        'PASSWORD': 'postgres',
        'HOST': 'db',
        'PORT': 5432,
    }
}
[root@localhost myexample]#
```
这些设置由 docker-compose.yml 文件所指定的 postgres 镜像所决定。修改完成后，保存并关闭该文件。

② 在项目目录下使用 docker-compose up 命令，执行命令如下。

```
[root@localhost django-ps]# docker-compose up
```
命令执行结果如下。
```
Starting django-ps_db_1 ... done
Starting django-ps_web_1 ... done
Attaching to django-ps_db_1, django-ps_web_1
db_1    |
......
web_1   | Run 'python manage.py migrate' to apply them.
web_1   | July 13, 2021 - 18:53:04
web_1   | Django version 2.2.24, using settings 'myexample.settings'
web_1   | Starting development server at http://0.0.0.0:8000/
web_1   | Quit the server with CONTROL-C.
```

至此，Django 应用程序开始在 Docker 主机的 8000 端口上运行。打开浏览器访问 http://192.168.100.100:8000 网址，弹出 Django 欢迎界面，说明 Django 部署成功，如图 5.12 所示。

图 5.12　Django 部署成功

**注意**　　如提示端口 8000 已经被占用，则既可使用 docker ps 命令进行查看，也可使用 docker stop 命令停止相应容器服务。

③ 关闭并清理服务。

可以在当前终端窗口中按 Ctrl+C 组合键结束应用程序的运行，也可以打开另一个终端窗口，切换到项目目录下，使用 docker-compose down --volumes 命令删除整个项目目录，执行命令如下。

```
[root@localhost django-ps]# docker-compose down --volumes
```

命令执行结果如下。

```
Removing django-ps_web_1                      ... done
Removing django-ps_web_run_c22d641daf0c       ... done
Removing django-ps_db_1                       ... done
Removing network django-ps_default
Removing volume django-ps_db_data
[root@localhost django-ps]#
```

#### 3. 使用 Docker Compose 部署 Web 应用程序

Flask 是一个微型的基于 Python 开发的 Web 框架，它使得 Web 应用程序开发人员能够编写应用程序，而不必在意协议、线程管理等细节。下面通过 Flask 框架和 Redis 服务部署 Python Web 应用程序，Python 开发环境和 Redis 可以由 Docker 镜像提供，不必安装。此示例程序很简单，并不要求读者熟悉 Python 编程，其实现机制如图 5.13 所示。

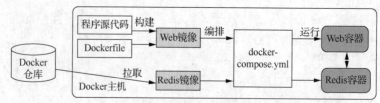

图 5.13　Python Web 应用程序的实现机制

（1）创建项目目录并准备应用程序的代码及其依赖关系。

创建项目目录，并将当前目录切换到该项目目录，执行命令如下。

```
[root@localhost ~]# mkdir flask-web -p
[root@localhost ~]# cd flask-web
[root@localhost flask-web]#
```

在该项目目录下创建 app.py 文件并添加以下代码，执行命令如下。

```
[root@localhost flask-web]# vim app.py
```

命令执行结果如下。

```python
import time
import redis
from flask import Flask
app = Flask(__name__)
cache = redis.Redis(host='redis', port=6379)
def get_hit_count():
    retries = 5
    while True:
        try:
            return cache.incr('hits')
        except redis.exceptions.ConnectionError as exc:
            if retries == 0:
                raise exc
```

```
            retries -= 1
            time.sleep(0.5)
@app.route('/')
def hello():
    count = get_hit_count()
    return 'Hello from Docker! I have been seen {} times.\n'.format(count)
if __name__ == "__main__":
    app.run(host="0.0.0.0", debug=True)
[root@localhost flask-web]#
```

在此示例中,redis 是应用程序网络中的 Redis 容器的主机名,这里使用 Redis 服务的默认端口 6379。

在项目目录下创建文本文件 requirements.txt,并加入以下内容,执行命令如下。

```
[root@localhost flask-web]# vim   requirements.txt
```

命令执行结果如下。

```
flask
redis
[root@localhost flask-web]#
```

(2)创建 Dockerfile。

编写用于构建 Docker 镜像的 Dockerfile,该镜像包含 Python 应用程序的所有依赖关系(包括 Python 自身在内)。在项目目录下创建名为 Dockerfile 的文件并添加以下内容,执行命令如下。

```
[root@localhost flask-web]# vim   Dockerfile
```

命令执行结果如下。

```
#基于python:3.7-alpine 镜像构建此镜像
FROM python:3.7-alpine
#将当前目录添加到镜像的/code 目录下
ADD . /code
#将工作目录设置为/code
WORKDIR /code
#安装 Python 依赖
RUN pip install  -r  requirements.txt
#将启动容器的默认命令设置为 python app.py
CMD ["python", "app.py"]
[root@localhost flask-web]#
```

(3)在 Compose 文件中定义服务。

在项目目录下创建名为 docker-compose.yml 的文件,添加以下内容,执行命令如下。

```
[root@localhost flask-web]# vim   docker-compose.yml
```

命令执行结果如下。

```
version: '3'
services:
  web:
    build: .
    ports:
     - "5000:5000"
    volumes:
     - .:/code
  redis:
```

```
        image: "redis:alpine"
[root@localhost flask-web]#
```

这个 Compose 文件定义了 Web 和 Redis 两个服务。Web 服务使用基于当前目录的 Dockerfile 构建的镜像，将容器的 5000 端口映射到主机的 5000 端口，这里使用 Flask Web 服务器的默认端口 5000。Redis 服务用于拉取 Redis 镜像。

（4）通过 Docker Compose 构建并运行应用程序。

在项目目录下使用 docker-compose up 命令启动应用程序，执行命令如下。

```
[root@localhost flask-web]# docker-compose  up
```

命令执行结果如下。

```
Creating network "flask-web_default" with the default driver
Building web
Step 1/5 : FROM python:3.7-alpine
3.7-alpine: Pulling from library/python
5843afab3874: Pull complete
……
Collecting flask
    Downloading Flask-2.0.1-py3-none-any.whl (94 kB)
Collecting redis
    Downloading redis-3.5.3-py2.py3-none-any.whl (72 kB)
Collecting itsdangerous>=2.0
    Downloading itsdangerous-2.0.1-py3-none-any.whl (18 kB)
Collecting click>=7.1.2
……
web_1    |  * Running on http://172.22.0.3:5000/ (Press CTRL+C to quit)
web_1    |  * Restarting with stat
web_1    |  * Debugger is active!
web_1    |  * Debugger PIN: 952-984-626
web_1    | 172.22.0.1 - - [13/Jul/2021 20:26:51] "GET / HTTP/1.1" 200 -
```

Docker Compose 会下载 Redis 镜像，基于 Dockerfile 从准备的程序代码中构建镜像，并启动定义的服务，在此示例中，代码在构建时直接被复制到镜像中。

① 打开另一个终端窗口，使用 curl 工具访问 http://172.22.0.3:5000，查看返回的信息，执行命令如下。

```
[root@localhost ~]# curl   http://172.22.0.3:5000
```

命令执行结果如下。

```
Hello from Docker! I have been seen 1 times.
```

② 再次执行上述命令，会发现次数增加了。

```
[root@localhost ~]# curl   http://172.22.0.3:5000
```

命令执行结果如下。

```
Hello from Docker! I have been seen 2 times.
[root@localhost ~]#
```

③ 使用 docker   images 命令列出本地镜像，下面只列出了几个相关的镜像，执行命令如下。

```
[root@localhost ~]# docker   images
```

命令执行结果如下。

| REPOSITORY | TAG | IMAGE ID | CREATED | SIZE |
| --- | --- | --- | --- | --- |
| flask-web_web | latest | 68d83f44b432 | 9 minutes ago | 54.5MB |
| redis | alpine | 500703a12fa4 | 7 days ago | 32.3MB |

```
python                3.7-alpine        93ac4b41defe        13 days ago        41.9MB
[root@localhost ~]#
```

（5）查看当前正在运行的服务。

如果要在后台运行服务，则可以在使用 docker-compose up 命令时加上 -d 选项，执行命令如下。

```
[root@localhost flask-web]# docker-compose up -d
```

命令执行结果如下。

```
flask-web_redis_1 is up-to-date
flask-web_web_1 is up-to-date
[root@localhost flask-web]#
```

再使用 docker-compose ps 命令来查看当前正在运行的服务，执行命令如下。

```
[root@localhost flask-web]# docker-compose ps
```

命令执行结果如下。

```
     Name                   Command             State          Ports
-------------------------------------------------------------------------------
flask-web_redis_1    docker-entrypoint.sh redis ...   Up       6379/tcp
flask-web_web_1      python app.py                    Up       0.0.0.0:5000->5000/tcp
[root@localhost flask-web]#
```

还可以使用 docker-compose run web env 命令查看 Web 服务的环境变量，执行命令如下。

```
[root@localhost flask-web]# docker-compose run web env
```

命令执行结果如下。

```
PATH=/usr/local/bin:/usr/local/sbin:/usr/local/bin:/usr/sbin:/usr/bin:/sbin:/bin
HOSTNAME=3f3cea0b1fa1
TERM=xterm
LANG=C.UTF-8
GPG_KEY=0D96DF4D4110E5C43FBFB17F2D347EA6AA65421D
PYTHON_VERSION=3.7.11
PYTHON_PIP_VERSION=21.1.3
PYTHON_GET_PIP_URL=https://github.com/pypa/get-pip/raw/a1675ab6c2bd898ed82b1f58c486097f763c74a9/public/get-pip.py
PYTHON_GET_PIP_SHA256=6665659241292b2147b58922b9ffe11dda66b39d52d8a6f3aa310bc1d60ea6f7
HOME=/root
[root@localhost flask-web]#
```

最后使用以下命令停止应用程序，完全删除容器及卷，执行命令如下。

```
[root@localhost flask-web]# docker-compose down --volumes
```

命令执行结果如下。

```
Stopping flask-web_web_1   ... done
Stopping flask-web_redis_1 ... done
Removing flask-web_web_run_8b1fe596a090 ... done
Removing flask-web_web_1                ... done
Removing flask-web_redis_1              ... done
Removing network flask-web_default
[root@localhost flask-web]#
```

至此，完成了整个应用程序构建、部署和管理的全过程。

## 项目小结

本项目包含 5 个任务。

任务 5.1：Docker Compose 的相关知识，主要讲解了为什么要使用 Docker Compose 编排与部署容器、Docker Compose 的项目概念、Docker Compose 的工作机制、Docker Compose 的基本使用步骤、Docker Compose 的特点、Docker Compose 的应用场景。

任务 5.2：编写 Docker Compose 文件，主要讲解了 YAML 文件格式、YAML 表示的数据类型、Compose 文件结构、服务定义、网络定义、卷（存储）定义。

任务 5.3：Docker Compose 常用命令，主要讲解了 docker-compose 命令各选项及其功能说明。

任务 5.4：安装 Docker Compose 并部署 WordPress，主要讲解了安装 Docker Compose、使用 Docker Compose 部署 WordPress。

任务 5.5：从源代码开始构建、部署和管理应用程序，主要讲解了编写单个服务的 Compose 文件、编写多个服务的 Compose 文件、使用 Docker Compose 部署 Web 应用程序。

## 课后习题

**1. 选择题**

（1）用于列出所有正在运行的容器的命令为（　　）。
  A. docker-compose ps　　　　　　B. docker-compose build
  C. docker-compose up　　　　　　D. docker-compose start

（2）仅用于重新启动之前已经创建但已停止的容器的命令为（　　）。
  A. docker-compose stop　　　　　B. docker-compose start
  C. docker-compose rm　　　　　　D. docker-compose exec

（3）用于指定服务启动容器的个数的命令为（　　）。
  A. docker-compose exec　　　　　B. docker-compose down
  C. docker-compose up　　　　　　D. docker-compose scale

（4）使用 docker-compose up 命令创建和启动容器时，使容器在后台运行的选项是（　　）。
  A. -n　　　　B. –f　　　　C. -d　　　　D. -a

（5）【多选】Docker Compose 的特点为（　　）。
  A. 为不同环境定制编排　　　　　　B. 在单主机上建立多个隔离环境
  C. 仅重建已更改的容器　　　　　　D. 创建容器时保留卷数据

**2. 简答题**

（1）简述使用 Docker Compose 编排与部署容器的原因。
（2）简述 Docker Compose 管理的对象。
（3）简述 Docker Compose 的工作机制。
（4）简述 Docker Compose 的基本使用步骤。
（5）简述 Docker Compose 的特点。
（6）简述 Docker Compose 的应用场景。
（7）简述 Compose 文件结构。

# 项目6
# Docker仓库部署与管理

**【学习目标】**

- 掌握Docker仓库的相关知识。
- 掌握Harbor部署。
- 掌握Harbor项目管理。

## 6.1 项目描述

目前,Docker 官方维护的公共仓库 Docker Hub 是一个管理公共镜像的地方,用户可以在其中找到自己想要的镜像,也可以把自己的镜像推送上去,且用户的大部分需求可以通过从 Docker Hub 中直接下载镜像来实现。可以在 https://hub.docker.com 中注册 Docker 账号,再进行登录(登录需要输入用户名和密码),登录成功后,即可从 Docker Hub 中拉取自己账号下的全部镜像。当遇到无法访问互联网,或者用户不希望将自己的镜像放到互联网中时,就需要用到 Docker Registry 私有仓库,它用来存储和管理用户自己的镜像。

## 6.2 必备知识

### 6.2.1 Docker 仓库的相关知识

云原生技术的兴起为企业数字化转型带来了新的可能。作为云原生的要素之一,更为轻量的虚拟化的容器技术起到举足轻重的推动作用。其实,在很早之前,容器技术已经有所应用,而 Docker 的出现和兴起彻底带"火"了容器。其关键因素是 Docker 提供了使用容器的完整工具链,使得容器的上手和使用变得非常简单。工具链的关键就是定义了新的软件打包格式,即镜像。镜像包含软件运行所需要的包含基础操作系统在内的所有依赖,运行时可直接启动。从镜像构建环境到运行环境,镜像的快速分发成为硬需求。同时,大量构建以及依赖的镜像的出现,也给镜像的维护管理带来了挑战,镜像仓库的出现成为必然。

V6-1 Docker 仓库的相关知识

以 Docker 为代表的容器技术改变了传统的交付方式。通过把业务及其依赖的环境打包进 Docker 镜像,解决了开发环境和生产环境的差异问题,提升了业务交付的效率。如何高效地管理和分发 Docker 镜像是众多企业需要考虑的问题,仓库就是存放镜像的地方,注册服务器比较容易与仓库混淆。实际上,注册服务器是用来管理仓库的服务器,一个注册服务器上可以存在多个仓库,而一个仓库下可以有多个镜像。Docker Harbor 具有可视化的 Web 管理界面，可以方便地管理 Docker 镜像，并且提供了多个项目的镜像权限管理控制功能。

### 1. 什么是 Harbor

Harbor 是 VMware 公司开源的企业级 Docker Registry 项目，其目标是帮助用户迅速搭建一个企业级的 Docker Registry 服务。它以 Docker 公司开源的 Registry 为基础，提供管理图形化用户界面（User Interface，UI）设计、基于角色的访问控制（Role Based Access Control）、轻量级目录访问协议（Lightweight Directory Access Protocol，LDAP）/活动目录（Active Directory，AD）集成，以及审计日志（Auditlogging）等企业用户需求的功能。作为一个企业级私有 Registry 服务器，Harbor 提供了更好的性能和安全性，以提升用户使用 Registry 构建和运行环境传输镜像的效率。

镜像仓库中的 Docker 架构是非常重要的，镜像会因业务需求的不同以不同形式存在，这就需要一个很好的机制对这些不同形式的镜像进行管理，而镜像仓库就很好地解决了这个问题。

Harbor 是一个用于存储和分发 Docker 镜像的企业级 Registry 服务器，可以用来构建企业内部的 Docker 镜像仓库，如图 6.1 所示。

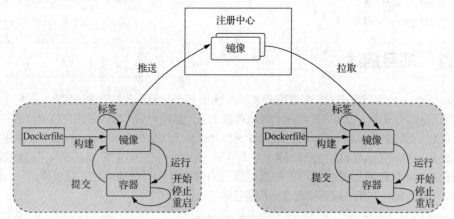

图 6.1 镜像仓库

Harbor 支持复制安装在多个 Registry 节点的镜像资源，镜像全部保存在私有 Registry 中，确保数据和知识产权在公司内部网络中管控。另外，Harbor 也提供了高级的安全特性，诸如用户管理、访问控制和活动审计等。

### 2. Harbor 的优势

Harbor 提供了多种途径来帮助用户快速搭建 Harbor 镜像仓库服务，Harbor 具有如下优势。

（1）离线安装包：通过使用 docker-compose 命令编排运行。安装包除了包含相关的安装脚本外，还包含安装所需要的所有 Harbor 组件镜像，可以在离线环境下安装使用。

（2）在线安装包：与离线安装包类似，唯一的区别就是不包含 Harbor 组件镜像，安装时镜像需要从网络的仓库服务中拉取。

（3）Helm Chart：最复杂的 Kubernetes 应用程序，Helm Chart 可以定义、安装和开放通过 Helm 的方式将 Harbor 部署到目标的 Kubernetes 集群中。目前仅覆盖 Harbor 自身组件的部署安装，其依赖的诸如数据库、Redis 缓存及可能的存储服务需要用户自己负责安装。

（4）Kubernetes Operator：基于 Kubernetes Operator 框架编排部署，重点关注一体化双机集群高可用（Highly Available，HA）系统部署模式的支持。

（5）基于角色控制：用户和仓库都是基于项目进行组织的，用户在项目中可以拥有不同的权限。

（6）基于镜像的复制策略：镜像可以在多个 Harbor 实例之间复制（同步），适用于负载均衡、高可用性、多数据中心、混合和多云的场景。

（7）支持 LDAP/AD：用于用户认证和管理。

（8）镜像删除和空间回收：镜像可以删除，镜像占用的空间也可以回收。

（9）支持 UI 设计：用户可以轻松浏览、搜索镜像仓库以及对项目进行管理。

（10）支持审计功能：对存储的所有操作都进行记录。

（11）支持 RESTful API 架构：描述性状态迁移（Representational State Transfer，REST）指的是一组架构约束条件和原则，如果一个架构符合 REST 的约束条件和原则，则称它为 RESTful 架构，Harbor 提供可用于大多数管理操作的 RESTful API，易于与外部系统集成。

### 3. 镜像的自动化构建

在开发环境和生产环境下使用 Docker 时，如果采用手动构建方式，则在部署应用时需要执行的任务比较烦琐，涉及本地的软件编写与测试、测试环境下的镜像构建与更改、生产环境下的镜像构建与更改等。如果改用自动化构建镜像，则可以使这些任务自动形成一个工作流，如图 6.2 所示。

图 6.2　Docker Hub 自动化构建工作流

Docker Hub 可以由外部仓库的源代码自动化构建镜像，并将构建的镜像自动推送到 Docker 镜像仓库中。要设置自动化构建镜像时，可以创建一个要构建的 Docker 镜像的分支和标签的列表。当将源代码推送到代码仓库（如 GitHub）中所列镜像标签对应的特定分支时，代码仓库使用 Webhook（Webhook 是一个 API 概念，是微服务 API 的使用范式之一，也被称为反向 API，即前端不主动发送请求，完全由后端进行推送）来触发新的构建操作以产生 Docker 镜像，已构建的镜像随后被推送到 Docker Hub。

如果配置有自动化测试功能，则将在构建镜像之后、推送到仓库之前运行自动化测试。可以使用这种测试功能来创建持续集成工作流，测试失败的构建操作不会被推送到已构建的镜像。自动化测试也不会将镜像推送到自己的仓库，如果要推送到 Docker Hub，则需要启动自动化构建功能。

构建镜像的上下文是 Dockerfile 和特定位置的任何文件。对于自动化构建，构建上下文是包含 Dockerfile 的代码库。镜像的自动化构建需要 Docker Hub 授权用户使用 GitHub 或 Bibucket 托管的源代码来自动创建镜像。镜像的自动化构建具有如下优点。

（1）构建的镜像完全符合期望。

（2）任何可以访问代码仓库的人都可以使用 Dockerfile。

（3）代码修改之后镜像仓库会自动更新。

### 6.2.2　Docker Harbor 的架构

Docker Harbor 在架构上主要由六大模块组成，如图 6.3 所示。

（1）代理：Harbor 的 Registry、UI、Token services 等组件，都在一个反向代理后边。该代理将来自浏览器、Docker 客户端的请求转发到后端服务中。

（2）Registry：负责存储 Docker 镜像，以及处理 Docker 推送/拉取请求。因为 Harbor 强制要求对镜像的访问做权限控制，所以在每一次推送/拉取请求时，Registry 会强制要求客户端从 Token services 那里获得一个有效的令牌。

（3）Core services：Harbor 的核心功能，主要包括以下 3 个服务。

V6-2　Docker Harbor 的架构

① UI：作为 Registry Webhook，以图形化用户界面的方式辅助用户管理镜像，并对用户进行授权。

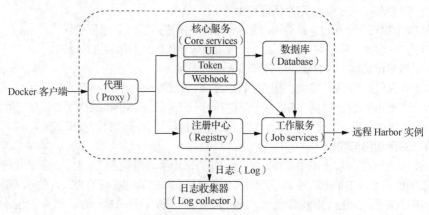

图 6.3　Docker　Harbor 的架构

② Token：负责根据用户权限给每个 Docker 推送/拉取请求分配对应的令牌。假如相应的请求并没有包含令牌，则 Registry 会将该请求重定向到 Token services。

③ Webhook：Registry 中配置的一种机制，当 Registry 中的镜像发生改变时，就可以通知到 Harbor 的 Webhook endpoint。Harbor 使用 Webhook 来更新日志、初始化和同步工作等。

（4）Database：用于存放工程元数据、用户数据、角色数据、同步策略以及镜像元数据。

（5）Job services：主要用于镜像复制，本地镜像可以被同步到远程 Harbor 实例上。

（6）Log collector：监控 Harbor 运行，负责收集其他组件的日志，供日后分析使用。

Harbor 是通过 Docker Compose 来部署的，Harbor 源代码的 make 目录下的 Docker Compose 模板会被用于部署 Harbor。Harbor 的每一个组件都被包装成一个 Docker 容器。这些容器之间都通过 Docker 内的 DNS 发现来连接通信。通过这种方式，每一个 Harbor 组件都可以通过相应的容器来进行访问。对于终端用户来说，只有反向代理服务（如 Nginx）的端口需要对外暴露。

## 6.3　项目实施

### 6.3.1　私有镜像仓库 Harbor 部署

Harbor 可用于部署多个 Docker 容器，因此可以部署在任何支持 Docker 的 Linux 发行版上，服务端主机需要安装 Docker、Python 和 Docker Compose。

**1. 部署 Harbor 所依赖的 Docker Compose 服务**

（1）下载最新版的 Docker Compose，执行命令如下。

```
[root@localhost ~]# curl  -L
https://github.com/docker/compose/releases/download/1.24.1/docker- compose-`uname -s`-`uname -m`  -o  /usr/local/bin/docker-compose
```

（2）添加可执行的权限，执行命令如下。

```
[root@localhost ~]# chmod  +x  /usr/local/bin/docker-compose
```

（3）查看 Docker Compose 的版本，执行命令如下。

```
[root@localhost ~]# docker-compose  --version
```

命令执行结果如下。

docker-compose version 1.24.1, build 4667896b
[root@localhost ~]#

### 2. 下载 Harbor 安装包

（1）下载最新版的 Harbor 安装包，执行命令如下。

[root@localhost ~]# wget https://storage.googleapis.com/harbor-releases/release-1.6.0/harbor-offline-installer-v1.6.0.tgz

命令执行结果如下。

--2021-07-15 18:07:09--  https://storage.googleapis.com/harbor-releases/release-1.6.0/harbor-offline-installer-v1.6.0.tgz
正在解析主机 storage.googleapis.com (storage.googleapis.com)... 172.217.160.112, 172.217.24.16, 216.58.200.48, ...
正在连接 storage.googleapis.com (storage.googleapis.com)|172.217.160.112|:443... 已连接。
已发出 HTTP 请求，正在等待回应... 200 OK
长度：694863055 (663M) [application/x-tar]
正在保存至: "harbor-offline-installer-v1.6.0.tgz"
100%[===============>] 694,863,055 36.5MB/s 用时 24s
2021-07-15 18:07:34 (28.0 MB/s) - 已保存 "harbor-offline-installer-v1.6.0.tgz" [694863055/694863055])

[root@localhost ~]#

（2）进行 Harbor 安装包解压，执行命令如下。

[root@localhost ~]# tar xvf harbor-offline-installer-v1.6.0.tgz

命令执行结果如下。

harbor/common/templates/
harbor/common/templates/nginx/
harbor/common/templates/nginx/nginx.https.conf
……
harbor/install.sh
harbor/harbor.cfg
harbor/docker-compose.yml
harbor/open_source_license
……
harbor/ha/docker-compose.yml
harbor/docker-compose.notary.yml
harbor/docker-compose.clair.yml
harbor/docker-compose.chartmuseum.yml
[root@localhost ~]#

### 3. 配置 Harbor 文件

安装 Harbor 之前需要修改 IP 地址，配置参数位于 harbor/harbor.cfg 文件中，修改 admin 用户的密码，执行命令如下。

[root@localhost ~]# ll harbor/harbor.cfg

命令执行结果如下。

-rw-r--r-- 1 root root 7913 9月   7 2018 harbor/harbor.cfg
[root@localhost ~]# cd harbor
[root@localhost harbor]# vim harbor.cfg

命令执行结果如下。

```
hostname = 192.168.100.100
# admin 用户的密码
harbor_admin_password = Harbor12345
[root@localhost harbor]#
```

在 harbor.cfg 配置文件中有两类参数：所需参数和可选参数。

（1）所需参数。

以下参数需要在配置文件 harbor.cfg 中设置。如果用户更新它们并运行 install.sh 脚本重新安装 Harbor，则参数将生效，具体参数如下。

hostname：主机名，用于访问用户界面和 register 服务。它应该是目标机器的 IP 地址或完全限定的域名（Fully Qualified Domain Name，FQDN），例如，192.168.100.100 或 reg.mydomain.com。不要使用 localhost 或 127.0.0.1 作为主机名。

ui_url_protocol：值为 HTTP 或 HTTPS，默认为 HTTP，用于访问 UI 和令牌/通知服务的协议。如果公证处于启用状态（即安全认证状态），则此参数必须为 HTTPS。

max_job_workers：镜像复制作业线程。

db_password：用于 db_auth 的 MySQL 数据库 root 用户的密码。

customize_crt：该参数可设置为打开或关闭，默认为打开。打开此参数时，准备脚本创建私钥和根证书，用于生成/验证注册表令牌。当由外部来源提供密钥和根证书时，将此参数设置为关闭。

ssl_cert：安全套接字层（Secure Socket Layer，SSL）证书的路径，仅当 ui_url_protocol 协议设置为 HTTPS 时才应用。

ssl_cert_key：SSL 密钥的路径，仅当 ui_url_protocol 协议设置为 HTTPS 时才应用。

secretkey_path：用于在复制策略中加密或解密远程 register 密码的密钥路径。

（2）可选参数。

以下参数是可选的，即用户可以将其保留为默认值，并在启动 Harbor 后在 Web UI 上进行更新。这些参数如果被写入 harbor.cfg，则只会在第一次启动 Harbor 时生效，之后对这些参数的更新将被 Harbor 忽略。

 注意　　如果选择通过 UI 设置这些参数，则应确保在启动 Harbor 后立即执行此操作。具体来说，必须在注册或在 Harbor 中创建任何新用户之前设置所需的 auth_mode 参数。当系统中有用户（除了默认的 admin 用户）时，auth_mode 不能被修改。

Email：Harbor 需要该参数才能向用户发送"密码重置"电子邮件，且只有在需要使用密码重置功能时才需要设置。请注意在默认情况下（SSL 连接时）没有启用。如果简单邮件传送协议（Simple Mail Transfer Protocol，SMTP）服务器需要 SSL，但不支持 STARTTLS（STARTTLS 是一种明文通信协议的扩展，它能够让明文的通信连线直接成为加密连线，使用 SSL 或 TLS 加密），那么应该通过设置启用 SSL（email_ssl =TRUE）。

harbor_admin_password：管理员的初始密码，只在 Harbor 第一次启动时生效。之后，此设置将被忽略，并且应在 UI 中设置管理员的密码。注意，默认的用户名/密码是 admin/Harbor 12345。

auth_mode：使用的认证类型，默认情况下，它是 db_auth，即凭据存储在数据库中。对于 LDAP 身份验证，应将其设置为 ldap_auth。

self_registration：启用/禁用用户注册功能。禁用用户注册功能时，新用户只能由 admin 用户创建，只有 admin 用户可以在 Harbor 中创建新用户。注意，当 auth_mode 设置为 ldap_auth 时，用户注册功能将始终处于禁用状态。

Token_expiration：由令牌服务创建的令牌的到期时间（单位为分钟），默认为 30min。

project_creation_restriction：用于控制哪些用户有权创建项目的参数。默认情况下，每个人都可以创建一个项目。如果将其值设置为"adminonly"，那么只有 admin 用户可以创建项目。

verify_remote_cert：此参数决定了当 Harbor 与远程 register 实例通信时是否验证 SSL/传输层安全（Transport Layer Security，TLS）协议证书，默认值为 on。将此参数设置为 off 时将绕过 SSL/TLS 验证，这经常在远程实例具有自签名或不可信证书时使用。

另外，默认情况下，Harbor 将镜像存储在本地文件系统中。在生产环境下，可以考虑使用其他存储后端而不是本地文件系统，如 S3 智能分层存储、OpenStack Swif 对象存储、Ceph 分布式存储等，但需要更新 common/templates/registry/config.yml 文件。

### 4. 安装 Harbor

配置完成后就可以安装 Harbor 了，执行命令如下。

```
[root@localhost harbor]# ll
```

命令执行结果如下。

```
总用量 686068
drwxr-xr-x 3 root root         23 7月  15 18:15 common
-rw-r--r-- 1 root root        727 9月   7 2018 docker-compose.chartmuseum.yml
-rw-r--r-- 1 root root        777 9月   7 2018 docker-compose.clair.yml
......
-rw-r--r-- 1 root root       7912 7月  15 20:04 harbor.cfg
-rw-r--r-- 1 root root  700899353 9月   7 2018 harbor.v1.6.0.tar.gz
-rwxr-xr-x 1 root root       6162 9月   7 2018 install.sh
......
-rwxr-xr-x 1 root root      39496 9月   7 2018 prepare
[root@localhost harbor]# . install.sh              //安装 Harbor
```

命令执行结果如下。

```
[Step 0]: checking installation environment ...
Note: docker version: 20.10.5
Note: docker-compose version: 1.24.1
[Step 1]: loading Harbor images ...
dba693fc2701: Loading layer    118.7MB/133.4MB
......
a29fba8582ce: Loading layer    29.46MB/29.46MB
Loaded image: goharbor/notary-server-photon:v0.5.1-v1.6.0
[Step 2]: preparing environment ...
Generated and saved secret to file: /data/secretkey
Generated configuration file: ./common/config/nginx/nginx.conf
......
The configuration files are ready, please use docker-compose to start the service.
[Step 3]: checking existing instance of Harbor ...
[Step 4]: starting Harbor ...
Creating network "harbor_harbor" with the default driver
......
Creating nginx              ... done
✔ ----Harbor has been installed and started successfully.----
Now you should be able to visit the admin portal at http://192.168.100.100.
For more details, please visit https://github.com/goharbor/harbor .
[root@localhost harbor]#
```

至此，Harbor 已经成功完成安装，可以通过浏览器访问 http://192.168.100.100 的管理页面。

### 5. 查看 Harbor 运行容器列表

查看 Harbor 运行容器列表，执行命令如下。

[root@localhost harbor]# docker-compose ps

命令执行结果如图 6.4 所示。

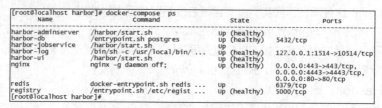

图 6.4　查看 Harbor 运行容器列表

如果一切正常，则可以打开浏览器访问 http://192.168.100.100 的管理页面，默认的用户名和密码分别是 admin 和 Harbor12345，如图 6.5 所示，能进入该页面表示 Harbor 部署成功。

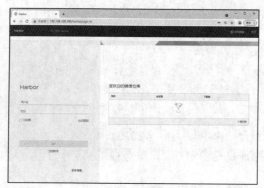

图 6.5　管理页面

## 6.3.2　Harbor 项目管理

Harbor 部署完成后，可通过 Web 界面进行 Harbor 项目配置与管理操作。

**1. 创建一个新项目**

在 Web 界面中创建新项目的操作步骤如下。

（1）在用户登录界面中，输入用户名（admin）和密码（Harbor12345），如图 6.6 所示，单击"登录"按钮，弹出更新密码界面，如图 6.7 所示。

图 6.6　用户登录界面

图 6.7　更新密码界面

（2）登录后进入 Harbor，如图 6.8 所示，可以查看所有项目，也可以单独显示"私有"项目或"公开"项目。

图 6.8　进入 Harbor

（3）单击"新建项目"按钮，弹出"新建项目"对话框，将项目命名为 myproject-01，如图 6.9 所示。

图 6.9　"新建项目"对话框

项目访问级别可以被设置为"私有"或"公开"，如果将项目访问级别设置为"公开"，则所有人对此项目下的镜像拥有读权限，在命令行中不需要使用 docker  login 命令即可下载镜像。

（4）单击"确定"按钮，成功创建 myproject-01 项目，如图 6.10 所示。

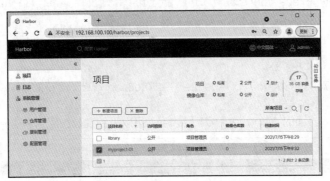

图 6.10　成功创建 myproject-01 项目

（5）此时，可使用 Docker 命令在本地通过访问 http://127.0.0.1 来登录和推送镜像，默认情况下，Register 服务器在 80 端口进行监听，登录 Harbor，执行命令如下。

```
[root@localhost ~]# cd   harbor
[root@localhost harbor]# docker login -u admin -p Harbor12345   http://127.0.0.1
```

命令执行结果如下。
```
WARNING! Using --password via the CLI is insecure. Use --password-stdin.
WARNING! Your password will be stored unencrypted in /root/.docker/config.json.
Configure a credential helper to remove this warning. See
https://docs.docker.com/engine/reference/commandline/login/#credentials-store
Login Succeeded
[root@localhost harbor]#
```
（6）下载镜像进行测试，执行命令如下。
```
[root@localhost harbor]# docker pull cirros
```
命令执行结果如下。
```
Using default tag: latest
latest: Pulling from library/cirros
d0b405be7a32: Pull complete
bd054094a037: Pull complete
c6a00de1ec8a: Pull complete
Digest: sha256:1e695eb2772a2b511ccab70091962d1efb9501fdca804eb1d52d21c0933e7f47
Status: Downloaded newer image for cirros:latest
docker.io/library/cirros:latest
[root@localhost harbor]#
```

> **注意**
> docker pull 命令拉取的镜像默认保存在 /var/lib/docker 目录下。

（7）为镜像添加标签，执行命令如下。
```
[root@localhost harbor]# docker tag cirros 127.0.0.1/myproject-01/cirros:v1
```
（8）上传镜像到 Harbor 中，执行命令如下。
```
[root@localhost harbor]# docker push 127.0.0.1/myproject-01/cirros:v1
```
命令执行结果如下。
```
The push refers to repository [127.0.0.1/myproject-01/cirros]
984ad441ec3d: Pushed
f0a496d92efa: Pushed
e52d19c3bee2: Pushed
v1: digest: sha256:483f15ac97d03dc3d4dcf79cf71ded2e099cf76c340f3fdd0b3670a40a198a22 size: 943
[root@localhost harbor]#
```
（9）在 Harbor 界面的 myproject-01 目录下，可以看到镜像仓库列表信息，如图 6.11 所示。

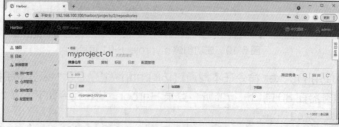

图 6.11 镜像仓库列表信息

### 2. 从客户端上传镜像

以上操作都是在 Harbor 服务器上的本地操作，如果是从其他客户端上传镜像到 Harbor，则会报错。出现错误的原因是 Docker Registry 交互使用 HTTPS 服务，但是搭建的私有镜像默认使用 HTTP 服务，所以与私有镜像交互时会出现以下错误，执行命令如下。

```
[root@localhost harbor]# docker login -u admin -p Harbor12345 http://192.168.100.100
```

命令执行结果如下。

```
WARNING! Using --password via the CLI is insecure. Use --password-stdin.
Error response from daemon: Get https://192.168.100.100/v2/: dial tcp 192.168.100.100:443: connect: connection refused
[root@localhost harbor]#
```

解决方法：在 Docker Server 启动前增加启动参数，默认使用 HTTP 服务。

（1）在 Docker 客户端进行相关配置，执行命令如下。

```
[root@localhost harbor]# vim  /usr/lib/systemd/system/docker.service
```

命令执行结果如下。

```
ExecStart=/usr/bin/dockerd  -H fd:// --insecure-registry 192.168.100.100 --containerd=/run/containerd/containerd.sock
[root@localhost harbor]#
```

（2）重新启动 Docker，再次登录，执行命令如下。

```
[root@localhost harbor]# systemctl   daemon-reload
[root@localhost harbor]# systemctl   restart   docker
```

（3）进入 Harbor，执行命令如下。

```
[root@localhost harbor]# docker login -u admin -p Harbor12345 http://192.168.100.100
```

命令执行结果如下。

```
WARNING! Using --password via the CLI is insecure. Use --password-stdin.
WARNING! Your password will be stored unencrypted in /root/.docker/config.json.
Configure a credential helper to remove this warning. See
https://docs.docker.com/engine/reference/commandline/login/#credentials-store
Login Succeeded
[root@localhost harbor]#
```

（4）下载镜像进行测试，执行命令如下。

```
[root@localhost harbor]# docker   pull   cirros
```

（5）为镜像添加标签并将镜像上传到 myproject-01 项目中，执行命令如下。

```
[root@localhost harbor]# docker   tag   cirros   192.168.100.100/myproject-01/cirros:v2
[root@localhost harbor]# docker   push   192.168.100.100/myproject-01/cirros:v2
```

命令执行结果如下。

```
The push refers to repository [192.168.100.100/myproject-01/cirros]
984ad441ec3d: Layer already exists
f0a496d92efa: Layer already exists
e52d19c3bee2: Layer already exists
v2: digest: sha256:483f15ac97d03dc3d4dcf79cf71ded2e099cf76c340f3fdd0b3670a40a198a22 size: 943
[root@localhost harbor]#
```

（6）查看已上传的镜像，myproject-01 项目中有两个镜像，如图 6.12 所示。

图 6.12　查看已上传的镜像

### 6.3.3　Harbor 系统管理

Harbor 系统管理包括用户管理、仓库管理、复制管理和配置管理。

**1. 用户管理**

下面是 Harbor 用户管理操作。

选择"系统管理"→"用户管理"选项，如图 6.13 所示，进行用户管理。

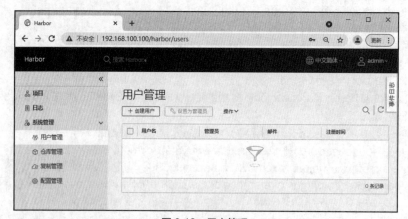

图 6.13　用户管理

（1）创建用户。

单击"创建用户"按钮，弹出"创建用户"对话框，如图 6.14 所示，输入用户名和密码，以及相关信息。

图 6.14　"创建用户"对话框

**注意** 密码长度在 8 到 20 个字符之间且需要包含至少一个大写字符、一个小写字符和一个数字。

（2）设置用户权限。

在用户管理界面中，选中要设置权限的用户，单击"设置为管理员"按钮，如图 6.15 所示。

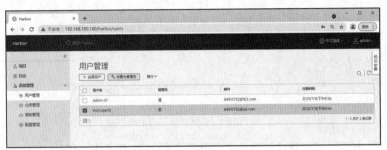

图 6.15 设置用户权限

（3）用户重置密码与删除操作。

在用户管理界面中，选中要设置的用户，在"操作"下拉列表中可以进行"重置密码"与"删除"操作，如图 6.16 所示。

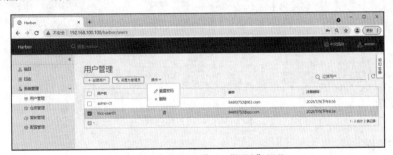

图 6.16 "重置密码"与"删除"操作

**2. 仓库管理**

下面是 Harbor 仓库管理操作。

选择"系统管理"→"仓库管理"选项，如图 6.17 所示，进行仓库管理。

图 6.17 仓库管理

（1）新建目标。

单击"新建目标"按钮，弹出"新建目标"对话框，输入目标名、目标 URL、用户名和密码，以及验证远程证书等相关信息，完成之后进行测试连接，如图 6.18 所示。

图 6.18 "新建目标"对话框

单击"确定"按钮，完成新建目标操作，新建目标列表如图 6.19 所示。

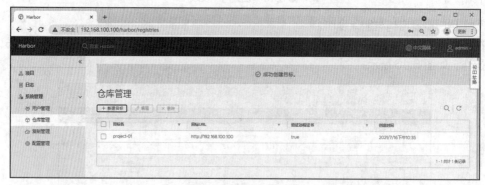

图 6.19 新建目标列表

（2）编辑目标。

在仓库管理界面中，选中要设置的目标，可以进行编辑目标操作，如图 6.20 所示。

图 6.20 编辑目标

（3）删除目标。

在仓库管理界面中，选中要删除的目标，单击"删除"按钮，可以进行删除目标操作，此时，会提示删除目标确认信息，如图6.21所示。

图6.21　删除目标确认信息

### 3. 复制管理

下面是Harbor复制管理操作。

选择"系统管理"→"复制管理"选项，如图6.22所示，进行复制管理。

图6.22　复制管理

（1）新建规则。

单击"新建规则"按钮，弹出"新建规则"对话框，输入名称、描述、源项目、源镜像过滤器、目标、触发模式等相关信息，如图6.23所示。

图6.23　"新建规则"对话框

单击"保存"按钮，完成新建规则操作，新建规则列表如图 6.24 所示。

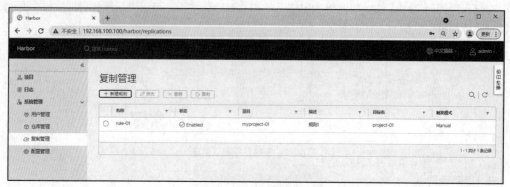

图 6.24　新建规则列表

（2）修改规则。

在复制管理界面中，选中要设置的规则，可以进行修改规则操作，如图 6.25 所示。

图 6.25　修改规则

（3）删除规则。

在复制管理界面中，选中要删除的规则，单击"删除"按钮，可以进行删除规则操作，此时，会提示删除规则确认信息，如图 6.26 所示。

图 6.26　删除规则确认信息

（4）复制规则。

在复制管理界面中，选中要复制的规则，单击"复制"按钮，可以进行复制规则操作，此时，会提示复制规则确认信息，如图 6.27 所示。

图 6.27 复制规则确认信息

在"复制规则确认"对话框中,单击"复制"按钮,可以在事件日志中查看本地事件,如图 6.28 所示。

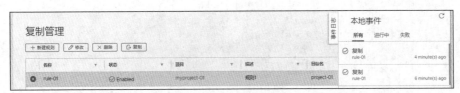

图 6.28 查看本地事件

### 4. 配置管理

下面是 Harbor 配置管理操作。

(1)认证模式。

选择"系统管理"→"配置管理"选项,如图 6.29 所示,进行配置管理,配置认证模式。

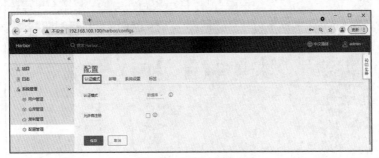

图 6.29 配置认证模式

(2)邮箱。

选择"系统管理"→"配置管理"选项,选择"邮箱"选项卡,配置邮箱,如图 6.30 所示。

图 6.30 配置邮箱

（3）系统设置。

选择"系统管理"→"配置管理"选项，选择"系统设置"选项卡，进行系统设置，如图6.31所示。

图 6.31　系统设置

（4）标签。

选择"系统管理"→"配置管理"选项，选择"标签"选项卡，配置标签，如图6.32所示。

图 6.32　配置标签

在"标签"选项卡中，单击"新建标签"按钮，输入相关信息，如图6.33所示。

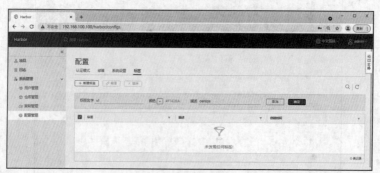

图 6.33　新建标签

在新建标签界面中，单击"确定"按钮，完成新建标签设置，新建标签列表如图6.34所示。

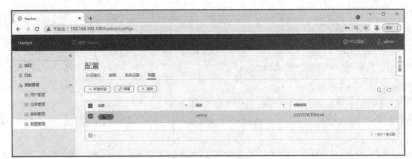

图 6.34　新建标签列表

### 6.3.4　Harbor 维护管理

Harbor 可以实现日志管理，可以使用 docker-compose 命令来管理 Harbor。

**1. 日志管理**

在 Harbor 下，日志按时间顺序记录了用户的相关操作记录，查看日志如图 6.35 所示。

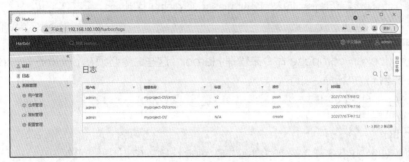

图 6.35　查看日志记录

**2. 下载 Harbor 仓库镜像**

先退出当前用户，再使用 Harbor 中创建的账户 user01 下载仓库镜像文件。

（1）用户登录，执行命令如下。

[root@localhost harbor]# docker　logout　192.168.100.100

命令执行结果如下。

Removing login credentials for 192.168.100.100
[root@localhost harbor]# docker　login 192.168.100.100

命令执行结果如下。

Username: user01
Password:
WARNING! Your password will be stored unencrypted in /root/.docker/config.json.
Configure a credential helper to remove this warning. See
https://docs.docker.com/engine/reference/commandline/login/#credentials-store
Login Succeeded
[root@localhost harbor]#

（2）下载 Harbor 服务器 192.168.100.100/myproject-01/cirros 中标签为 v1 的镜像，执行命令如下。

[root@localhost harbor]# docker　pull　192.168.100.100/myproject-01/cirros:v1

命令执行结果如下。

```
v1: Pulling from myproject-01/cirros
Digest: sha256:483f15ac97d03dc3d4dcf79cf71ded2e099cf76c340f3fdd0b3670a40a198a22
Status: Downloaded newer image for 192.168.100.100/myproject-01/cirros:v1
192.168.100.100/myproject-01/cirros:v1
[root@localhost harbor]#
```

（3）查看下载的镜像文件所在位置，执行命令如下。

```
[root@localhost harbor]# find  /  -name  cirros
```

命令执行结果如下。

```
/var/lib/docker/overlay2/6e21b8e9cb40e278f410e6821be7bd372f80c6280cce3c014ae497952d39264e/diff/etc/cirros
/var/lib/docker/overlay2/6e21b8e9cb40e278f410e6821be7bd372f80c6280cce3c014ae497952d39264e/diff/home/cirros
/var/lib/docker/overlay2/6e21b8e9cb40e278f410e6821be7bd372f80c6280cce3c014ae497952d39264e/diff/lib/cirros
/var/lib/docker/overlay2/6e21b8e9cb40e278f410e6821be7bd372f80c6280cce3c014ae497952d39264e/diff/usr/share/cirros
/data/registry/docker/registry/v2/repositories/myproject-01/cirros
[root@localhost harbor]#
```

### 3. Harbor 的停止/启动/重启操作

可以使用 docker-compose 命令来管理 Harbor，这些命令必须在 docker-compose.yml 文件所在目录下运行，执行命令如下。

```
[root@localhost harbor]# pwd
```

命令执行结果如下。

```
/root/harbor
[root@localhost harbor]# docker-compose   stop | start | restart
```

修改 harbor.cfg 的配置文件时，请先停止现有的 Harbor 实例并更新 harbor.cfg，再运行 prepare 脚本来修改配置，最后重新创建并启动 Harbor 实例。

### 4. 移除 Harbor 服务容器

当需要移除 Harbor 服务容器，并保留镜像数据/数据库时，执行命令如下。

```
[root@localhost harbor]# docker-compose   down  -v
```

当需要重新部署，需要移除 Harbor 服务容器的全部数据，持久数据（如镜像、数据库等）在宿主机的/data 目录下，日志数据在宿主机的/var/log/Harbor 目录下时，执行命令如下。

```
[root@localhost harbor]# rm   -r   /data/database
[root@localhost harbor]# rm   -r   /data/registry
```

## 项目小结

本项目包含 6 个任务。

任务 6.1：Docker 仓库的相关知识，主要讲解了什么是 Harbor、Harbor 的优势、镜像的自动化构建。

任务 6.2：Docker Harbor 的架构，主要讲解了 Harbor 在架构上的六大模块。

任务 6.3：私有镜像仓库 Harbor 部署，主要讲解了部署 Harbor 所依赖的 Docker Compose 服务、下载 Harbor 安装包、配置 Harbor 文件、安装 Harbor、查看 Harbor 所有运行的容器列表。

任务 6.4：Harbor 项目管理，主要讲解了创建一个新项目、从客户端上传镜像。

任务 6.5：Harbor 系统管理，主要讲解了用户管理、仓库管理、复制管理和配置管理。

任务 6.6：Harbor 维护管理，主要讲解了日志管理、下载 Harbor 仓库镜像、Harbor 的停止/启动/重启操作、移除 Harbor 服务容器。

## 课后习题

**1. 选择题**

（1）ui_url_protocol 用于访问 UI 和令牌/通知服务的协议。如果公证处于启用状态，则此参数必须为（　　）。

　　A. HTTP　　　　B. HTTPS　　　　C. TCP　　　　D. UDP

（2）有关 Harbor 的描述错误的是（　　）。

　　A. Harbor 提供了 RESTful API，可用于大多数管理操作，易于与外部系统集成

　　B. Harbor 的目标就是帮助用户迅速搭建一个企业级的 Registry 服务

　　C. 用户和仓库都是基于项目进行组织的，而用户在项目中可以拥有不同的权限

　　D. Database 为 Core services 提供了数据库服务，属于 Harbor 的核心功能

（3）【多选】Harbor 的优势有（　　）。

　　A. 支持审计功能　　　　　　　　B. 支持 UI 设计

　　C. 支持 LDAP/AD　　　　　　　D. 支持 RESTful API 架构

（4）【多选】Harbor 在架构上主要由（　　）几大模块所组成。

　　A. Proxy　　　B. Registry　　　C. Core services　　　D. Database

（5）【多选】自动化构建的优点有（　　）。

　　A. 自动化构建需要 Docker Hub 授权用户使用 GitHub 或 Bibucket 托管的源代码来自动创建镜像

　　B. 构建的镜像完全符合期望

　　C. 任何可以访问代码仓库的人都可以使用 Dockerfile

　　D. 代码修改之后镜像仓库会自动更新

（6）【多选】Harbor 的核心功能有（　　）。

　　A. UI　　　　B. Token　　　　C. Webhook　　　　D. Job services

**2. 简答题**

（1）简述什么是 Harbor。

（2）简述 Harbor 的优势。

（3）简述 Docker Harbor 的架构。

（4）简述修改 Harbor 配置文件的正确步骤。

（5）简述 Harbor 系统管理。

# 项目7
# Docker网络管理

【学习目标】
- 掌握Docker网络基础知识。
- 掌握Docker网络连接配置。
- 掌握容器与外部网络之间的通信方法。

## 7.1 项目描述

容器不是独立的,多个 Docker 容器可以连接到一起,可以连接到非 Docker 工作负载,可以与其他容器进行通信,可以与外部网络进行通信,这就需要使用 Docker 网络。网络可以说是虚拟化技术最复杂的部分之一,也是 Docker 应用时最重要的环节之一。Docker 网络配置主要解决容器的网络和容器之间、容器与外部网络之间的通信问题。Docker 网络从覆盖范围上可分为单主机上的网络和跨主机的网络。

## 7.2 必备知识

### 7.2.1 Docker 网络基础知识

容器(包括服务)如此强大的原因之一是它们能够连接在一起,而且能够连接到非 Docker 工作负载,容器甚至不必知道它们是否部署在 Docker 主机上。无论 Docker 主机是分别运行 Linux、Windows 操作系统,还是同时运行这两种操作系统,都可以以与平台无关的方式使用 Docker 来管理它们,前提是有网络支持。Docker 网络配置的目标是提供可扩展、可移植的容器网络,解决容器的联网和通信问题。当容器要与外界通信时,要配置好网络连接,同时要兼顾到容器的可维护性、服务发现、负载均衡、安全、性能和可扩展性等。

**1. 单主机与多主机的 Docker 网络**

从覆盖范围上来看,可以将 Docker 网络划分为单主机上的网络和跨主机的网络。Docker 无论是在单主机上进行部署,还是在多主机的集群上进行部署,都需要和网络"打交道"。

对于大多数单主机部署,可以使用网络在容器与容器之间、容器与主机之间进行数据交换。还可以使用共享卷进行数据交换,共享卷这种方式的优势是容易使用且速度很快,缺点是耦合度高,很难将单主机部署转化为多主机部署。

V7-1 Docker
网络基础知识

由于单主机部署的能力有限，实际应用中多主机部署通常是很有必要的。对于多主机部署，除了需要考虑单主机上容器之间的通信外，更重要的是要解决多主机之间的通信，这涉及性能和安全两个方面。

Docker 网络作用域可以是 local（本地）或 Swarm（集群）。本地作用域仅在 Docker 主机范围内提供连接和网络服务。集群作用域则提供集群范围内的连接和网络服务。集群作用域的网络在整个集群中有同一个网络 ID，而使用本地作用域的网络则在每个 Docker 主机上具有各自唯一的网络 ID。

### 2. Docker 容器网络模型

从 Docker 1.7.0 开始，Docker 将网络功能以插件的形式剥离出来，目的是让用户通过指令选择不同的后端实现，剥离出来的独立的容器网络项目被称为 libnetwork，旨在为不同容器定义统一、规范的网络层标准。

在 libnetwork 项目中，Docker 网络架构基于一套称为容器网络模型（Container Network Model，CNM）的接口，容器网络模型的理念就是为应用提供跨不同网络基础架构的可移植性。该模型平衡了应用的可移植性，同时利用了基础架构特有的特性和功能，使在高层使用网络的容器尽可能少地关心底层具体实现，如图 7.1 所示。

容器网络模型高层架构中包括以下组成部分。它们与底层操作系统和基础架构的实现无关，无论在哪种基础架构上都能提供一致的体验。

（1）沙盒（Sandbox）：包含容器的网络栈配置，涉及容器的接口、路由表和 DNS 设置的管理。沙盒可以通过 Linux 网络命名空间、操作系统虚拟化技术或其他类似的机制来实现，一个沙盒可以包含多个来自不同网络的端点。

（2）端点（Endpoint）：将沙盒连接到网络。端点架构将服务与网络的实际连接从应用中抽象出来，这样有助于维护应用的可移植性，让服务无须关心如何连接网络就可以使用不同类型的网络驱动。

（3）网络（Network）：容器网络模型并没有定义开放系统互连（Open System Interconnection，OSI）模型中的网络层，这里的网络可以由 Linux 网桥、虚拟局域网（Virtual Local Area Network，VLAN）等来实现。网络是相互连接的端点的集合，那些没有连接到网络的端点将无法通信。

容器网络模型提供了两个可插拔且开放的接口供用户、社区和供应商使用，容器网络模型驱动接口如图 7.2 所示。

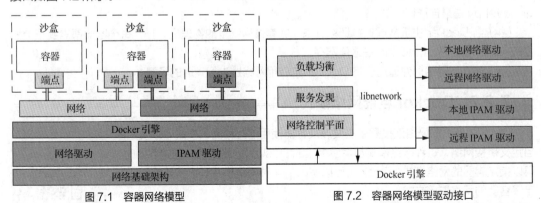

图 7.1　容器网络模型　　　　　图 7.2　容器网络模型驱动接口

（1）网络驱动（Network Driver）：Docker 网络驱动提供网络运行的具体实现。它们是可插拔的，很容易支持不同的使用场合。多个网络驱动可同时用于指定的 Docker 引擎和集群，但是每个

Docker 网络只能通过一个网络驱动来实现。容器网络模型网络驱动又可分为两大类型：一类是本地网络驱动，由 Docker 引擎本身实现，并随 Docker 提供，这类驱动又有多种驱动可供选择，以支持不同的功能；另一类是远程网络驱动，是由社区或其他供应商提供的网络驱动。这些驱动可用于与现有的软件或硬件环境进行集成，用户也可以创建自己的网络驱动来满足各种特殊需求。

（2）IP 地址管理（IP Address Management, IPAM）驱动：Docker 有一个内置的 IPAM 驱动。如果没有明确指定，它会为网络和端点提供默认的子网和 IP 地址，IP 地址也可通过网络、容器和服务创建指令来手动指派，远程 IPAM 驱动还可提供现有 IPAM 工具的集合。

### 3. Docker 网络驱动

Docker 网络子系统使用可插拔的驱动，默认情况下有多个驱动程序，并提供核心联网功能，常用的 Docker 网络驱动如下。

（1）bridge：默认的网络驱动，如果没有指定网络驱动程序，则主机网络为正在创建的网络驱动程序。应用程序在需要与之通信的独立容器中运行时，通常会使用桥接网络。

（2）host：对于独立容器，直接删除容器与 Docker 主机之间的网络隔离，并直接使用主机网络。仅可用于 Docker 17.06 及更高版本上的集群服务。

（3）overlay：overlay 可以将多个 Docker 守护进程连接在一起，并使集群服务能够互相通信。还可以使用 overlay 实现集群服务和独立容器之间或不同 Docker 守护进程上的两个独立容器的通信。

（4）macvlan：macvlan 允许为容器分配 MAC 地址，使其显示为网络上的物理设备，Docker 守护进程通过 MAC 地址将其流量路由到容器。在处理那些希望直接连接到物理网络而不是通过 Docker 主机网络栈进行路由的应用程序时，macvlan 是很好的选择。

（5）none：对于指定容器，禁用所有联网功能。其通常与自定义网络驱动程序一起使用。none 不适用于群体服务。

（6）第三方网络插件：可以通过 Docker 安装和使用第三方网络插件，这些插件可以从 Docker Hub 或第三方供应商获得。

### 4. 选择 Docker 网络驱动的基本原则

可以按照以下原则选择 Docker 网络驱动。

（1）当同一个 Docker 主机上运行的多个容器需要通信时，最好选择用户自定义的桥接网络。

（2）当网络栈不能与 Docker 主机隔离，而容器的其他方面需要被隔离时，最好选择 host。

（3）不同 Docker 主机上运行的容器需要通信，或者多个应用通过 Swarm 集群服务一起工作时，overlay 是最佳选择。

（4）当 Docker 主机从虚拟机迁移过来，或者像网络上的物理机一样，每个容器都需要一个独立的 MAC 地址时，macvlan 是最佳选择。

（5）第三方网络插件适用于将 Docker 与专用网络栈进行集成的场景。

## 7.2.2 Docker 容器网络模式

Docker 容器的网络连接配置主要涉及容器使用的几种网络模式，以及用户自定义桥接网络，每种网络模式都需要相应的 Docker 网络驱动。创建容器时，可以指定容器的网络模式，Docker 可以有以下 4 种网络模式，这些网络模式决定了容器的网络连接方式。

V7-2 Docker 容器网络模式

### 1. bridge 模式

选择 bridge 模式的容器使用 bridge 驱动连接到桥接网络。在 Docker 中，桥接网络使用软件网桥，使连接到同一网桥的容器之间可以互相通信，同时隔离那些没有连接到该桥接网络的容器。bridge 驱动自动在 Docker 主机中安装相应规则，让不同桥接网络上的容器之间不能直接相互通信。

桥接网络用于实现在同一 Docker 主机上运行的容器之间的通信。对于不同 Docker 主机上运行的容器，可以在操作系统层级管理路由，或使用 overlay 网络驱动来实现通信。

桥接网络分为默认桥接网络和用户自定义的桥接网络两种类型。bridge 是 Docker 的默认网络模式，连接的是默认桥接网络。该模式相当于 VMware 虚拟机网络连接的 NAT 模式，容器拥有独立的网络命名空间和隔离的网络栈。作为 Docker 传统方案，默认桥接网络将来可能会被弃用，其只适合一些演示或实验场合，不适合用于生产场合。

bridge 模式如图 7.3 所示。当 Docker 守护进程启动时，会自动在 Docker 主机上创建名为 docker0 的虚拟网桥，如果容器没有明确定义网络模式，则会自动连接到这个虚拟网桥上。虚拟网桥的工作方式与物理交换机类似，主机上的所有容器通过它连接在同一个二层网络中。

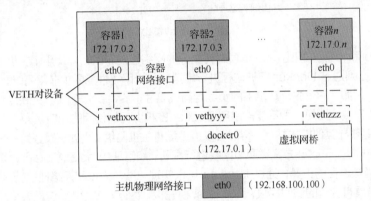

图 7.3　bridge 模式

Docker 守护进程为每个启动的容器创建一个虚拟网卡（Virtual Ethernet，VETH）对设备。VETH 对设备总是成对出现的，它们组成了数据的通道，数据从一个设备进入，就会从另一个设备出来。这里的 VETH 对设备是直接相连的一对虚拟网络接口，其中一个接口设置为新创建容器的网络接口（内部命名为 eth0@xxx），它位于容器的网络命名空间中；另一个接口连接到虚拟网桥 docker0，它位于 Docker 的网络命名空间中，以 vethxxx 形式命名。发送到 VETH 对设备一端的数据包由另一端接收，这样容器就能连接到虚拟网桥上。

同时，Docker 要为容器分配 IP 地址。Docker 守护进程还会从网桥的私有地址空间中分配 IP 地址和子网给 docker0 虚拟网桥。连接到 docker0 网桥的容器就从这个子网中选择一个未分配的 IP 地址来使用。一般 Docker 会使用 172.17.0.0/16 网段，并将 172.17.0.0/16 分配给 docker0 网桥。在 Docker 主机上可以看到 docker0，可将其视为网桥的管理接口，相当于主机上的一个虚拟网络接口，Docker 主机 IP 地址为 192.168.100.100/24，这样连接到同一网桥的容器之间即可相互通信。

### 2. host 模式

主机网络用于启动直接连接到 Docker 主机网络栈的容器，使用的是 host 模式，实质上是关闭 Docker 网络，而使容器直接使用主机网络。

与 bridge 模式不同，host 模式没有为容器创建一个隔离的网络环境，如图 7.4 所示。这种模式下的容器不会获得一个独立的网络命名空间，而是和 Docker 主机共用一个网络命名空间。

这种模式相当于 VMware 虚拟机网络连接的桥接模式，容器与主机在同一网络中，和主机一样使用主机的物理网络接口 eth0，但没有独立的 IP 地址。容器不会虚拟出自己的网络接口，也不会配置自己的 IP 地址等，而是直接使用主机的 IP 地址和端口，其 IP 地址即为主机物理网络接口的 IP 地址，其主机名与主机系统上的主机名一样。由于容器都使用相同的主机接口，因此同一主机上的容器在绑定端口时必须要相互协调，避免要绑定的端口与已经使用的端口发生冲突。主机上的各容器是通过容器发布的端口来区分的，如果容器或服务没有发布端口，则主机网络不起作用。虽然容器不会获得一个独立的命名空间，但是容器的其他方面，如文件系统、进程列表等，与主机是隔离的。

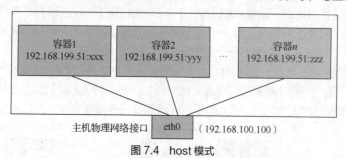

图 7.4  host 模式

与默认的 bridge 模式相比，host 模式有更好的网络性能，因为它使用了主机的本地网络栈，而 bridge 模式必须通过 Docker 守护进程进行虚拟化。当网络性能要求非常高时，推荐使用 host 模式运行容器。例如，对于生产环境下的负载均衡或高性能 Web 服务器，其缺点就是要牺牲灵活性，如要考虑端口冲突问题，即不能再使用 Docker 主机上已经使用的端口。

host 模式能够与其他模式共存，容器可以直接配置主机网络。例如，某些跨主机的网络解决方案也采用容器方式运行，这些方案需要对网络进行配置，如管理 iptables（iptables 是一个和 Linux 内核 netfilter 模块通信的工具，通过 iptables 可以实现一些防火墙和网络地址转换的功能）。容器对本地系统服务具有全部的访问权限，因此 host 模式被认为是不安全的；容器共享了主机的网络命名空间，并直接暴露在公共网络中，这也是有安全隐患的。另外，host 模式需要通过端口映射来进行协调。需要注意的是，主机网络只能在 Linux 主机上工作，并不支持 macOS 主机和 Windows 主机。

### 3. container 模式

理解了 host 模式后就很容易理解 container 模式了，这是 Docker 中一种较为特别的网络模式，主要用于容器间直接频繁交流的情况。通常来说，当要自定义网络栈时，container 模式是很有用的，该模式也是 Kubernetes（一个开源的、用于管理云平台中多个主机上的容器的应用）所使用的网络模式。

如图 7.5 所示，该模式指定新创建的容器和已经存在的容器共享同一个网络命名空间。新创建的容器不会创建自己的虚拟网卡、配置自己的 IP 地址，而是和一个指定的容器共享 IP 地址、端口范围等。这两个容器除了在网络方面，在其他方面（如文件系统、进程列表等）是相互隔离的。它们的进程可以通过回环设备进行通信。这两个容器之间不存在网络隔离，但与主机以

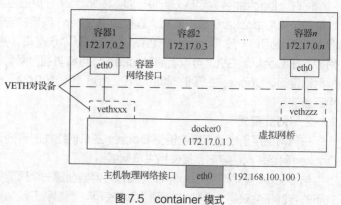

图 7.5  container 模式

及其他的容器存在网络隔离。

### 4. none 模式

将网络设置为 none 模式，容器将无法与外部通信。容器仍然会有回环接口，但没有外部流量的路由，这种网络模式可用于启动没有任何网络设备的容器。

顾名思义，none 就是什么都没有。使用 none 模式时，Docker 容器拥有自己的网络命名空间，但是并不会为 Docker 容器进行任何网络配置、构造任何网络环境，如图 7.6 所示。

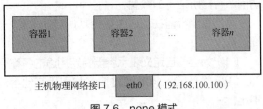

图 7.6 none 模式

Docker 容器内部只能使用回环接口，即使用 IP 地址为 127.0.0.1 的本机网络，也不会再有网卡、IP 地址、路由等其他网络资源。当然，管理员自己可以为 Docker 容器添加网卡、配置 IP 地址等。这种模式将容器放置在它自己的网络栈中，但是并不进行任何配置，实际上是关闭了容器的网络功能。无法与外部通信意味着隔离，一些对安全性要求高且不需要联网的容器可以使用 none 模式，例如，某个容器的唯一用途是生成随机密码，此时它就可以使用 none 模式，以避免密码被窃取。

### 5. 用户自定义桥接网络

管理员可以使用 Docker 网络驱动或外部网络驱动插件创建自定义的网络，并将多个容器连接到同一个自定义的网络中，连接到用户自定义网络的容器之间只需要使用对方的 IP 地址或名称就能相互通信。

Docker 本身内置 bridge 网络驱动，可以用来创建自定义桥接网络。生产环境下应使用用户自定义桥接网络，不推荐使用默认桥接网络。

用户自定义桥接网络与默认桥接网络的主要区别如下。

（1）用户自定义桥接网络能提供容器化应用程序之间更好的隔离性和互操作性。如果在默认桥接网络上运行应用栈，则 Docker 主机需要通过其他方式来限制容器对端口的访问。连接到同一个用户自定义桥接网络的容器会自动互相暴露所有端口，但不会将端口暴露到外部网络。

（2）用户自定义桥接网络提供容器之间的自动 DNS 解析功能，可以通过名称或别名互相访问。而默认桥接网络上的容器只能通过 IP 地址互相访问。

（3）容器可以在运行时与用户自定义桥接网络连接或断开。要断开与默认桥接网络的连接，需要停止容器并使用不同的网络选项重新创建该容器。

（4）用户可通过自定义桥接网络创建可配置的网桥，而默认桥接网络会自动创建名为 docker0 的虚拟网桥。

（5）默认桥接网络中所连接的容器共享环境变量。而在用户自定义桥接网络中，这种共享方式是无法使用的，但有更好的方式实现环境变量共享。这些方式包括：多个容器使用 Docker 卷挂载包含共享信息的一个文件或目录；通过 docker-compose 命令同时启动多个容器，由 Compose 文件定义共享变量；使用集群服务代替单个容器，共享机密数据和配置数据。

## 7.2.3 Docker 容器网络通信

默认情况下，容器可以主动访问外部网络，但是外部网络无法访问容器，可以根据情况来调整配置，实现容器与外部网络通信。

### 1. 传统的容器连接

创建容器时使用--link 选项可以在容器之间建立连接，这是 Docker 传统的容器连接解决方案，不过将来可能被弃用。除非特别需要使用这种方式,否则建议尽可能通过用户自定义桥接网络来实现容器之间的通信。为兼顾历史遗留问题,简单介绍一下容器的这种连接方式。

这种连接方式用来将多个容器连接在一起,并在容器之间发送连接信息。当容器被连接时,在源容器和接收容器之间建立安全通道,关于源容器的信息能够被发送到接收容器,使接收容器可以访问源容器所指定的数据。

虽然每个容器在创建时都会默认自动分配一个名称,但是为容器设置自定义名称有以下两个重要优势。

(1)为容器自定义表示容器特定用途的名称更易记忆,如将一个 Web 应用的容器命名为 web。

(2)便于 Docker 通过该名称引用其他容器,可以弥补默认桥接网络不支持容器名称解析的不足。

**2. 容器访问外部网络**

默认情况下,容器可以访问外部网络。使用 bridge 模式(默认桥接网络)的容器通过 NAT 模式实现外部网络访问,具体通过 iptables(Linux 的包过滤防火墙)的源地址伪装操作实现。在 Docker 主机上,这种模式如图 7.7 所示。

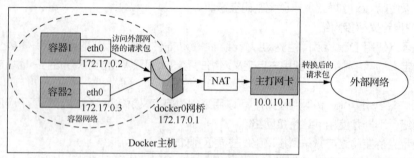

图 7.7　容器访问外部网络

**3. 外部网络访问容器**

默认情况下,创建的容器不会将其任何端口对外发布,外部网络是无法访问容器内部的应用程序和服务的。外部网络访问容器内的应用程序必须要有明确的授权,这是通过内部端口映射来实现的。要让容器能够被外部网络(Docker 主机外部)或者那些未连接到该容器的网络上的 Docker 主机访问,就要将容器的一个端口映射到 Docker 主机的一个端口上,允许外部网络通过该端口访问容器,如图 7.8 所示。这种端口映射也是一种 NAT 实现,即目标网络地址转换(Destination NAT,DNAT)。

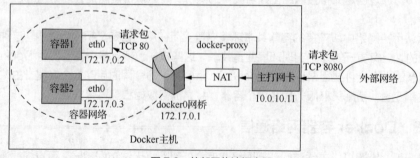

图 7.8　外部网络访问容器

**4. 容器的网络配置语法**

通常使用 docker run 或 docker create 命令的相关选项来设置容器的网络配置,包括网络连接、IP 地址、主机名、DNS 配置及端口映射等。

（1）设置容器的网络连接。

使用--network选项设置容器要连接的网络，也就是网络模式，可以使用表7.1所示的参数来表示网络模式，同样的功能也可以使用--net选项来实现。

表7.1 网络模式参数及其功能说明

| 参数 | 功能说明 |
| --- | --- |
| bridge | 连接到默认桥接网络，这是默认设置 |
| host | 使用主机的网络栈 |
| container | 使用其他容器的网络栈，需要通过容器的name或id参数指定其他容器 |
| none | 不使用任何网络连接，使用docker run --network none命令能够完全禁用网络连接，这种情况下，只能通过文件、标准输入或标准输出完成I/O通信 |
| <网络名称>\|<网络ID> | 容器连接到自定义网络，这个参数可以是自定义网络的名称或ID，容器启动时，只能使用--network选项连接到一个网络 |

（2）为容器添加网络作用域中的别名。

容器在网络作用域中是允许有别名的，且这个别名在所在网络中都可以直接访问，这就类似于局域网中各个物理机的主机名。使用--network选项指定容器要连接的网络，使用--network-alias选项指定容器在该网络中的别名。例如，将web_test容器连接到my_net网络，web_test容器在该网络中的别名为web_test_01，在my_net网络中的其他容器可以通过该别名访问该容器，执行命令如下。

docker run –d –p 80:80 --name web_test --network my_net --network-alias web_test_01 httpd

（3）设置容器的IP地址。

默认情况下，Docker守护进程可以有效地充当每个容器的动态主机配置协议（Dynamic Host Configuration Protocol，DHCP）服务器，为连接到每个Docker网络的容器分配IP地址，通过--network选项启动容器连接自定义网络时，可以使用--ip或--ip6选项明确指定分配给该网络中的容器的IP地址。当通过docker network connect命令将现有的容器连接到另一个不同的网络时，也可以使用--ip或--ip6选项指定容器在另一个网络中的IP地址。

（4）设置容器的网络接口MAC地址。

默认情况下，容器的MAC地址基于其IP地址生成。可以通过--mac-address选项为容器指定MAC地址。需要注意的是，如果手动指定MAC地址，则Docker并不会检查NAC地址的唯一性。

（5）设置容器的DNS配置与主机名。

默认情况下，容器继承Docker守护进程的DNS配置，包括/etc/hosts和/etc/resolv.conf配置文件。使用表7.2所示的选项为每个容器配置DNS，以覆盖默认配置。

表7.2 DNS配置相关选项及其功能说明

| 选项 | 功能说明 |
| --- | --- |
| --dns | 为容器设置DNS服务器的IP地址，可以使用多个--dns选项为一个容器指定多个DNS服务器的IP地址。如果容器无法连接到所指定的DNS服务器，则会自动使用公共DNS服务器8.8.8.8，以便容器能够解析互联网域名 |
| --dns-search | 为容器指定一个DNS搜索域，用于搜索非全称主机名。如要指定多个DNS搜索前缀，则可以使用多个--dns-search选项 |
| --dns-opt | 为容器设置表示DNS选项及其值的键值对，可以参考操作系统的resolv.conf文件来确定这些选项 |
| --hostname | 为容器指定自定义的主机名，如果未指定，则主机名就是容器的名称 |

（6）设置容器的发布端口。

通过 docker run 命令创建容器时，使用-p（长格式为--publish）或-P（长格式为--publish-all）选项设置对外发布的端口，也就是端口映射。

（7）设置容器连接。

容器连接是传统的功能，通过 docker run 命令创建容器时可使用--link 选项建立容器连接。目前应尽可能使用 Docker 网络驱动，故应避免使用这种连接功能。

**5. Docker 网络管理语法**

docker network 是 Docker 网络本身的管理命令，其语法格式如下。

```
docker network 子命令
```

子命令用于完成具体的网络管理任务，常用的 docker network 子命令及其功能说明如表 7.3 所示。

表 7.3 常用的 docker network 子命令及其功能说明

| docker network 子命令 | 功能说明 |
| --- | --- |
| docker network create | 创建网络 |
| docker network ls | 显示网络列表 |
| docker network connect | 将容器连接到指定的网络 |
| docker network disconnect | 断开容器与指定网络的连接 |
| docker network inspect | 显示一个或多个网络的详细信息 |
| docker network prune | 删除所有未使用的网络 |
| docker network rm | 删除一个或多个网络 |

## 7.3 项目实施

### 7.3.1 Docker 网络管理

使用 docker run 命令启动容器时只可以连接单个网络，因为 docker run 命令的--network 选项只能有一个。如果使用多个--network 选项，则最后一个--network 选项会覆盖之前所有的--network 选项，但容器运行之后，可以使用 docker network connect 命令将正在运行的容器连接到多个网络。

**1. 查看网络列表**

在 Docker 主机上使用 docker network ls 命令显示当前的网络列表信息，执行命令如下。

```
[root@localhost ~]# docker network ls
```

命令执行结果如下。

```
NETWORK ID      NAME             DRIVER    SCOPE
25c5d269824a    bridge           bridge    local
b32e4a93715b    harbor_harbor    bridge    local
f3e71e645a6b    host             host      local
46b647dfdd85    none             null      local
[root@localhost ~]#
```

该列表包括 4 列，分别表示网络 ID、网络名称、网络驱动和网络作用域。默认情况下，Docker 主机上有 3 个网络，这些网络有不同的网络 ID、网络名称和网络驱动，即默认桥接网络（名称为

bridge，驱动为 bridge)、主机网络(名称为 host，驱动为 host)和 none 模式的网络(名称为 none，驱动为 null )。它们的网络作用域都是 local，仅在 Docker 主机范围内提供连接和网络服务。

**2. 查看网络详细信息**

在 Docker 主机上使用 docker network inspect bridge 命令查看指定网络的详细信息，参数可以是网络名称或网络 ID。例如，查看主机网络(名称为 bridge )的详细信息，执行命令如下。

```
[root@localhost ~]# docker network inspect bridge
```

命令执行结果如下。

```
[
    {
        "Name": "bridge",
        "Id": "25c5d269824a6942519ca0f1f79794c63179ad025c5eeeaa4ecb3b9e212920df",
        "Created": "2021-07-18T07:54:52.186476258+08:00",
        "Scope": "local",
        "Driver": "bridge",
        "EnableIPv6": false,
        "IPAM": {
            "Driver": "default",
            "Options": null,
            "Config": [
                {
                    "Subnet": "172.17.0.0/16",
                    "Gateway": "172.17.0.1"
                }
            ]
        },
        "Internal": false,
        "Attachable": false,
        "Ingress": false,
        "ConfigFrom": {
            "Network": ""
        },
        "ConfigOnly": false,
        "Containers": {},
        "Options": {
            "com.docker.network.bridge.default_bridge": "true",
            "com.docker.network.bridge.enable_icc": "true",
            "com.docker.network.bridge.enable_ip_masquerade": "true",
            "com.docker.network.bridge.host_binding_ipv4": "0.0.0.0",
            "com.docker.network.bridge.name": "docker0",
            "com.docker.network.driver.mtu": "1500"
        },
        "Labels": {}
    }
]
[root@localhost ~]#
```

以上信息是关于 bridge 网络的，包括 Docker 主机和 bridge 网络之间的子网信息 ( "Subnet": "172.17.0.0/16" )、网关 IP 地址 ( "Gateway": "172.17.0.1" )。

### 7.3.2 配置容器的网络连接

若创建或启动容器时不指定网络，则该容器会被连接到默认桥接网络，用户也可以自定义桥接网络连接容器，下面介绍配置容器的网络连接的方法。

**1. 容器连接到默认桥接网络**

使用 Docker 自动设置的默认桥接网络，在 Docker 主机上启动两个 Ash 不同的 alpine 容器。Ash 是 Alpine 操作系统的默认 Shell，其选项表示以分离模式启动容器（后台运行）、交互式和伪终端 I/O。命令行只输出容器 ID，因为没有提供任何 --network 选项，容器会连接默认桥接网络。

（1）使用 docker run 命令，启动容器 alpine01 和 alpine02，执行命令如下。

```
[root@localhost ~]# docker run -dit --name alpine01 alpine ash
```

命令执行结果如下。

```
029a2128bea98de5ff2ce0a0f53367d556985e6d453679160185e21eacc0ac27
[root@localhost ~]# docker run -dit --name alpine02 alpine ash
```

命令执行结果如下。

```
f4263665bb18a1cc7604b89436e0bd2af02a7955d70cb8ba2d1d8c0ca74fbad6
[root@localhost ~]#
```

（2）查看当前镜像列表信息，执行命令如下。

```
[root@localhost ~]# docker image ls
```

命令执行结果如下。

| REPOSITORY | TAG | IMAGE ID | CREATED | SIZE |
|---|---|---|---|---|
| alpine | latest | d4ff818577bc | 4 weeks ago | 5.6MB |
| centos_sshd | latest | 9a3ceb67ec5a | 6 weeks ago | 247MB |
| centos8.4 | test | b9eeab075b44 | 6 weeks ago | 209MB |
| fedora | latest | 055b2e5ebc94 | 2 months ago | 178MB |
| debian/httpd | version10.9 | 4a7a1f401734 | 2 months ago | 114MB |
| debian | latest | 4a7a1f401734 | 2 months ago | 114MB |

```
[root@localhost ~]#
```

（3）查看两个容器是否已经启动，执行命令如下。

```
[root@localhost ~]# docker container ls
```

命令执行结果如下。

| CONTAINER ID | IMAGE | COMMAND | CREATED | STATUS | PORTS | NAMES |
|---|---|---|---|---|---|---|
| f4263665bb18 | alpine | "ash" | 3 minutes ago | Up 3 minutes | | alpine02 |
| 029a2128bea9 | alpine | "ash" | 3 minutes ago | Up 3 minutes | | alpine01 |

```
[root@localhost ~]#
```

（4）使用 docker network inspect bridge 命令查看 bridge 网络的详细信息和连接到该网络的容器信息，执行命令如下。

```
[root@localhost ~]# docker network inspect bridge
```

命令执行结果如下。

```
[
    ......
        "Containers": {"029a2128bea98de5ff2ce0a0f53367d556985e6d453679160185e21eacc0ac27": {
            "Name": "alpine01",
            "EndpointID": "fc36cb451d3032cd0361fcdca92488e97817e622ca944d6cb289fc83a5cf5018",
```

```
                "MacAddress": "02:42:ac:11:00:02",
                "IPv4Address": "172.17.0.2/16",
                "IPv6Address": ""
            },
    "f4263665bb18a1cc7604b89436e0bd2af02a7955d70cb8ba2d1d8c0ca74fbad6": {
                "Name": "alpine02",
                "EndpointID":
"b131b91a4cd0e5ff71591ca46b84ddad4e0510b841b8859b43f85617789fbb06",
                "MacAddress": "02:42:ac:11:00:03",
                "IPv4Address": "172.17.0.3/16",
                "IPv6Address": ""
            }
            ......
]
[root@localhost ~]#
```

从命令执行结果可以看出，两个新启动的容器的 IP 地址分别为 172.17.0.2/16 和 172.17.0.3/16。

（5）由于容器在后台运行，因此可以使用 docker attach 命令连接到 alpine01 容器，执行命令如下。

```
[root@localhost ~]# docker attach alpine01
```

命令执行结果如下。

```
/ #
```

提示符"#"说明当前在容器中用户以 root 身份登录，使用 ip addr show 命令显示 alpine01 容器的网络接口信息，执行命令如下。

```
/ # ip addr show
```

命令执行结果如下。

```
1: lo: <LOOPBACK,UP,LOWER_UP> mtu 65536 qdisc noqueue state UNKNOWN qlen 1000
    link/loopback 00:00:00:00:00:00 brd 00:00:00:00:00:00
    inet 127.0.0.1/8 scope host lo
       valid_lft forever preferred_lft forever
29: eth0@if30: <BROADCAST,MULTICAST,UP,LOWER_UP,M-DOWN> mtu 1500 qdisc noqueue state UP
    link/ether 02:42:ac:11:00:02 brd ff:ff:ff:ff:ff:ff
    inet 172.17.0.2/16 brd 172.17.255.255 scope global eth0
       valid_lft forever preferred_lft forever
/ #
```

其中，第 1 个接口是回环设备；注意，第 2 个接口的信息中有一个 IP 地址 172.17.0.2/16，这与步骤（4）中显示的 alpine01 容器的 IP 地址相同。

（6）在 alpine01 容器中通过 ping 外网地址对网络进行测试，这里以 www.baidu.com 为例进行介绍，执行命令如下。

```
/ # ping www.baidu.com -c 3
```

命令执行结果如下。

```
PING www.baidu.com (103.235.46.39): 56 data bytes
64 bytes from 103.235.46.39: seq=0 ttl=127 time=60.777 ms
64 bytes from 103.235.46.39: seq=1 ttl=127 time=60.690 ms
64 bytes from 103.235.46.39: seq=2 ttl=127 time=64.528 ms
```

```
--- www.baidu.com ping statistics ---
3 packets transmitted, 3 packets received, 0% packet loss
round-trip min/avg/max = 60.690/61.998/64.528 ms
/ #
```

-c 3 选项表示 ping 命令仅尝试执行 3 次，结果表明，容器能够访问外部网络。

（7）尝试 ping 第 2 个容器，alpine02 容器的 IP 地址为 172.17.0.3/16，执行命令如下。

```
/ # ping 172.17.0.3 -c 3
```

命令执行结果如下。

```
PING 172.17.0.3 (172.17.0.3): 56 data bytes
64 bytes from 172.17.0.3: seq=0 ttl=64 time=0.118 ms
64 bytes from 172.17.0.3: seq=1 ttl=64 time=0.105 ms
64 bytes from 172.17.0.3: seq=2 ttl=64 time=0.100 ms
--- 172.17.0.3 ping statistics ---
3 packets transmitted, 3 packets received, 0% packet loss
round-trip min/avg/max = 0.100/0.107/0.118 ms
/ #
```

从以上结果可以看出，容器 alpine01 与 alpine02 可以相互访问。

下面使用容器 alpine02 的名称来进行访问，通信失败，说明不可以通过名称来进行访问，执行命令如下。

```
/ # ping   alpine02 -c 3
```

命令执行结果如下。

```
ping: bad address 'alpine02'
/ #
```

（8）脱离 alpine01 容器而不停止它，这需要使用两个组合键 Ctrl+P 和 Ctrl+Q（在键盘上按住 Ctrl 键，再依次按 P 键和 Q 键）。

```
/ # read escape sequence
[root@localhost ~]#
```

（9）依次使用以下命令，停止并删除这两个容器，执行命令如下。

```
[root@localhost ~]# docker   stop   alpine01   alpine02
```

命令执行结果如下。

```
alpine01
alpine02
[root@localhost ~]# docker   container   rm   alpine01   alpine02
```

命令执行结果如下。

```
alpine01
alpine02
[root@localhost ~]# docker   container   ls
```

命令执行结果如下。

```
CONTAINER ID   IMAGE   COMMAND   CREATED   STATUS   PORTS   NAMES
[root@localhost ~]#
```

### 2. 传统的容器连接方式

连接到默认桥接网络的容器之间只能通过 IP 地址进行通信，如果要通过名称进行通信，则需要使用传统的--link 选项添加容器之间的连接，--link 选项的语法格式如下。

```
--link <名称或 ID>:容器别名
```

其中，冒号前面的参数为源容器的名称或 ID，冒号后面的参数是源容器在该连接下的别名。

--link 选项也可采用如下格式。

  --link <名称或 ID>

这种格式的源容器别名与源容器名称相同。

  (1)下面在两个 Alpine 容器之间建立连接,并通过源容器名称或别名访问源容器。使用 dokcer run 命令启动一个运行 Ash 的 Alpine 容器,因为没有提供任何--network 选项,所以容器会连接默认桥接网络,执行命令如下。

```
[root@localhost ~]# docker run -dit --name alpine01 alpine ash
51d31c1ab60707e90f860d0916c9901b155595177bfb90994a3cf7783cf90cda
[root@localhost ~]# docker container ls
CONTAINER ID    IMAGE    COMMAND    CREATED         STATUS         PORTS    NAMES
51d31c1ab607    alpine   "ash"      7 seconds ago   Up 6 seconds            alpine01
[root@localhost ~]#
```

  (2)使用 dokcer run 命令启动另一个运行 Ash 的 Alpine 容器,并添加其与第 1 个 Alpine 容器的连接,执行命令如下。

```
[root@localhost ~]# docker run -dit --name alpine02 --link alpine01:alp01 alpine ash
命令执行结果如下。
c8dfd7166fd1f67fb0c3e59d3fa5efe1d7b714973757e56e6c8d8a7ef396f669
[root@localhost ~]# docker container ls
命令执行结果如下。
CONTAINER ID    IMAGE    COMMAND    CREATED          STATUS          PORTS    NAMES
c8dfd7166fd1   alpine   "ash"      59 seconds ago   Up 59 seconds            alpine02
51d31c1ab607   alpine   "ash"      5 minutes ago    Up 5 minutes             alpine01
[root@localhost ~]#
```

此时,alpine01 为源容器,alpine02 为接收容器。

  (3)使用 docker attach 命令进入 alpine02 容器,并在接收容器 alpine02 中通过 ping 命令分别测试与源容器 alpine01 及其别名 alp01 的连通性,执行命令如下。

```
[root@localhost ~]# docker attach alpine02
/ # ping alpine01 -c 2
命令执行结果如下。
PING alpine01 (172.17.0.2): 56 data bytes
64 bytes from 172.17.0.2: seq=0 ttl=64 time=0.143 ms
64 bytes from 172.17.0.2: seq=1 ttl=64 time=0.108 ms
--- alpine01 ping statistics ---
2 packets transmitted, 2 packets received, 0% packet loss
round-trip min/avg/max = 0.108/0.125/0.143 ms
/ # ping alp01 -c 2
命令执行结果如下。
PING alp01 (172.17.0.2): 56 data bytes
64 bytes from 172.17.0.2: seq=0 ttl=64 time=0.094 ms
64 bytes from 172.17.0.2: seq=1 ttl=64 time=0.235 ms
--- alp01 ping statistics ---
2 packets transmitted, 2 packets received, 0% packet loss
round-trip min/avg/max = 0.094/0.164/0.235 ms
/ #
```

从命令执行结果中可以看出,alpine02 容器与 alpine01 容器以及 alpine01 容器的别名 alp01 都可以正常通信。

（4）使用组合键 Ctrl+P 和 Ctrl+Q 脱离 alpine02 容器。
/ # read escape sequence
[root@localhost ~]#

（5）使用 docker attach 命令进入 alpine01 容器，在该容器中使用 ping 命令通过容器名测试其与接收容器 alpine02 的连通性，执行命令如下。

[root@localhost ~]# docker attach alpine01
/ # ping alpine02 -c 2

命令执行结果如下。

ping: bad address 'alpine02'
/ # ping 172.17.0.3 -c 2

命令执行结果如下。

PING 172.17.0.3 (172.17.0.3): 56 data bytes
64 bytes from 172.17.0.3: seq=0 ttl=64 time=0.114 ms
64 bytes from 172.17.0.3: seq=1 ttl=64 time=0.132 ms
--- 172.17.0.3 ping statistics ---
2 packets transmitted, 2 packets received, 0% packet loss
round-trip min/avg/max = 0.114/0.123/0.132 ms
/ #

从命令执行结果可以看出，使用容器名称通信失败。失败的原因在于使用--link 选项添加的连接仅支持单向通信，接收容器可以通过源容器名称访问源容器，而源容器不能通过接收容器名称访问接收容器，当然，通过 IP 地址相互通信没有问题。要支持容器之间通过名称彼此访问，可考虑使用用户自定义桥接网络。

（6）使用组合键 Ctrl+P 和 Ctrl+Q 脱离 alpine01 容器。

（7）使用 docker stop 与 docker container rm 命令停止并删除实验所用的容器。

### 3. 创建用户自定义桥接网络连接容器

通过使用 docker network create 命令创建用户自定义桥接网络，其语法格式如下。

docker network create [选项] 网络名称

docker network create 命令各选项及其功能说明如表 7.4 所示。

表 7.4 docker network create 命令各选项及其功能说明

| 选项 | 功能说明 |
| --- | --- |
| --driver（-d） | 指定网络驱动，默认为 bridge，即使用默认桥接网络 |
| --gateway | 指定子网的网关 |
| --ip-range | 指定子网中容器的 IP 地址范围 |

要将容器连接到自定义桥接网络，可以在使用 docker run 命令启动容器时，使用--network 选项连接到指定的自定义桥接网络。对于正在运行的容器而言，可以使用 docker network connect 命令将它连接到指定的网络。

下面通过示例示范如何将容器连接到用户自定义桥接网络，并验证分析容器之间的连通性。为了进行比较，在示例中创建了 4 个容器，其中，alpine01、alpine02 只连接到用户自定义桥接网络 alpine-net01；alpine04 仅连接到默认桥接网络 bridge；alpine03 同时连接默认桥接网络 bridge 和用户自定义桥接网络 alpine-net01。

（1）创建用户自定义的 alpine-net01 网络，执行命令如下。

[root@localhost ~]# docker network create --driver bridge alpine-net01

命令执行结果如下。
0ee30d8d6613a2509501db907e57152b537f67998e14d449c7d1432e34c484f2
[root@localhost ~]#

这是一个桥接网络，可以不使用--driver bridge 选项设置 bridge 驱动，因为 bridge 驱动是 Docker 默认的网络驱动。

（2）使用 docker network ls 命令列出 Docker 主机上的网络列表信息，会发现新添加的自定义桥接网络，执行命令如下。

[root@localhost ~]# docker network ls

命令执行结果如下。

| NETWORK ID | NAME | DRIVER | SCOPE |
|---|---|---|---|
| 0ee30d8d6613 | alpine-net01 | bridge | local |
| 25c5d269824a | bridge | bridge | local |
| b32e4a93715b | harbor_harbor | bridge | local |
| f3e71e645a6b | host | host | local |
| 46b647dfdd85 | none | null | local |

[root@localhost ~]#

（3）使用 docker network inspect 命令查看 alpine-net01 网络的详细信息，显示其子网 IP 地址和网关，目前没有任何容器连接到该网络，执行命令如下。

[root@localhost ~]# docker network inspect alpine-net01

命令执行结果如下。

```
[
    {
        "Name": "alpine-net01",
        "Id": "0ee30d8d6613a2509501db907e57152b537f67998e14d449c7d1432e34c484f2",
        "Created": "2021-07-18T16:14:00.374585719+08:00",
        "Scope": "local",
        "Driver": "bridge",
        "EnableIPv6": false,
        "IPAM": {
            "Driver": "default",
            "Options": {},
            "Config": [
                {
                    "Subnet": "172.19.0.0/16",
                    "Gateway": "172.19.0.1"
                }
            ]
        },
        "Internal": false,
        "Attachable": false,
        "Ingress": false,
        "ConfigFrom": {
            "Network": ""
        },
        "ConfigOnly": false,
        "Containers": {},
        "Options": {},
```

```
            "Labels": {}
    }
]
[root@localhost ~]#
```

从命令执行结果可以看出,该网络的子网 IP 地址为 172.19.0.0/16,网关 IP 地址为 172.19.0.1(该 IP 地址会因具体的网络环境而有所不同),而默认桥接网络 bridge 的 IP 地址是 172.17.0.1。

(4)分别创建 4 个 Alpine 容器,注意命令中--network 选项的使用,alpine04 容器仅连接到默认桥接网络 bridge,执行命令如下。

```
[root@localhost ~]# docker run -dit --name alpine01 --network alpine-net01 alpine ash
```

命令执行结果如下。

```
78c32dbee87159f08fed26f6539fca8c78943bc1abab1037b6fd92a130d83c4b
[root@localhost ~]# docker run -dit --name alpine02 --network alpine-net01 alpine ash
```

命令执行结果如下。

```
d4ebe57cb7fc314022f10536ff9e47437e323712427815bb5d8f6fa2499d1dfc
[root@localhost ~]# docker run -dit --name alpine03 --network alpine-net01 alpine ash
```

命令执行结果如下。

```
9384750071df59ab677239fb77acb944492435063eef8f4a3b51acb77f6e0e0a
[root@localhost ~]# docker run -dit --name alpine04 alpine ash
```

命令执行结果如下。

```
6aa0986c90235cbde3ae9bd9e58d9d997653d04cb7b539b02f7bf5ec6d4b71da
[root@localhost ~]#
```

使用 docker run 命令时仅能连接到一个网络,如果容器需要连接到多个网络,则可在容器创建之后使用 docker network connect 命令连接到其他网络,这里将 alpine03 容器连接到默认桥接网络,执行命令如下。

```
[root@localhost ~]# docker network connect bridge alpine03
```

(5)查看所有正在运行的容器,执行命令如下。

```
[root@localhost ~]# docker ps
```

命令执行结果如下。

```
CONTAINER ID      IMAGE      COMMAND      CREATED          STATUS          PORTS      NAMES
6aa0986c9023      alpine     "ash"        4 minutes ago    Up 4 minutes               alpine04
9384750071df      alpine     "ash"        5 minutes ago    Up 5 minutes               alpine03
d4ebe57cb7fc      alpine     "ash"        5 minutes ago    Up 5 minutes               alpine02
78c32dbee871      alpine     "ash"        5 minutes ago    Up 5 minutes               alpine01
[root@localhost ~]#
```

(6)使用 docker network inspect 命令分别查看 bridge 网络和 alpine-net01 网络的详细信息。

① 查看 bridge 网络和 alpine-net01 网络的详细信息,执行命令如下。

```
[root@localhost ~]# docker network inspect bridge
```

命令执行结果如下。

```
[
    {
        "Name": "bridge",
```

```
        "Id": "25c5d269824a6942519ca0f1f79794c63179ad025c5eeeaa4ecb3b9e212920df",
        "Created": "2021-07-18T07:54:52.186476258+08:00",
        "Scope": "local",
        "Driver": "bridge",
        "EnableIPv6": false,
        "IPAM": {
            "Driver": "default",
            "Options": null,
            "Config": [
                {
                    "Subnet": "172.17.0.0/16",
                    "Gateway": "172.17.0.1"
                }
            ]
        },
        "Internal": false,
        "Attachable": false,
        "Ingress": false,
        "ConfigFrom": {
            "Network": ""
        },
        "ConfigOnly": false,
        "Containers": {
            "6aa0986c90235cbde3ae9bd9e58d9d997653d04cb7b539b02f7bf5ec6d4b71da": {
                "Name": "alpine04",
                "EndpointID": "65f82c71edc20052d595e4e09bc4770ed50226c3dc002cc71c74733cd9243f23",
                "MacAddress": "02:42:ac:11:00:02",
                "IPv4Address": "172.17.0.2/16",
                "IPv6Address": ""
            },
            "9384750071df59ab677239fb77acb944492435063eef8f4a3b51acb77f6e0e0a": {
                "Name": "alpine03",
                "EndpointID": "e5594121dd8bc4561aae11d49827108dc7db7885221030a976e0a5c1f6c2ca7a",
                "MacAddress": "02:42:ac:11:00:03",
                "IPv4Address": "172.17.0.3/16",
                "IPv6Address": ""
            }
        },
        "Options": {
            "com.docker.network.bridge.default_bridge": "true",
            "com.docker.network.bridge.enable_icc": "true",
            "com.docker.network.bridge.enable_ip_masquerade": "true",
            "com.docker.network.bridge.host_binding_ipv4": "0.0.0.0",
            "com.docker.network.bridge.name": "docker0",
            "com.docker.network.driver.mtu": "1500"
        },
        "Labels": {}
```

```
        }
    ]
[root@localhost ~]#
```

从命令执行结果可以看出,容器 alpine03 和 alpine04 连接到了 bridge 网络。bridge 子网网络为 172.17.0.0/16,网关 IP 地址为 172.17.0.1;alpine03 的 IP 地址为 172.17.0.3/16;alpine04 的 IP 地址为 172.17.0.2/16。

② 查看 alpine-net01 网络的详细信息,执行命令如下。

```
[root@localhost ~]# docker network inspect alpine-net01
```

命令执行结果如下。

```
[
    {
        "Name": "alpine-net01",
        "Id": "0ee30d8d6613a2509501db907e57152b537f67998e14d449c7d1432e34c484f2",
        "Created": "2021-07-18T16:14:00.374585719+08:00",
        "Scope": "local",
        "Driver": "bridge",
        "EnableIPv6": false,
        "IPAM": {
            "Driver": "default",
            "Options": {},
            "Config": [
                {
                    "Subnet": "172.19.0.0/16",
                    "Gateway": "172.19.0.1"
                }
            ]
        },
        "Internal": false,
        "Attachable": false,
        "Ingress": false,
        "ConfigFrom": {
            "Network": ""
        },
        "ConfigOnly": false,
        "Containers": {
            "78c32dbee87159f08fed26f6539fca8c78943bc1abab1037b6fd92a130d83c4b": {
                "Name": "alpine01",
                "EndpointID": "1f08aebc66c0b43f0e13bfdc0873082ff6ce1e96dc59b40e72ea9a805312244d",
                "MacAddress": "02:42:ac:13:00:02",
                "IPv4Address": "172.19.0.2/16",
                "IPv6Address": ""
            },
            "9384750071df59ab677239fb77acb944492435063eef8f4a3b51acb77f6e0e0a": {
                "Name": "alpine03",
                "EndpointID": "c6ae5b2f273f8e597f0a86ff3b3eb6ed1176c21edfb56090fed23bc2badf6700",
                "MacAddress": "02:42:ac:13:00:04",
```

```
                    "IPv4Address": "172.19.0.4/16",
                    "IPv6Address": ""
                },
                "d4ebe57cb7fc314022f10536ff9e47437e323712427815bb5d8f6fa2499d1dfc": {
                    "Name": "alpine02",
                    "EndpointID": "42875f58c385949e2205e47d0be9ae61786bf5702e1ba0b8dd00de1a81993ffd",
                    "MacAddress": "02:42:ac:13:00:03",
                    "IPv4Address": "172.19.0.3/16",
                    "IPv6Address": ""
                }
            },
            "Options": {},
            "Labels": {}
        }
    ]
    [root@localhost ~]#
```

从命令执行结果可以看出，容器 alpine01、alpine02 和 alpine03 连接到了 alpine-net01 子网络。alpine-net01 子网络为 172.19.0.0/16，网关 IP 地址为 172.19.0.1；alpine01 的 IP 地址为 172.19.0.2/16；alpine02 的 IP 地址为 172.19.0.3/16；alpine03 的 IP 地址为 172.19.0.4/16。

（7）在自定义桥接网络中，容器不仅能通过 IP 地址进行通信，还能将容器名称解析到 IP 地址。这种功能称为自动服务发现。接下来以管理员身份使用 docker attach 命令进入 alpine01 容器，测试此功能。alpine01 可以将 alpine02、alpine03 的名称解析到 IP 地址，也可以解析自己的名称。使用 docker attach 命令进入 alpine01 容器进行测试，执行命令如下。

```
[root@localhost ~]# docker   attach   alpine01
/ # ping   alpine02  -c  2
```

命令执行结果如下。

```
PING alpine02 (172.19.0.3): 56 data bytes
64 bytes from 172.19.0.3: seq=0 ttl=64 time=0.106 ms
64 bytes from 172.19.0.3: seq=1 ttl=64 time=0.109 ms
--- alpine02 ping statistics ---
2 packets transmitted, 2 packets received, 0% packet loss
round-trip min/avg/max = 0.106/0.107/0.109 ms
/ # ping   alpine03   -c  2
```

命令执行结果如下。

```
PING alpine03 (172.19.0.4): 56 data bytes
64 bytes from 172.19.0.4: seq=0 ttl=64 time=0.076 ms
64 bytes from 172.19.0.4: seq=1 ttl=64 time=0.144 ms
--- alpine03 ping statistics ---
2 packets transmitted, 2 packets received, 0% packet loss
round-trip min/avg/max = 0.076/0.110/0.144 ms
/ #
```

（8）alpine01 容器不能与 alpine04 容器连通，这是因为 alpine04 容器不在 alpine-net01 网络中，执行命令如下。

```
/ # ping   alpine04   -c  2
```

命令执行结果如下。

```
ping: bad address 'alpine04'
```

```
/ #
```
不仅如此，alpine01 容器也不能通过 IP 地址连通 alpine04 容器，查看之前显示的 bridge 网络详细信息，可以知道 alpine04 容器的 IP 地址是 172.17.0.2/16，尝试 ping 该 IP 地址，执行命令如下。

```
/ # ping   alpine04   -c  2
```
命令执行结果如下。
```
ping: bad address 'alpine04'
/ # ping    172.17.0.2    -c   2
```
命令执行结果如下。
```
PING 172.17.0.2 (172.17.0.2): 56 data bytes
--- 172.17.0.2 ping statistics ---
2 packets transmitted, 0 packets received, 100% packet loss
/ #
```
从命令执行结果可以看出，容器 alpine01 与容器 alpine04 无法通过 IP 地址进行通信。使用组合键 Ctrl+P 和 Ctrl+Q 脱离 alpine01 容器。

（9）容器 alpine03 同时连接到默认桥接网络和自定义的 alpine-net01 网络。它可以访问所有的其他容器，只是访问 alpine04 容器时需要通过 alpine04 的 IP 地址才能访问，这是因为 alpine03 和 alpine04 容器都连接到了默认桥接网络 bridge。以管理员身份使用 docker attach 命令进入 alpine03 容器进行测试，执行命令如下。

```
[root@localhost ~]# docker   attach   alpine03
/ # ping    alpine01   -c  2
```
命令执行结果如下。
```
PING alpine01 (172.19.0.2): 56 data bytes
64 bytes from 172.19.0.2: seq=0 ttl=64 time=0.112 ms
64 bytes from 172.19.0.2: seq=1 ttl=64 time=0.112 ms
--- alpine01 ping statistics ---
2 packets transmitted, 2 packets received, 0% packet loss
round-trip min/avg/max = 0.112/0.112/0.112 ms
/ # ping    alpine02   -c  2
```
命令执行结果如下。
```
PING alpine02 (172.19.0.3): 56 data bytes
64 bytes from 172.19.0.3: seq=0 ttl=64 time=0.100 ms
64 bytes from 172.19.0.3: seq=1 ttl=64 time=0.116 ms
--- alpine02 ping statistics ---
2 packets transmitted, 2 packets received, 0% packet loss
round-trip min/avg/max = 0.100/0.108/0.116 ms
/ # ping    alpine04   -c  2              //通过容器名称访问 alpine04 失败
```
命令执行结果如下。
```
ping: bad address 'alpine04'
/ # ping    172.17.0.2   -c  2             //通过容器 IP 地址访问 alpine04 成功
```
命令执行结果如下。
```
PING 172.17.0.2 (172.17.0.2): 56 data bytes
64 bytes from 172.17.0.2: seq=0 ttl=64 time=0.170 ms
64 bytes from 172.17.0.2: seq=1 ttl=64 time=0.222 ms
--- 172.17.0.2 ping statistics ---
2 packets transmitted, 2 packets received, 0% packet loss
```

```
round-trip min/avg/max = 0.170/0.196/0.222 ms
/ #
```

（10）通过 ping 一个公网地址进行测试，无论是连接到默认桥接网络，还是连接到自定义桥接网络，容器都可以访问外网。由于管理员已经进入 alpine03 容器，因此可以通过 alpine03 容器进行测试，执行命令如下。

```
/ # ping  www.baidu.com  -c  2
```

命令执行结果如下。

```
PING www.baidu.com (14.215.177.38): 56 data bytes
64 bytes from 14.215.177.38: seq=0 ttl=127 time=59.209 ms
64 bytes from 14.215.177.38: seq=1 ttl=127 time=59.300 ms
--- www.baidu.com ping statistics ---
2 packets transmitted, 2 packets received, 0% packet loss
round-trip min/avg/max = 59.209/59.254/59.300 ms
```

从命令执行结果可以看出，容器 alpine03 可以访问外网 www.baidu.com。使用组合键 Ctrl+P 和 Ctrl+Q 脱离 alpine03 容器。

以同样的方法测试容器 alpine01、alpine02 和 alpine04，这里不再赘述，结果显示都可以进行访问，执行命令如下。

```
[root@localhost ~]# docker  attach  alpine01
/ # ping  www.baidu.com  -c  2
[root@localhost ~]# docker  attach  alpine02
/ # ping  www.baidu.com  -c  2
[root@localhost ~]# docker  attach  alpine04
/ # ping  www.baidu.com  -c  2
```

（11）停止并删除所有容器和 alpine-net01 网络，执行命令如下。

```
[root@localhost ~]# docker  stop  alpine01  alpine02  alpine03  alpine04
[root@localhost ~]# docker  rm  alpine01  alpine02  alpine03  alpine04
[root@localhost ~]# docker  network  rm  alpine-net01
```

**4．外部网络访问容器**

正常情况下，外部网络是无法访问容器的，要想使容器被外部网络访问，就要在通过 docker run 命令创建容器时，使用-p 或-P 选项，设置端口映射，将容器的端口映射到 Docker 主机上的端口，允许外部网络通过该端口访问容器。

（1）使用-p 选项发布特定端口。

使用 docker run 命令启动容器时，使用-p 选项将容器的一个或多个端口映射到 Docker 主机上的一个或多个端口，可以多次使用-p 选项设置任意数量的端口映射。有多种选项格式用来实现不同类型的端口映射，具体格式如表 7.5 所示。

表 7.5　使用-p 选项设置端口映射的格式及其功能说明

| 选项格式 | 功能说明 | 示例 |
| --- | --- | --- |
| -p 主机端口:容器端口 | 映射主机上所有网络接口的地址 | -p 8080:80 |
| -p 主机 IP 地址:主机端口:容器端口 | 映射指定地址的指定端口 | -p 192.168.100.100:80:80 |
| -p 主机端口::容器端口 | 映射指定地址的任一端口 | -p 127.0.0.1::5000 |
| -p 容器端口 | 自动分配主机端口 | -p 5000 |
| -p 以上各种格式/udp | 发布 UDP 端口（默认为 TCP 端口） | -p 8080:80/udp |
| -p 以上各种格式/tcp  -p 以上各种格式/udp | 同时发布 TCP 和 UDP 端口 | -p 8080:80/tcp  -p 8080:80/udp |

下面给出通过端口映射发布的 Web 服务的示例,在创建容器时指定端口映射,执行命令如下。

```
[root@localhost ~]# docker run -dit --name web-01 -p 8080:80 httpd
```

命令执行结果如下。

```
Unable to find image 'httpd:latest' locally
latest: Pulling from library/httpd
b4d181a07f80: Pull complete
……
Digest: sha256:1fd07d599a519b594b756d2e4e43a72edf7e30542ce646f5eb3328cf3b12341a
Status: Downloaded newer image for httpd:latest
3dabd735ef510f2ce1db39696a7e3ead40da7f55cdddfeee03797f54f935e5ca
[root@localhost ~]#
```

容器启动后,可使用 docker ps 命令查看端口映射情况,执行命令如下。

```
[root@localhost ~]# docker ps
```

命令执行结果如下。

```
CONTAINER ID   IMAGE   COMMAND             CREATED          STATUS         PORTS              NAMES
3dabd735ef51   httpd   "httpd-foreground"  52 seconds ago   Up 51 seconds  0.0.0.0:8080->80/tcp   web-01
```

此示例中 httpd 容器的 80 端口被映射到主机上的 8080 端口,这样就可以通过"主机 IP 地址:8080"访问容器的 Web 服务了,这里使用 curl 命令访问该服务以进行测试,执行命令如下。

```
[root@localhost ~]# curl http://192.168.100.100:8080
```

命令执行结果如下。

```
<html><body><h1>It works!</h1></body></html>
[root@localhost ~]#
```

(2)使用-P 选项发布所有暴露的端口。

使用 docker run 命令创建容器时,使用-P 选项将容器中所有暴露的端口发布到 Docker 主机随机的高端地址(高端地址指的是较大的地址,对于一块内存区域而言,地址较大的一端称为高端,它的地址即高端地址)端口中,这要求容器中要发布的端口必须提前暴露出来。有两种方式可以暴露端口:一种是在 Dockerfile 中使用 EXPOSE 指令实现;另一种是使用 docker run 命令创建容器时使用--expose 选项实现。使用-P 选项发布端口时,即使端口没有使用 EXPOSE 指令或--expose 选项显式声明,Docker 也会隐式暴露已经发布的端口。

下面通过操作示例示范-P 选项的使用,创建容器并使用-P 选项发布 httpd 服务,执行命令如下。

```
[root@localhost ~]# docker run -dit --name web-02 -P httpd
```

命令执行结果如下。

```
911401f9612e1d003145e36c793c71687d52d929348e7875268a9e72f0b6fa79
[root@localhost ~]#
```

使用 docker port 命令查看该容器的端口映射情况,执行命令如下。

```
[root@localhost ~]# docker port web-02
```

命令执行结果如下。

```
80/tcp -> 0.0.0.0:49153
[root@localhost ~]#
```

从命令执行结果可以看出,箭头左边是容器发布的端口,右边是映射到的主机上的 IP 地址和端口。由于 httpd 服务通过 EXPOSE 指令暴露了 80 端口,因此可以使用-P 选项发布。此示例中 Docker 自动分配的映射端口是 49153,这里可以使用 curl 命令访问该服务以进行测试,执行命令如下。

```
[root@localhost ~]# curl http://192.168.100.100:49153
<html><body><h1>It works!</h1></body></html>
[root@localhost ~]#
```

## 项目小结

本项目包含 5 个任务。

任务 7.1：Docker 网络基础知识，主要讲解了单主机与多主机的 Docker 网络、Docker 容器网络模型、Docker 网络驱动、选择 Docker 网络驱动的基本原则。

任务 7.2：Docker 容器网络模式，主要讲解了 bridge 模式、host 模式、container 模式、none 模式、用户自定义桥接网络。

任务 7.3：Docker 容器网络通信，主要讲解了传统的容器连接、容器访问外部网络、外部网络访问容器、容器的网络配置语法、Docker 网络管理语法。

任务 7.4：Docker 网络管理，主要讲解了查看网络列表、查看网络详细信息。

任务 7.5：配置容器的网络连接，主要讲解了容器连接到默认桥接网络、传统的容器连接方式、创建用户自定义桥接网络连接容器、外部网络访问容器。

## 课后习题

**1. 选择题**

（1）Docker 容器默认桥接网络模式为（　　）。
　　A. bridge　　　B. host　　　C. container　　　D. none

（2）通常情况下，Docker 会将（　　）网段分配给 docker0 网桥。
　　A. 172.16.0.0/16　　　　B. 172.17.0.0/16
　　C. 172.18.0.0/16　　　　D. 172.19.0.0/16

（3）以下 docker network 子命令中，（　　）用来显示一个或多个网络的详细信息。
　　A. docker network ls　　　　B. docker network connect
　　C. docker network prune　　　D. docker network inspect

（4）以下 docker network 子命令中，（　　）用来显示网络列表。
　　A. docker network show　　　B. docker network rm
　　C. docker network ls　　　　D. docker network disp

**2. 简答题**

（1）简述 Docker 容器网络模型。
（2）简述选择 Docker 网络驱动的基本原则。
（3）简述 Docker 容器网络模式。
（4）简述 Docker 容器网络通信。

# 项目8
# Docker存储管理

## 【学习目标】

- 掌握容器本地存储与Docker存储驱动。
- 掌握容器的挂载类型。
- 掌握卷的创建和管理的操作方法。
- 掌握容器挂载卷的操作方法。
- 掌握容器绑定卷的操作方法。

## 8.1 项目描述

Docker 容器有两类存储方案，一类是由存储驱动（Storage Driver）实现的联合文件系统；另一类是以外部挂载的卷为代表的持久存储。Docker 存储驱动为容器本身提供文件系统，用于管理容器的镜像层和容器层，其分层结构便于镜像和容器的创建、共享和分发，实现了多层数据的叠加，并对外提供单一的统一视图。Docker 镜像是只读的文件系统，容器是镜像运行的实例，即在镜像的基础上再加一个可写层。因此，默认情况下，所有数据写入时，均写到容器的可写层中，这些数据会随着容器的停止而消失。为确保可以持久地存储容器的数据，Docker 引入了卷存储。卷又称为数据卷，本身是 Docker 主机上文件系统中的目录或文件，能够直接被挂载到容器的文件系统中。容器可以读写卷中的数据，卷中的数据可以被持久保存，不受容器当前状态的影响。从某种程度上看，存储驱动实现的是容器的内部存储，适合存储容器中的应用程序本身，这部分内容是无状态的，应该作为镜像的一部分；卷实现的是容器的外部存储，适合存储容器中应用程序产生的数据，这部分数据是需要持久化的，应与镜像分开存放。除了卷以外，绑定挂载也基于主机文件系统，为容器提供一种持久存储的解决方案。当应用程序需要写入大量非持久状态数据时，还可以使用 tmpfs 挂载。

## 8.2 必备知识

### 8.2.1 Docker 存储的相关知识

Docker 镜像和容器采用的是分层结构，容器由顶部的一个可写的容器层和若干个只读的镜像层组成，容器本身的数据就存放在这些层中，这种分层结构正是由 Docker 存储驱动来实现的。理想情况下，只有很少的数据需要写入容器的可写层，更多的情况是要使用 Docker 卷来写入数据。

但是,有些工作负载要求写入容器的可写层,这就需要使用存储驱动。

### 1. 容器本地存储与 Docker 存储驱动

容器本地存储采用的是联合文件系统,联合文件系统是为 Linux、FreeBSD(Berkeley Software Distribution,BSD)和 NetBSD 操作系统设计的,这种文件系统将其他文件系统合并到一个联合挂载点的文件系统中,实现了多层数据的叠加并对外提供一个统一视图。作为 Docker 重要的底层技术之一,联合文件系统通过创建层进行操作,非常轻巧和快速,Docker 引擎使用它为容器提供内部存储。Docker 引擎可以使用联合文件系统的多种变体,包括 AUFS、overlayFS、Btrfs、BFS 和 Device Mapper 等。这些联合文件系统实际上是由存储驱动实现的,相应的存储驱动有 aufs、overlay、overlay2、devicemapper、btrfs、zfs、vfs 等。

V8-1 Docker 存储的相关知识

容器的本地存储是通过存储驱动进行管理的,存储驱动控制镜像和容器在 Docker 主机上的存储和管理方式。Docker 通过插件机制支持不同的存储驱动,不同的存储驱动采用不同方法实现镜像层构建和写时复制策略。虽然底层实现的差异并不影响用户与 Docker 之间的交互,但是选择合适的存储驱动对 Docker 的性能和稳定性至关重要。应当优先使用 Linux 发行版默认的存储驱动。对于所有能够支持 overlay2 的 Linux 发行版来说,应当首选 overylay2 作为 Docker 的存储驱动。CentOS 从 7.4 版本开始,所安装的 Docker 都可以直接支持 overlay2 存储驱动。至于其他 Linux 发行版,overlay2 只兼容 Linux 内核 4.0 以上的版本。

每个 Docker 主机都只能选择一种存储驱动,不能为每个容器选择不同的存储驱动。可使用 docker info 命令查看 Docker 主机上当前使用的存储驱动。例如,在一台安装了 CentOS 7.6 操作系统的计算机上执行如下命令。

```
[root@localhost ~]# docker info
```

命令执行结果如下。

```
Client:
 ……
 Server Version: 20.10.5
 Storage Driver: overlay2
  Backing Filesystem: xfs
  Supports d_type: true
  Native Overlay Diff: true
 Logging Driver: json-file
 Cgroup Driver: cgroupfs
 Cgroup Version: 1
 Plugins:
  Volume: local
  Network: bridge host ipvlan macvlan null overlay
 ……
[root@localhost ~]#
```

从命令执行结果可以看出,存储驱动为 overlay2,底层文件系统是 XFS。

可以根据需要更改现有的存储驱动,建议在更改存储驱动之前使用 docker save 命令导出已创建的镜像,或者将它们推送到 Docker Hub 或其他镜像注册中心中,以免之后重建它们。

### 2. 选择 Docker 存储驱动的总体原则

各种 Docker 存储驱动都能实现分层的架构,同时又有各自的特性。Docker 本身仍然处于不断发展中,没有一个存储驱动能够适应所有的情形。但是,为工作负载选择适合的存储驱动可依据以下原则进行。

（1）在最常用的场合使用具有最佳整体性能和稳定性的存储驱动。

（2）如果内核支持多个存储驱动，则 Docker 会提供要使用的存储驱动的优先级列表。存储驱动选择顺序是在 Docker 的源代码中定义的。

（3）优先使用 Linux 发行版默认的存储驱动。Docker 安装时会根据当前系统的配置选择默认的存储驱动。如果没有显式配置存储驱动，则表明该存储驱动满足先决条件，这就是默认的存储驱动。默认的存储驱动具有较好的稳定性，已经在发行版上经过了严格的测试。

（4）一些存储驱动要求使用特定格式的底层文件系统，这可能会限制选择。

（5）选择存储驱动还取决于工作负载的特性和所需的稳定性级别。每个存储驱动都有其自身的特性，使其更适合不同的工作负载。aufs、overlay 和 overlay2 存储驱动的所有操作都是文件级的而不是块级的，能更有效地使用内存，但容器的可写层可能在写入繁重的工作负载时变得相当大；块级存储驱动（如 devicemapper、btrfs 和 zfs 存储驱动）在写入繁重的工作负载时表现得更好。对于要写入大量的小数据，或要使用有很多层的容器，或要使用深层文件系统，overlay 存储驱动比 overlay2 存储驱动性能更好；btrfs 和 zfs 存储驱动需要更多内存；zfs 存储驱动是高密度工作负载（如 PaaS）的理想选择。

（6）共享存储系统。在多数情况下，Docker 可以在存储区域网（Storage Area Network，SAN）、网络附接存储（Network Attached Storage，NAS）、硬件独立磁盘冗余阵列（Redundant Arrays of Independent Disks，RAID）或其他共享存储系统上工作，但 Docker 并没有与它们紧密集成。每个 Docker 存储驱动都基于 Linux 文件系统或卷管理器。

（7）稳定性。对于某些用户来说，稳定性比性能更重要。尽管 Docker 认为所有存储驱动都是稳定的，但实际情况是有些驱动比较新并且仍在开发中。总的来说，overlay2、aufs、overlay 和 devicemapper 存储驱动的稳定性更高。

（8）测试工作负载。在不同的存储驱动上运行相同的工作负载时，可以测试 Docker 的性能。确保使用等效的硬件和工作负载来匹配生产条件，以便评估哪个存储驱动提供了最佳的整体性能。

### 3. 容器与非持久化数据

非持久化数据是不需要保存的数据，容器本地存储的数据就是非持久化数据。容器创建时会创建非持久化存储，这是保存容器的全部文件和文件系统的地方。

默认情况下，容器创建的所有文件都存储在可写容器层中，文件系统的改动都发生在容器层，这意味着存在以下问题。

（1）非持久化数据从属于容器，生命周期与容器相同，会随着容器的删除而删除。

（2）当容器不再运行时，数据不会持久保存，如果另一个进程需要这些数据，则可能很难从容器中获取数据。

（3）容器的可写层与运行容器的 Docker 主机紧密耦合，无法轻松地将数据转移到其他位置。

（4）写入容器的可写层需要 Docker 存储驱动管理文件系统。存储驱动使用 Linux 内核提供的联合文件系统，其性能不如直接写入主机文件系统的 Docker 卷。

### 4. 容器与持久化数据

持久化数据是需要保存的数据，如客户信息、财务、计划、审计日志，以及某些应用日志数据。Docker 将主机中的文件系统挂载到容器中供容器访问，从而实现持久化数据存储，这就是容器的外部存储。即使容器被删除，持久化数据仍然存在。Docker 目前支持卷和绑定挂载两种挂载类型来实现容器的持久化数据存储。

卷是在 Docker 中进行持久化数据存储的比较好的方式。如果希望将自己的容器数据保留下来，则可以将数据存储在卷中。卷与容器是解耦的，因此可以独立地创建并管理卷，并且卷并未与任何容器的生命周期绑定。用户可以停止或删除一个关联了卷的容器，但是卷并不会被删除。可以将任意数量的卷装入一个容器，多个容器也可以共享一个或多个卷。

绑定挂载是 Docker 早期版本就支持的挂载类型。绑定挂载性能高，但需要指定主机文件系统的特定路径，限制了容器的可移植性。

卷和绑定挂载这两种外部存储都绕过了联合文件系统，其读写操作会绕过存储驱动，并以本地主机的存取速度进行读写。这里以绑定挂载为例说明外部存储与本地存储的关系，如图 8.1 所示。

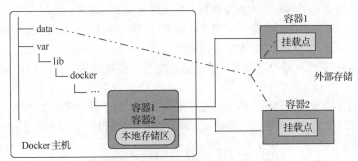

图 8.1　外部存储与本地存储的关系

在图 8.1 中，一个 Docker 主机运行两个容器，每个容器都位于 Docker 主机本地存储（/var/lib/docker/...）各自的空间内，由存储驱动支持。Docker 主机上的/data 目录被绑定挂载到两个容器中，可以被两个容器共享。容器的挂载点目录与主机上的/data 目录之间采用虚线连接，这是为了表明它们之间是非耦合的关系。外部存储位于 Docker 主机本地存储区之外，进一步增强了它们不受存储驱动控制的独立性。当容器被删除时，外部存储中的数据都会保留在 Docker 主机上。

### 8.2.2　Docker 存储的挂载类型

Docker 为容器在主机中存储文件提供了两种解决方案，即卷和绑定挂载，以确保容器停止之后文件的持久化存储。如果在 Linux 平台上运行 Docker，则还可以选择使用 tmpfs 挂载。无论选择哪种挂载类型，从容器的角度看，数据并没有什么不同。这些数据在容器的文件系统中都会显示为目录或文件。卷、绑定挂载和 tmpfs 挂载这 3 种挂载类型最显著的区别之一是数据在主机中的位置不同，如图 8.2 所示。

V8-2　Docker 存储的挂载类型

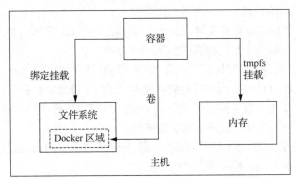

图 8.2　不同挂载类型在 Docke 主机中的位置

**1．卷**

卷存储在主机文件系统中，由 Docker 管理，默认在 Linux 主机的/var/lib/docker/volumes 目录下。它受到保护，非 Docker 进程是不能修改该部分内容的。卷是 Docker 中持久存储容器的应用数据的较好的方式。卷也支持使用卷驱动，卷驱动可以让用户将数据存储在远程主机或云提供商处，或者其他可能的位置。可以以匿名方式或命名方式挂载卷。匿名卷（Anonymous Volume）在首次挂载到容器中时没有指定明确的名称，因此 Docker 会为其随机指定在当前 Docker 主机中唯一的名称。除了名称外，命名卷（Named Volume）和匿名卷的其他特性相同。

卷由 Docker 创建并管理，卷适合以下应用场景。

（1）在多个正在运行的容器之间共享数据。如果没有显式创建卷，则卷会在首次挂载到容器上时创建。容器被删除时，卷依然会存在。多个容器可以同时挂载同一个卷，挂载模式可以是读写模式或只读模式。只有显式删除卷时，卷才会被删除。

（2）当 Docker 主机不能保证具有特定目录结构时，卷有助于将 Docker 主机的配置与容器解耦。

（3）需要将容器的数据存储到远程主机或云提供商处，而不是存储到本地时。

（4）当需要在两个 Docker 主机之间备份、恢复或迁移数据时，可以在停止使用卷的容器之后，备份卷所在的目录。

绑定挂载依赖主机本身的目录结构，而卷则完全由 Docker 管理，与绑定挂载相比，卷具有如下优势。

（1）卷比绑定挂载更容易对数据进行备份和迁移。

（2）可以通过 Docker 命令行或 Docker API 对卷进行管理。

（3）卷在 LXC 和 Windows 容器中都可以工作。

（4）在多个容器之间共享数据时，卷更为安全。

（5）卷驱动支持在远程主机或云端存储卷、加密卷内容，以及增加其他功能。

（6）新卷的内容可以由容器预填充。

此外，与使用容器的可写层持久化数据相比，使用卷通常是更好的选择，因为使用卷不会增加容器的体积，并且卷的内容不受特定容器的生命周期的影响。

**2. 绑定挂载**

绑定挂载可以将数据存储到主机系统的任意位置，甚至可以存储到一些重要的系统文件或目录中。Docker 主机上的非 Docker 进程或 Docker 容器都可以随时对这些数据进行修改。

与卷相比，绑定挂载功能更受限。虽然绑定挂载性能更高，但它们依赖于具有特定目录结构的主机文件系统，不能使用 Docker 命令直接管理绑定挂载。绑定挂载允许访问敏感文件。

绑定挂载适合以下应用场景。

（1）在主机和容器之间共享配置文件。Docker 向容器提供 DNS 解析时默认采用的就是绑定挂载，即将主机上的/etc/resolv.conf 文件挂载到每个容器中。

（2）在 Docker 主机上的开发环境和容器之间共享源代码或构建工件（Artifact）。例如，可以将项目管理工具 Maven 的 target 目录挂载到容器中，每次在 Docker 主机上构建 Maven 项目时，容器会访问重新构建的工件。以这种方式使用 Docker 进行开发时，生产环境的 Dockerfile 会直接将生产就绪的工件复制到镜像中，而不依赖绑定挂载。

（3）当 Docker 主机上的目录结构与容器的绑定挂载要求一致时。如果正开发新的 Docker 应用程序，则应考虑使用命名卷，而不是使用绑定挂载。

**3. tmpfs 挂载**

tmpfs 可译为临时文件系统，是一种基于内存的文件系统，读写速度非常快。无论是在 Docker 主机上还是在容器中，tmpfs 挂载都不会在磁盘上持久化存储数据。它可以在容器的生命周期内供容器使用，以存储非持久状态或敏感的信息。tmpsf 挂载仅限于在运行 Linux 操作系统的 Docker 主机上使用，不会被写到主机的文件系统中，因此不能持久保存容器的应用数据。在不需要将数据持久保存到主机或容器中时,使用 tmpfs 挂载较为合适。出于安全考虑,或者要保证容器的性能,应用程序需要写入大量非持久数据时,这种挂载类型很适用。如果容器产生了非持久化数据,那么可以考虑使用 tmpfs 挂载避免数据永久存储到任何位置,并且通过避免将数据写入容器的可写层来提高容器的性能。

与卷和绑定挂载不同,tmpfs 挂载是临时性的,数据仅存储在主机的内存中,如果内存不足,则使用交换分区。当容器停止时,tmpfs 挂载会被移除,写入的文件也不会保存下来。这对临时存储敏感文件很有用,不用在主机或容器的可写层中保存敏感数据。

tmpfs 挂载存在如下限制。

(1) tmpfs 挂载只能用于 Linux 平台的 Docker,不支持 Windows 平台。

(2) 与卷和绑定挂载不同,tmpfs 挂载不支持在容器之间共享数据。

### 8.2.3 Docker 卷管理及文件系统挂载语法

使用 docker volume 命令可以进行卷管理,使用 docker run 或 docker create 命令的相关选项可将外部文件系统挂载到容器中。

#### 1. Docker 卷管理语法

docker volume 是 Docker 卷管理命令,其语法格式如下。

docker volume 子命令

子命令用于完成具体的卷管理任务,docker volume 子命令及其功能说明如表 8.1 所示。

表 8.1 docker volume 子命令及其功能说明

| docker volume 子命令 | 功能说明 |
| --- | --- |
| docker volume create | 创建一个新卷 |
| docker volume ls | 列出本地 Docker 主机上的卷 |
| docker volume inspect | 查看卷的详细信息,包括卷在 Docker 主机文件系统中的具体位置 |
| docker volume prune | 删除未被容器或者服务副本使用的全部卷 |
| docker volume rm | 删除未被使用的指定卷 |

#### 2. 容器的文件系统挂载语法

使用 docker run 或 docker create 命令的相关选项可将外部文件系统挂载到容器中。在早期的 Docker 版本中,-v(长格式为--volume)选项用于独立容器,而--mount 选项用于集群服务。卷和绑定挂载都可以通过这两个选项挂载到容器中,只是二者的语法存在细微差异,对于 tmpfs 挂载,可以使用--tmpfs 选项。

建议对于所有的容器或服务的绑定挂载、卷或 tmpfs 挂载都使用--mount 选项,因为这种方法更清晰、更详细。从 Docker 17.06 开始,也可以将--mount 选项用于独立容器。--mount 选项与-v 选项最大的区别之一在于:-v 选项的语法是将所有参数组合在一个字段中,而--mount 选项的语法是将它们分别罗列,--mount 选项采用若干键值对以支持更多的设置参数。-v 选项的写法更加简洁,目前仍然被广泛使用。

(1) -v 选项的语法格式。

-v 选项的语法格式如下。

-v [主机中的挂载源:]容器中的挂载目标[:<选项>]

该选项包括由冒号分隔的 3 个字段。这些字段必须按照正确的顺序排列。第 1 个字段表示挂载源(来自主机的文件系统);第 2 个字段是挂载目标(容器中的挂载点,可以是目录或文件路径,必须采用绝对路径的形式）；第 3 个字段是可选的，是一个以逗号分隔的选项列表，如 ro（表示只读）。

（2）--mount 选项的语法格式。

--mount 选项的语法格式如下。

--mount <键>=<值>,<键>=<值>,...

该选项的参数由多个逗号分隔的键值对组成。--mount 选项的语法比-v 选项更冗长，但键的排列顺序并不重要，并且键值对更易于理解，其主要键及其功能说明，如表 8.2 所示。

表 8.2 --mount 选项主要键及其功能说明

| 键 | 功能说明 |
| --- | --- |
| type | 指定要挂载的类型，值可以是 bind（绑定挂载）、volume（卷）或 tmpfs。默认使用 volume |
| source（或 sc） | 指定挂载源，对于卷，挂载源卷；对于绑定挂载，挂载源为主机上的目录或文件 |
| destionation（或 dst、target） | 指定挂载目标，即容器中的挂载点，必须采用绝对路径的形式 |
| readonly | 指定只读选项，表示源以只读方式挂载到容器中 |
| 其他键 | 可以被多次指定，由若干键值对组成。卷和绑定挂载有不同的键 |

## 8.3 项目实施

### 8.3.1 创建和管理卷

可以使用 docker volume create 命令创建卷，下面示范创建卷并让容器挂载该卷的操作过程。

**1. 创建卷并使容器挂载卷**

创建一个卷并让容器挂载卷，同时查看卷的相关信息，步骤如下。

（1）使用 docker volume create 命令创建卷 volume-test01，并查看当前卷列表信息，执行命令如下。

```
[root@localhost ~]# docker volume create volume-test01
```

命令执行结果如下。

```
volume-test01
[root@localhost ~]# docker volume ls
```

命令执行结果如下。

```
DRIVER    VOLUME NAME
......
local     volume-test01
[root@localhost ~]#
```

默认情况下，Docker 创建新卷时采用内置的 local 驱动，使用该驱动的本地卷只能被所在主机上的容器使用。

（2）使用 docker volume inspect 命令查看当前新卷 volume-test01 的详细信息，执行命令如下。

```
[root@localhost ~]# docker volume inspect volume-test01
```

命令执行结果如下。

```
[
    {
```

```
            "CreatedAt": "2021-07-19T16:13:45+08:00",
            "Driver": "local",
            "Labels": {},
            "Mountpoint": "/var/lib/docker/volumes/volume-test01/_data",
            "Name": "volume-test01",
            "Options": {},
            "Scope": "local"
        }
]
[root@localhost ~]#
```

从命令执行结果可以看出，创建卷时会在主机上的 Docker 根目录（Linux 主机上默认为 /var/lib/docker）的 volumes 子目录下生成一个以卷名命名的子目录 volume-test01，在该子目录下再创建名为_data 的子目录作为卷的数据存储路径。

（3）使用 docker run 命令启动一个容器，并将 volume-test01 卷挂载到容器中的/txt 目录下，执行命令如下。

```
[root@localhost ~]# docker run -dit -v volume-test01:/txt centos /bin/bash
```

命令执行结果如下。

```
1d74e430091ce4ca28049eaec7259d9c5110cadf719b4c5b517c2a401c42b750
[root@localhost ~]#
```

Docker 并不支持容器中使用相对路径的挂载点目录，挂载点目录必须从根目录开始。在容器列表目录下会发现容器中有一个名为 txt 的目录，这个目录实际指向的是上述的 volume-test01 卷，使用 docker inspect 命令验证卷被正确挂载到容器中，执行命令如下。

```
[root@localhost ~]# docker inspect 1d74e430091
```

命令执行结果如下。

```
......
    "Mounts": [
        {
            "Type": "volume",                                           #挂载类型为 volume（卷）
            "Name": "volume-test01",                                    #卷名
            "Source": "/var/lib/docker/volumes/volume-test01/_data",    #挂载源
            "Destination": "/txt",                                      #挂载目标
            "Driver": "local",                                          #卷驱动类型
            "Mode": "z",                                                #SELinux 标签
            "RW": true,                                                 #可读写
            "Propagation": ""                                           #传播方式
        }
    ],
......
[root@localhost ~]#
```

从命令执行结果可以看出，这是一个挂载卷，有正确的挂载源和挂载目标，并且是可读写的。

（4）使用 docker volume rm 命令删除该卷，执行命令如下。

```
[root@localhost ~]# docker volume rm volume-test01
```

命令执行结果如下。

```
Error response from daemon: remove volume-test01: volume is in use - [e888f4505a19a31cb907daab0292e21b48ece36f0a21f6b8cd9c636835e61257, 9e8f04d99f66f853078aa27bfa39e22e293b0e21a1aad095fc3b5523dce1e816,
```

```
204c10b70ff5dac6a1b296fc78ab006be9ee43dd12175d1f62464b64d26b9f0c,
1d74e430091ce4ca28049eaec7259d9c5110cadf719b4c5b517c2a401c42b750,
3875102de9800539834b3047d4b08a110a6b74dd20036d0b690e5b1142b69a2c]
[root@localhost ~]#
```

显示错误信息，这说明卷正在被容器使用，上述容器虽然停止了，但仍然处于容器生命周期内，会占用卷，需要先删除该容器，再删除该卷，执行命令如下。

```
[root@localhost ~]# docker stop 1d74e430091
```

命令执行结果如下。

```
1d74e430091
[root@localhost ~]# docker rm 1d74e430091
```

命令执行结果如下。

```
1d74e430091
[root@localhost ~]# docker volume rm volume-test01
```

命令执行结果如下。

```
volume-test01
[root@localhost ~]#
```

### 2. 启动容器时自动创建卷

启动带有卷的容器时，如果卷尚不存在，则 Docker 会自动创建这个卷，即在 Docker 根目录的 volumes 子目录下生成相应的目录结构。

下面的示例将 vol-test01 挂载到容器 con-test01 的 /app 目录下，执行命令如下。

```
[root@localhost ~]#docker run -dit --name con-test01 --mount source=vol-test01,target=/app nginx
```

命令执行结果如下。

```
Unable to find image 'nginx:latest' locally
latest: Pulling from library/nginx
b4d181a07f80: Already exists
……
Digest: sha256:353c20f74d9b6aee359f30e8e4f69c3d7eaea2f610681c4a95849a2fd7c497f9
Status: Downloaded newer image for nginx:latest
1d6852f1dad10f3ade654911d4dde15a95a1c1605a184596eea09e4db9d581b2
[root@localhost ~]#
```

vol-test01 卷并没有提前被创建，Docker 会自动创建这个卷，使用 docker inspect con-test01 命令查看该容器的详细信息，可以验证卷是否被正确创建和挂载，执行命令如下。

```
[root@localhost ~]# docker inspect con-test01
```

命令执行结果如下。

```
……
        "Mounts": [
            {
                "Type": "volume",
                "Name": "vol-test01",
                "Source": "/var/lib/docker/volumes/vol-test01/_data",    #挂载源
                "Destination": "/app",                                    #挂载目标
                "Driver": "local",
                "Mode": "z",
                "RW": true,
                "Propagation": ""
```

```
            }
        ],
......
[root@localhost ~]#
```
改用-v 选项挂载卷时，会产生与使用--mount 选项相同的结果，执行命令如下。
```
[root@localhost ~]# dokcer run -dit --name con-test01 -v vol-test01:/app nginx
```
需要注意的是，因为容器名称是唯一的，所以上述两个操作命令不能同时运行，除非在运行其中一个之后删除 con-test01 容器，或者使用其他容器名，或者不使用自定义的容器名。

## 8.3.2 使用容器填充卷、使用只读卷和使用匿名卷

使用容器填充卷、使用只读卷和使用匿名卷的具体操作方法如下。

### 1. 使用容器填充卷

如果容器启动时挂载已经存在并包含数据的卷，则容器不会将其挂载点目录的数据复制到该卷，而是直接使用该卷。如果容器启动时挂载空白卷（卷已经存在但没有任何数据）或者自动创建新卷，而容器在挂载点目录下已有文件或目录，则该挂载点目录的内容会被复制到卷中，即将容器中挂载点目录的数据填充到卷中。其他容器挂载并使用该卷时可以访问其中预先填充的内容，下面给出一个示例验证使用容器填充卷。

（1）使用 docker run 命令启动 Nginx 容器，并使用容器的/usr/share/nginx/html 目录（Nginx 服务器存储其网页内容的默认位置）的内容填充新的卷 nginx-vol01，执行命令如下。
```
[root@localhost ~]# docker run -dit --name=nginx-test --mount
```
命令执行结果如下。
```
source=nginx-vol01,destination=/usr/share/nginx/html  nginx
a10437f4a40fab665220e4792cdf9702c880b1c58fa9da983fad1e9d7f045329
[root@localhost ~]#
```
（2）使用 docker volume inspect nginx-vol01 命令查看该卷的详细信息，执行命令如下。
```
[root@localhost ~]# docker volume inspect nginx-vol01
```
命令执行结果如下。
```
[
    {
        "CreatedAt": "2021-07-19T21:05:35+08:00",
        "Driver": "local",
        "Labels": null,
        "Mountpoint": "/var/lib/docker/volumes/nginx-vol01/_data",
        "Name": "nginx-vol01",
        "Options": null,
        "Scope": "local"
    }
]
[root@localhost ~]#
```
从命令执行结果可以看出，挂载点目录为/var/lib/docker/volumes/nginx-vol01/_data，卷的名称为 nginx-vol01。

（3）查看主机上该卷所在目录的内容，可以发现容器已经填充了卷，执行命令如下。
```
[root@localhost ~]# ll  /var/lib/docker/volumes/nginx-vol01/_data
```
命令执行结果如下。

```
总用量 8
-rw-r--r-- 1 root root 494 7月   6 22:59 50x.html
-rw-r--r-- 1 root root 612 7月   6 22:59 index.html
[root@localhost ~]#
```

（4）启动另一个容器挂载该卷，以使用其中预先填充的内容，执行命令如下。

```
[root@localhost ~]# docker run -dit --name=nginxtest-01 --mount
```

命令执行结果如下。

```
source=nginx-vol01,destination=/nginx ubuntu /bin/bash
25e203a8451ac15d5bf5124ce8c991b041bdba288d5e4f33cb5cce30f0271c36
[root@localhost ~]#
[root@localhost ~]# docker attach nginxtest-01   #连接容器 nginxtest-01
```

命令执行结果如下。

```
root@25e203a8451a:/# ls nginx                    #查看 nginx 目录的内容
50x.html  index.html
root@25e203a8451a:/#exit
exit
[root@localhost ~]#
```

（5）停止容器并删除容器和卷，执行命令如下。

```
[root@localhost ~]# docker stop nginx-test
```

命令执行结果如下。

```
nginx-test
[root@localhost ~]# docker rm nginx-test
```

命令执行结果如下。

```
nginx-test
[root@localhost ~]# docker volume rm nginx-vol01
```

命令执行结果如下。

```
nginx-vol01
[root@localhost ~]#
```

## 2. 使用只读卷

同一个卷可以由多个容器挂载，并且可以让某些容器执行读写操作，而让另一些容器仅执行只读操作，设置只读权限后，在容器中是无法对卷中的数据进行修改的，只有 Dokcer 主机有权修改数据，这在某种程度上提高了安全性。

下面的示例通过在容器中挂载点后面的选项列表（默认为空）中添加只读参数，将卷以只读模式挂载到容器目录下。如果存在多个选项，则用逗号分隔，可以使用--mount 选项来实现，执行命令如下。

```
[root@localhost ~]# docker run -dit --name=nginxtest01 --mount source=nginx-vol01,destination=/usr/share/nginx/html,readonly nginx:latest
```

命令执行结果如下。

```
d2ee2b1399d85761209a269401ae357def6ce40959d3684b57bd0e722d8cf056
[root@localhost ~]#
```

使用 docker inspect nginxtest01 命令验证卷是否正确挂载，查看其 Mounts 部分的信息，可以发现挂载的卷为只读模式，执行命令如下。

```
[root@localhost ~]# docker inspect nginxtest01
```

命令执行结果如下。

……

```
        "Mounts": [
            {
                "Type": "volume",
                "Name": "nginx-vol01",
                "Source": "/var/lib/docker/volumes/nginx-vol01/_data",
                "Destination": "/usr/share/nginx/html",
                "Driver": "local",
                "Mode": "z",              #SELinux 标签
                "RW": false,              #读写模式为 false，表示只读
                "Propagation": ""
            }
        ],
......
[root@localhost ~]#
```

停止并删除 nginxtest01 容器，并删除 nginx-vol01 卷。

也可以使用-v 选项来实现此操作，执行命令如下。

```
[root@localhost ~]# docker run -dit --name=nginxtest02 -v
```

命令执行结果如下。

```
nginx-vol01:/usr/share/nginx/html:ro   nginx:latest
fb4f5830009b4e33c4185c6f5e7988b6efce116227ad0f5eb40fdad5e2d2c111
[root@localhost ~]#
```

使用 docker inspect nginxtest02 命令验证卷是否正确挂载，查看其 Mounts 部分的信息，可以发现显示的信息与使用--mount 选项显示的信息略有差别，执行命令如下。

```
[root@localhost ~]# docker inspect nginxtest02
```

命令执行结果如下。

```
......
        "Mounts": [
            {
                "Type": "volume",
                "Name": "nginx-vol01",
                "Source": "/var/lib/docker/volumes/nginx-vol01/_data",
                "Destination": "/usr/share/nginx/html",
                "Driver": "local",
                "Mode": "ro",             #模式为只读
                "RW": false,              #读写模式为 false，表示只读
                "Propagation": ""
            }
        ],
......
[root@localhost ~]#
```

其差别体现在 Mode 选项的含义不同，使用-v 选项时，Mode 表示读写模式，而使用--mount 选项时，Mode 用于设置 SELinux 标签。

### 3. 使用匿名卷

在安装 Docker 时，默认的安装位置是/var/lib/docker，在创建或启动容器时可以创建匿名卷，匿名卷没有指定明确的名称。若使用--mount 选项启动容器时不定义 source，则会产生匿名卷，执行命令如下。

```
[root@localhost ~]# docker run -dit --mount destination=/app nginx
```
命令执行结果如下。
```
146b174cd740428f8be7f06c5a523aad6f62e3ee806f4e9fa8be77e9abf3ac28
[root@localhost ~]#
```
使用 docker inspect 146b174cd 命令查看该容器的挂载信息，执行命令如下。
```
[root@localhost ~]# docker inspect 146b174cd
```
命令执行结果如下。
```
……
    "Mounts": [
        {
            "Type": "volume",
            "Name": "511eb2ca827d75ea26862864428182e439ecbce2efc8a12e227174c22a46324c",
            "Source": "/var/lib/docker/volumes/511eb2ca827d75ea26862864428182e439ecbce2efc8a12e227174c22a46324c/_data",
            "Destination": "/app",
            "Driver": "local",
            "Mode": "z",
            "RW": true,
            "Propagation": ""
        }
    ],
……
[root@localhost ~]#
```
从命令执行结果可以看出，匿名卷并不是没有名称，而是Docker自动为匿名卷生成一个UUID作为名称，这个UUID与容器一样采用的是由64个十六进制字符组成的字符串。

删除该容器，列出当前的卷，使用 docker volume rm 命令删除匿名卷，必须指定匿名卷的完整UUID，执行命令如下。
```
[root@localhost ~]# docker volume ls
```
命令执行结果如下。
```
DRIVER      VOLUME NAME
……
local       511eb2ca827d75ea26862864428182e439ecbce2efc8a12e227174c22a46324c
……
```
执行如下命令。
```
[root@localhost ~]#
[root@localhost ~]# docker volume rm 511eb2ca
```
命令执行结果如下。
```
Error: No such volume: 511eb2ca                          #提示错误
```
执行如下命令。
```
[root@localhost ~]# docker volume rm
```
命令执行结果如下。
```
511eb2ca827d75ea26862864428182e439ecbce2efc8a12e227174c22a46324c
511eb2ca827d75ea26862864428182e439ecbce2efc8a12e227174c22a46324c
[root@localhost ~]#
```

### 8.3.3 使用容器进行绑定挂载

可以使用容器进行绑定挂载，具体操作方法如下。

#### 1. 绑定挂载主机上的目录

通过绑定挂载可以将 Docker 主机上现有目录挂载到容器的目录下，需要挂载的目录可以由主机上的绝对路径引用。下面将给出使用绑定挂载构建源代码的示例，源代码保存在 source 目录下。构建源代码时，工件保存到目录 source/target 下。要求工件在容器的 /app 目录下，且每次在开发主机上构建源代码时容器都可以访问新的工件，可以使用以下命令将 target 目录绑定挂载到容器的 /app 目录下，从 source 目录下运行 $（pwd）子命令表示 Linux 主机上的当前工作目录。

（1）准备源代码目录并切换到 source 目录，目录中没有添加源代码内容，执行命令如下。

```
[root@localhost ~]# mkdir  source/target  -p
[root@localhost ~]# cd  source
```

（2）使用 docker run 命令启动容器并将主机上的 source/target 目录挂载到容器的 /app 目录下，执行命令如下。

```
[root@localhost source]# docker run -dit --name con-test01 --mount type=bind,source="$(pwd)"/target,target=/app  nginx
```

命令执行结果如下。

```
2b54d071e4e90f54a6cef7a7c042acb4eb2c430edf64036a39a3c5574aa371c0
[root@localhost source]#
```

（3）使用 docker inspect con-test01 命令查看容器详细信息，并验证绑定挂载是否正确创建，查看容器的 Mounts 部分的信息，执行命令如下。

```
[root@localhost source]# docker inspect  con-test01
```

命令执行结果如下。

```
……
        "Mounts": [
            {
                "Type": "bind",                              #挂载类型为 bind（绑定挂载）
                "Source": "/root/source/target",             #主机上的源代码目录
                "Destination": "/app",                       #目标目录为容器上的目录
                "Mode": "",                                  #模式为空
                "RW": true,                                  #可读写
                "Propagation": "rprivate"                    #传播方式
            }
        ],
……
[root@localhost source]#
```

从命令执行结果可以看出，挂载方式为绑定挂载，源代码目录和目标目录都正确。与卷不同的是，这里的挂载类型为 bind，源代码目录为主机上指定的目录，而不是 Docker 根目录下的特定路径。

传播（Propagation）方式是 rprivate，表示是私有的。其中，Mode 表示与 SELinux 标签有关的选项。如果使用 SELinux，则可以添加 z 或 Z 选项来修改挂载到容器中的主机目录或文件的 SELinux 标签，但这会影响主机本身的目录或文件，并影响 Docker 主机之外的范围。z 选项表示绑定挂载的内容在多个容器之间共享；Z 选项表示绑定挂载的内容是私有的，不能共享。对这些选项要格外小心，使用 Z 选项绑定系统目录（如 /home）时会导致主机无法操作，可能需要手动重新标记主机文件，但在服务（而不是容器）中使用绑定挂载时，SELinux 的标签 ":z"":Z"":ro" 都

会被忽略。

（4）停止并删除所用的容器，执行命令如下。

```
[root@localhost source]# docker stop con-test01
```

命令执行结果如下。

```
con-test01
[root@localhost source]# docker rm con-test01
```

命令执行结果如下。

```
con-test01
[root@localhost source]#
```

在某些应用中，容器需要写入绑定挂载，所写入的内容会自动回传到 Docker 主机上的相应目录下。在其他应用中，容器可能只需读取绑定挂载，下面修改前文的示例，使用只读绑定挂载。

（5）使用--mount 选项实现只读绑定挂载，执行命令如下。

```
[root@localhost source]# docker run -dit --name con-test01 --mount type=bind,source="$(pwd)"/target,target=/app,readonly nginx
```

命令执行结果如下。

```
8e80625cdf2f7fc92dc1e8f1faf08cfd6d7a01bf56d0bc669e0b2e98ba0bbd16
[root@localhost source]#
```

如果有多个选项，则用逗号分隔。上述命令改用-v 选项也可以达到相同的结果，执行命令如下。

```
[root@localhost source]# docker run -dit --name con-test02 -v "$(pwd)"/target:/app:ro nginx
```

命令执行结果如下。

```
1fee894900dc46ebe93e0b2afb6dd5ce0b9f14ec4ae3ac02fed0f9a4e5ac92ca
[root@localhost source]#
```

（6）使用 docker inspect con-test01 命令查看容器的详细信息，查看 Mounts 部分的信息，执行命令如下。

```
[root@localhost source]# docker inspect con-test01
```

命令执行结果如下。

```
......
        "Mounts": [
            {
                "Type": "bind",
                "Source": "/root/source/target",
                "Destination": "/app",
                "Mode": "",                    #模式为空
                "RW": false,                   #只读
                "Propagation": "rprivate"
            }
        ],......
[root@localhost source]#
```

（7）停止并删除容器。

## 2. 绑定挂载主机上的文件

除了绑定挂载目录外，还可以单独指定文件进行绑定挂载，该文件可以由主机上的绝对路径引用。绑定挂载文件主要用于主机与容器之间共享配置文件，许多应用程序依赖配置文件，如果为每个配置文件制作一个镜像，则会让简单的工作变得复杂起来且很不方便。而将配置文件置于 Docker 主机上，并且挂载到容器中，可以随时修改配置，使得配置文件的管理变得简单灵活。例如，将主机上的

/etc/localtime 文件挂载到容器中,可以使容器的时区设置与主机的时区设置保持一致,执行命令如下。

[root@localhost ~]# docker run -dit --rm -v /etc/localtime:/etc/localtime ubuntu /bin/bash

命令执行结果如下。
08c1c1cb5efa61f8cb17b92ad056f8870208f6f55595d250d59c80239c6f23d3
[root@localhost ~]# docker attach 08c1c1cb        #连接容器

命令执行结果如下。
root@08c1c1cb5efa:/# date +%z                      #查看时区设置

命令执行结果如下。
+0800
root@08c1c1cb5efa:/# exit
exit
[root@localhost ~]#

### 3. 绑定挂载主机上不存在的目录和文件

绑定挂载 Docker 主机中并不存在的目录或文件时,--mount 和-v 选项的表现有一些差异。如果使用-v 选项,则会在主机上自动创建一个目录,对于不存在的文件,创建的也是一个目录。

在下面的示例中,Docker 会在启动容器之前在主机上创建/doesnot/exist-dir 目录,执行命令如下。

[root@localhost ~]# docker run -dit --rm -v /doesnot/exist-dir:/app -w /app ubuntu /bin/bash

命令执行结果如下。
ffcbad5f6cd4f6befd05fcb8e399e68fd75a76baefaaacfcb95da9e3948c9199
[root@localhost ~]# docker attach ffcbad5f
root@ffcbad5f6cd4:/app# exit
exit
[root@localhost ~]#

如果改用--mount 选项,则 Docker 不会自动创建目录,还会报错。

[root@localhost ~]# docker run -dit --rm --mount type=bind,source=/doesnot/exist-dir:/app,target=/app -w /app ubuntu /bin/bash

命令执行结果如下。
docker: Error response from daemon: invalid mount config for type "bind": bind source path does not exist: /doesnot/exist-dir:/app.
See 'docker run --help'.
[root@localhost ~]#

### 4. 绑定挂载到容器中的非空目录

如果将主机上的目录绑定挂载到容器中的非空目录,则容器挂载的目录中的现有内容会被主机上的目录中的内容遮盖。被遮盖的目录和文件不会被删除或更改,但在使用绑定挂载时不可访问。这就像将文件保存到 Linux 主机上的/mnt 目录下,然后将只读存储光盘(Compact Disc Read-Only Memory,CD-ROM)驱动器挂载到/mnt 目录下,在卸载 CD-ROM 驱动器之前,CD-ROM 驱动器的内容会遮盖/mnt 目录下的内容,访问/mnt 目录时存取的是 CD-ROM 驱动器的内容,卸载 CD-ROM 驱动器之后,访问/mnt 目录时看到的是/mnt 目录本身的内容。

无论主机上的目录是否为空,绑定挂载到容器中的非空目录都会发生遮盖的情况。一定要注意,这种方式与 Docker 卷是完全不同的。对于卷来说,只有卷中存在内容,挂载卷的容器目录才会被遮盖而使用该卷的内容。

下面给出一个比较典型的示例，使用主机上的/tmp 目录替换容器的/usr 目录的内容，在大多数情况下，这会产生一个没有用处的容器，执行命令如下。

```
[root@localhost ~]# docker run -dit --name broken-con01 --mount type-bind,source=/tmp,target-/usr nginx
```

命令执行结果如下。

```
invalid argument "type-bind,source=/tmp,target-/usr" for "--mount" flag: invalid field 'type-bind' must be a key=value pair
See 'docker run --help'.
[root@localhost ~]#
```

### 8.3.4 创建、备份、恢复卷容器

可以通过卷容器实现创建、备份、恢复等操作。卷容器又称数据卷容器，是一种特殊的容器，专门用来将卷（也可以是绑定挂载）提供给其他容器进行挂载。使用 docker run 或 docker create 命令创建容器时可通过--volumes-from 选项基于卷容器创建新的容器，并挂载卷容器提供的卷。

（1）创建卷容器。

创建名为 data-store01 的卷容器，挂载匿名卷（/data01），执行命令如下。

```
[root@localhost ~]# docker create --name data-store01 -v /data01 ubuntu /bin/bash
```

命令执行结果如下。

```
c906408e8f39756d61300a4939e8d82edc964365d5f8239f7e7e992678d78d50
[root@localhost ~]#
```

（2）备份卷容器。

① 启动新的容器并从 data-store01 容器中挂载卷。
② 将本地主机的当前目录挂载为/backup。
③ 传送命令，将 data01 卷的内容打包为/backup/backup.tar 文件。

备份卷容器，执行命令如下。

```
[root@localhost ~]# docker run --rm --volumes-from data-store01 -v $(pwd):/backup ubuntu tar -cvf /backup/backup.tar /data01
```

命令执行结果如下。

```
tar: Removing leading `/' from member names
/data01/
[root@localhost ~]#
```

（3）从备份中恢复卷容器。

创建备份之后，可以将它恢复到同一个容器或者在其他地方创建的容器。例如，创建名为 data-store02 的新容器，执行命令如下。

```
[root@localhost ~]# docker run -v /data01 --name data-store02 ubuntu /bin/bash
```

在新容器的数据卷中将备份文件解压，执行命令如下。

```
[root@localhost ~]# docker run --rm --volumes-from data-store02 -v $(pwd):/backup ubuntu bash -c "cd /data01&&tar -xvf /backup/backup.tar --strip 1"
```

## 项目小结

本项目包含 7 个任务。

任务 8.1：Docker 存储的相关知识，主要讲解了容器本地存储与 Docker 存储驱动、选择 Docker

存储驱动的总体原则、容器与非持久化数据、容器与持久化数据。

任务 8.2：Docker 存储的挂载类型，主要讲解了卷、绑定挂载、tmpfs 挂载。

任务 8.3：Docker 卷管理及文件系统挂载语法，主要讲解了 Docker 卷管理语法、容器的文件系统挂载语法。

任务 8.4：创建和管理卷，主要讲解了创建卷并使容器挂载卷、启动容器时自动创建卷。

任务 8.5：使用容器填充卷、使用只读卷和使用匿名卷，主要讲解了如何使用容器填充卷、如何使用只读卷和使用匿名卷。

任务 8.6：使用容器进行绑定挂载，主要讲解了绑定挂载主机上的目录、绑定挂载主机上的文件、绑定挂载主机上不存在的目录和文件、绑定挂载到容器中的非空目录。

任务 8.7：创建、备份、恢复卷容器，主要讲解了创建卷容器、备份卷容器、从备份中恢复卷容器。

## 课后习题

**1. 选择题**

（1）使用 docker volume 子命令（　　）可以查看卷的详细信息。
　　A. docker volume create　　　　B. docker volume ls
　　C. docker volume inspect　　　 D. docker volume prune

（2）查看容器详细信息时，查看容器的 Mounts 部分，其中，Mode 中用来表示共享的选项是（　　）。
　　A. z　　　　B. Z　　　　C. w　　　　D. r

（3）【多选】与绑定挂载相比，卷具有的优势有（　　）。
　　A. 卷比绑定挂载更容易对数据进行备份和迁移
　　B. 在多个容器之间共享数据时，卷更为安全
　　C. 新卷的内容可以由容器预填充
　　D. 卷在 LXC 和 Windows 容器中都可以工作

**2. 简答题**

（1）简述容器本地存储与 Docker 存储驱动。
（2）简述选择 Docker 存储驱动的总体原则。
（3）简述容器与非持久化数据。
（4）简述容器与持久化数据。
（5）简述 Docker 存储的挂载类型。

# 项目9
# Docker集群管理与应用

**【学习目标】**
- 掌握Docker Swarm模式及其主要特性。
- 掌握Docker Swarm主要概念。
- 掌握Docker Swarm的工作原理。
- 掌握Docker Swarm在集群中部署和管理应用服务的方法。

## 9.1 项目描述

本项目主要介绍多主机的 Docker 管理。前文中的项目都是基于单个 Docker 主机的，所有容器都是运行在同一个主机上的。单个 Docker 主机能发挥的作用毕竟有限，也不便于管理。实际生产环境下往往会有多个 Docker 主机，涉及跨主机多子网的容器配置和管理，复杂性大大提高了，所以 Docker 集群功能才能发挥其强大的技术优势。Docker Compose 支持多个服务的编排，但不支持跨主机部署，而集群将多个主机作为一个协同工作的有机整体，使其能够像单个系统那样工作，同时支持高可用、负载均衡和并行处理的功能。在集群中部署应用程序时，不必关心具体部署在哪台主机上，只需要关心需要的资源即可，一切由集群管理程序进行调试。Docker 从 1.12 版本开始引入 Swarm 模式来实现集群管理，实现应用程序自动化部署、可伸缩、高可用和负载均衡，为大规模分布式应用程序的部署和管理提供了解决方案。

## 9.2 必备知识

### 9.2.1 Docker Swarm 概述

使用 Docker Swarm 创建集群的操作非常简单，不需要额外安装任何软件，也不需要进行额外的配置，很适合读者用来学习和使用 Docker 集群平台，当然，也可用于中小规模的 Docker 集群实际部署。

**1. Docker Swarm 主要概念**

Docker Swarm 是 Docker 官方提供的集群管理工具，能够将多台主机构建成一个 Docker 集群，把若干台 Docker 主机抽象为一个整体，并通过一个入口统一管理这些 Docker 主机的各种 Docker 资源。Docker Swarm 部署、管理应用程序，并结合 overlay 网络实现容器的调试与相互访问。Docker Swarm 的主要概念包括

V9-1 Docker Swarm 主要概念

Swarm、节点、服务和任务、Swarm 高可用性和 Swarm 负载均衡等,下面分别介绍相关概念。

(1) Swarm。

Swarm 是由多个 Docker 引擎组成的整体,即集群。一个 Swarm 集群包括多个以 Swarm 模式运行的 Docker 主机,它们充当管理器(负责管理成员和代理)和工作者(负责运行 Swarm 服务)。Swarm 集群管理的对象主要是服务,而不是独立的容器。Swarm 服务相对于独立容器的一个关键优势是,无须手动重启服务就可以修改服务的配置,包括要连接的网络和数据卷。创建服务时,可以定义其期望状态(副本数据、可用的网络和存储资源、对外暴露的端口等),Docker 尽力维持这种期望状态。如果一个工作者节点不可用,则 Docker 会将该节点的任务安排给其他节点。一个任务就是一个正在运行的容器,也是 Swarm 服务的一部分,由 Swarm 管理器管理,它与独立容器不同。

当 Docker 以 Swarm 模式运行时,独立容器仍然可以在加入 Swarm 集群的 Docker 主机上运行。Swarm 集群和独立容器的关键差别在于,只有 Swarm 管理器能够管理 Swarm 集群,而独立的容器可以由任意守护进程启动,Docker 守护进程可以作为管理器或工作者加入 Swarm 集群。与使用 Docker Compose 定义和运行容器一样,也可以使用 Docker Compose 定义和运行 Swarm 服务堆栈(Service Stack)。

(2) 节点。

节点(Node)是加入 Swarm 集群的 Docker 引擎的一个实例,也可以将其视为一个 Docker 节点。可以在单台物理机或云主机上运行一个或多个节点,但生产型 Swarm 部署通常包括分布在多台物理机和云主机上的 Docker 节点。

Swarm 模式集群架构如图 9.1 所示,整个集群由一个或多个节点组成。这些节点运行 Docker 引擎的物理机或虚拟机,节点按角色分为管理器节点和工作者节点两种类型。

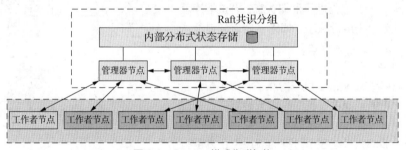

图 9.1 Swarm 模式集群架构

① 管理器节点。管理器节点负责集群管理任务,包括维护集群状态、调试服务、提供 Swarm 模式的 HTTP API 服务。

管理器使用一致性共识算法 Raft,可以维持整个 Swarm 集群及其中运行的所有服务的内部状态的一致性。Raft 要求大多数管理器同意对集群的更新建议,如节点添加或者删除。如果仅用于测试,则集群使用单个管理器就可以满足要求。在单个管理器的集群中,若管理器发生故障,则服务会继续运行,但需要创建新的集群以进行恢复。

为充分利用 Swarm 集群的容错功能,Docker 建议用户根据自己的高可用性要求部署奇数个节点。当存在多个管理器时,如果管理器节点发生故障,不用停机就可以恢复,可以按照以下建议确定管理器节点的数量。

3 个管理器的 Swarm 集群最多允许 1 个管理器节点失效。

5 个管理器的 Swarm 集群最多允许 2 个管理器节点同时失效。

$N$ 个管理器的 Swarm 集群最多允许 $(N-1)/2$ 个管理器节点同时失效。

Docker 建议 1 个集群最多包含 7 个管理器节点，添加更多的管理器节点并不意味着更强的可扩展性或更高的性能。

② 工作者节点。工作者节点也是 Docker 引擎的实例，其唯一目的是运行容器。工作者节点不加入 Raft 分布式状态存储，不进行决策调试，也不提供 Swarm 模式的 HTTP API 服务。

可以创建单个管理器节点的集群，但集群中不能只有管理器节点而没有工作者节点，默认情况下，所有管理器节点同时是工作者节点。

③ 改变节点的角色。可以将工作者节点升级为管理器节点。例如，要对管理器节点进行离线维护时，可能需要升级工作者节点。当然，也可以将管理器节点降级为工作者节点。

（3）服务和任务。

服务（Service）用于定义要在管理器节点或工作者节点上执行的任务，是整个集群系统的核心结构。创建服务时可指定要使用的容器和要在容器中执行的命令。在复制服务模型时，Swarm 管理器根据期望状态中的设置比例在节点之间分配特定数量的任务副本。对于全局服务，Swarm 在集群中每个可用节点上运行服务的一个任务。

将服务部署到 Swarm 集群时，Swarm 管理器将服务的定义作为服务的期望状态，然后将该服务作为一个任务或多个任务的副本在节点上进行调试。这些任务在集群的节点上彼此独立运行。

例如，要在 HTTP 监听器的 3 个实例之间进行负载均衡，如图 9.2 所示，图中包括一个具有 3 个 nginx 副本的 HTTP 监听器服务，3 个实例中的每一个都是 Swarm 集群的一个任务。

容器是被隔离的进程，在 Swarm 模式模型中，每个任务只调用一个容器，任务类似于调试程序放置容器的"插槽"。一旦容器处于活动状态，调试程序就会识别出该任务处于运行状态，如果容器未通过健康检查或终止，则任务也将终止。

任务（Task）定义了 Docker 容器和要在容器中运行的命令。它是 Swarm 集群的原子调度单位。管理器节点根据服务规模中设置的副本数量将任务分配给工作者节点，一旦任务分配给某个节点，其就不能转移到另一个节点，只能在所分配的节点上正常运行或运行失败。

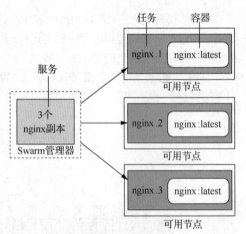

图 9.2　Swarm 服务

例如，可以定义一个服务，指示编排器始终保持 HTTP 监听器的 3 个实例的运行状态，编排器通过创建 3 个任务来实现该服务。每个任务相当于一个"插槽"，调试器生成容器来填充它。容器是具体任务的实例，如果 HTTP 监听器任务未通过健康检查或崩溃，则该编排器会创建新的任务副本，以生成新的容器。

如图 9.3 所示，展示了 Swarm 模式中管理器节点如何接收服务创建请求，并将任务调试到工作者节点。Docker Swarm 模式的底层逻辑通过通用的调度器和编排器实现，服务和任务抽象本身并不知道它们自己使用的容器。实现其他类型的任务时，如实现虚拟机任务或非容器化的任务时，调度器和编排器并不知道任务的类型。

任务使用的是单向机制，它通过一系列状态（分配、准备、运行）单调地前进。如果任务失败，则编排器会删除任务及其容器，并根据服务指定的期望状态创建新的任务进行替换。

（4）Swarm 高可用性。

可用性意味着可靠性和可维护性。高可用性一般意味着具有自动检测、自动切换和自动恢复功能，以确保应用程序的持续运行。

Swarm 集群具备状态自动调整功能，管理器节点持续监控集群状态，并调整实际状态与期望状态之间的差异。故障转移是 Swarm 内置的功能，无须专门声明。创建服务时只要声明期望状态，无论发生什么状况，Swarm 都会尽最大努力达到这个期望状态。在 Swarm 集群中，当一个节点关闭或崩溃时，管理器节点将创建新的副本来替换该节点上的失效副本，并将新副本分配给正在运行且可用的节点，从而实现故障转移。

（5）Swarm 负载均衡。

Swarm 管理器使用 ingress 负载均衡器暴露要提供给 Swarm 集群外部用户的服务。它可以自动为服务分配发布端口，或者由用户为该服务配置发布端口，可以指定任何未使用的端口。如果不指定端口，那么 Swarm 将为该服务自动分配一个在 30000～32767 内的高位端口号。

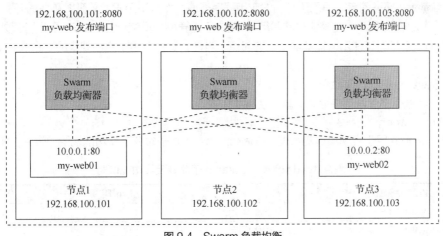

图 9.3　Swarm 服务工作流

外部用户可以访问集群中任何节点的发布端口上的服务，Swarm 集群的所有节点会将所有传入请求路由到正在运行的任务实例中。

如图 9.4 所示，ingress 网络是一个特殊的 overlay 网络，有助于服务的节点直接进行负载均衡。当 Swarm 的任何节点在已发布的端口上接收到请求时，它将该请求转发给调用 IP 虚拟服务（IP Virtual Server，IPVS）的模块，IPVS 跟踪参与该服务的所有容器的 IP 地址，从中选择一个并通过 ingress 网络将请求路由转发给 IPVS。Swarm 模式拥有内部 DNS 组件，它自动为集群中的每一个服务分配一个 DNS 条目，Swarm 管理器根据服务的 DNS 名称，使用内部负载均衡在集群内的服务之间分配请求。

图 9.4　Swarm 负载均衡

## 2. Docker Swarm 主要特性

Docker 目前的版本包括原生的 Swarm 模式，其主要特性如下。

（1）可伸缩服务。一旦将服务部署到 Swarm 集群中，就可以使用 Docker 命令行来伸缩服务，增减服务容器的数量。

（2）实现与 Docker 引擎集成的集群管理。

（3）去中心化设计。Swarm 节点的角色分为管理器节点和工作者节点，任

V9-2　Docker Swarm 主要特性

一节点故障都不影响应用程序的使用。

（4）声明式服务模式。Docker 引擎使用声明式方法在应用栈中定义各种服务所需的状态。

（5）状态自动调整。管理器节点持续监视集群状态并调整实际状态与期望状态之间的差异。

（6）服务发现。管理器节点为 Swarm 集群中的每个服务分配唯一的 DNS 名称，并平衡正在运行的容器的负载。

（7）回滚更新。一旦有更新推出，就可以以增量方式将服务更新应用于节点。当出现任意问题时，可以将任务回滚到以前的版本。

（8）默认安全机制。Swarm 集群中的每个节点都强制进行相互认证和加密，以保护其自身与其他节点之间的通信安全。

### 3. 为什么要使用容器集群

单机的 Docker 引擎和单一的容器镜像只能解决单一服务的打包和测试问题，而要在生产环境下部署企业级应用，就需要容器集群。容器集群的设计目标是在主机集群中提供能够自动化部署扩容及运维的应用容器平台。

在 Docker 的 1.12 版本之前，Docker 在集群管理上依赖第三方解决方案，其中较有名的就是 Kubernetes，即 K8s，是谷歌公司提供的开源的容器编排引擎，用于管理云平台主机上的容器化应用，支持容器化应用程序的自动化部署、伸缩和管理。K8s 通常结合 Docker 工作，并且整合了多个运行 Docker 容器的主机集群，它不仅支持 Docker，还支持另一种容器技术——Rocket。K8s 采用了不同于 Docker 的配置和编排方法，比较复杂，适用于大中型集群运行复杂应用程序的环境。

Docker 从 1.12 版本开始引入 Swarm 模式来实现集群管理。Swarm 本意就是蜂群，可以表示动物的群体。Docker 使用这个概念表示由多个 Docker 引擎组成的整体，也就是集群。Docker Swarm 是 Docker 原生的集群工具，因而无须使用额外的编排软件创建或管理集群。Docker 工具和 Docker API 都可以无缝地在 Docker Swarm 上使用，只是使用环境从单机转变为较强大的集群。Docker Swarm 部署简单，适用于较小的应用程序环境，尤其适用于简单开发和快速开发。

使用 Docker Swarm 创建集群非常简单，用户不需要额外安装软件，也不需要进行额外的配置，很适合作为读者学习和使用容器集群平台的起点。当然，其也可用于中小规模的 Docker 集群实际部署。

### 4. Swarm 集群管理命令

Docker 提供了集群管理命令，其语法格式如下。

docker　swarm　子命令

其中，子命令用于实现集群的管理。docker　swarm 子命令及其功能说明如表 9.1 所示。

表 9.1　docker　swarm 子命令及其功能说明

| docker　swarm 子命令 | 功能说明 |
| --- | --- |
| docker　swarm　ca | 显示和查看证书 CA |
| docker　swarm　init | 初始化集群 |
| docker　swarm　join | 作为节点加入集群 |
| docker　swarm　join-token | 管理加入集群的令牌 |
| docker　swarm　leave | 脱离集群 |
| docker　swarm　unlock | 解锁集群 |
| docker　swarm　unlock-key | 管理解锁密钥 |
| docker　swarm　update | 更新集群 |

建立集群必须使用初始化集群命令，其语法格式如下。

```
docker  swarm  init  --advertise-addr  [参数]
```
使用此命令时，--advertise-addr 选项用于将管理器节点的 IP 地址通告给集群中的其他节点，该地址必须是固定 IP 地址。默认情况下，Docker Swarm 为具有全局作用域 overlay 网络分配默认的地址池 10.0.0.0/8，每个网络都将从这个地址池中被依次分配一个子网。要配置自定义默认地址池，可以使用--default-addr-pool 选项，其中子网掩码使用无类别域间路由选择（Classless Inter-Domain Routing，CIDR）记法。--listen-addr 选项指定用于承载 Swarm 流量的 IP 地址和端口，其参数通常与--advertise-addr 选项的参数一致，但是当节点上有多个 IP 地址的时候，该选项可用于指定某个具体 IP 地址。还可以使用--force-new-cluster 选项强制通过当前状态创建新的集群，这个操作会删除当前管理器节点以外的所有管理器节点。

使用 docker swarm init 命令会生成两个随机的令牌作为其他节点加入集群的密钥：一个是工作者令牌，另一个是管理器令牌。当节点加入集群时，其角色是工作者还是管理器就取决于传递的是哪个令牌。

建立集群之后，其他主机加入集群时需要使用 docker swarm join 命令，其语法格式如下。

```
docker  swarm  join  [选项]  主机:端口
```
该命令的主机和端口参数分别指集群创建者的 IP 地址和集群管理器的通信端口（通常是 2377）。该命令最重要的选项之一是--token，用来传递初始化集群时所生成的令牌。

docker swarm update 命令使用新的选项值更新现有的集群，此命令在管理器节点上运行。集群涉及自动锁定，使用 docker swarm init 或 docker swarm update 命令时可设置--autolock 选项为 true 来生成密钥，以自动锁定管理器。所有管理器存储的私钥和数据将受到该密钥的保护，如果不提供该密钥，则将无法访问集群。密钥通过 docker swarm unlock 命令提供以重新激活管理器。可以使用 docker swarm update --autolock=false 命令取消集群的锁定，默认情况下没有自动锁定集群。

### 5. Swarm 节点管理命令

Docker 提供了节点管理命令，其语法格式如下。

```
docker  node  子命令
```

其中，子命令用于实现节点的管理。docker node 子命令及其功能说明如表 9.2 所示，这些命令都只能在管理器节点上运行。

表 9.2  docker node 子命令及其功能说明

| docker node 子命令 | 功能说明 |
| --- | --- |
| docker node demote | 将一个或多个管理器节点降级为工作者节点 |
| docker node inspect | 显示一个或多个管理器节点的详细令牌 |
| docker node ls | 列出 Swarm 集群中的节点 |
| docker node promote | 将一个或多个节点升级为管理器节点 |
| docker node ps | 列出一个或多个节点（默认为当前节点）上运行的任务 |
| docker node rm | 从 Swarm 集群中删除一个或多个节点 |
| docker node update | 更新节点的选项，如可用性、标签或角色 |

### 6. Swarm 服务管理命令

Docker 提供了服务管理命令，其语法格式如下。

```
docker  service  子命令
```

其中，子命令用于实现服务的管理。docker service 子命令及其功能说明如表 9.3 所示，这些命令都只能在管理器节点上运行。

表 9.3 docker service 子命令及其功能说明

| docker service 子命令 | 功能说明 |
| --- | --- |
| docker service create | 创建新的服务 |
| docker service inspect | 显示一个或多个服务的详细信息 |
| docker service logs | 获取服务或任务的日志 |
| docker service ls | 显示服务列表 |
| docker service ps | 显示一个或多个服务的任务列表 |
| docker service rm | 删除一个或多个服务 |
| docker service rollback | 还原对服务配置的更改，即服务回滚 |
| docker service scale | 扩展一个或多个复制服务 |
| docker service update | 更新服务 |

docker service create 命令的选项非常多，在创建服务时，可以指定使用哪个容器镜像、要在容器中执行哪些命令，还可以为服务设置表 9.4 所示的选项。

表 9.4 docker service create 命令各选项及其功能说明

| 选项 | 功能说明 |
| --- | --- |
| --replicas | 任务数量，在 Swarm 集群中要运行的镜像的副本数 |
| --publish（-p） | 对外提供服务的端口 |
| --network | 该服务连接到集群中其他服务的 overlay 网络 |
| --rollback-delay | 回滚更新策略 |

服务的默认复制模式是副本（Replicated）模式，另一种模式是全局（Global）模式。在全局模式下，每个节点上仅运行一个副本，可以通过向 docker service create 命令传递--mode global 参数来部署全局服务。

### 9.2.2 Docker Swarm 服务网络通信

Docker 使用 overlay 网络来管理 Swarm 集群中的 Docker 守护进程的通信。overlay 网络是使用 overlay 驱动程序的 Docker 网络。主机与服务、服务与服务通过 overlay 网络可以相互访问。管理员可以将服务连接到一个或多个现有 overlay 网络，以启用服务之间的通信，还可以根据需要在 Swarm 集群中进一步配置和使用网络。

#### 1. 容器的跨主机通信方案

容器跨主机通信可以通过对本地作用域网络进行扩展来实现，可用的具体方案如下。

（1）容器使用默认桥接网络（bridge 模式），通过 DNAT 实现外部访问。

（2）容器使用 Docker 主机的网络（host 模式），即直接使用主机的 IP 地址。

（3）建立直接路由，即容器均使用网桥，在 Docker 主机上添加静态路由来实现跨主机通信。

（4）容器使用 macvlan 网络，通过 macvlan 驱动建立容器接口和主机接口之间的连接，为容器提供在物理网络中可路由的 IP 地址。

以上这些方案不支持全局作用域，具有一定的局限性。更完善的容器跨主机通信解决方案是直接使用全局作用域网络，这种方案通过专门的网络驱动来建立跨主机网络。Docker 提供的原生网络驱动是 overlay，其专门用于创建支持多主机网络的分布式网络，让容器连接这种分布式网络并进行安全通信，而 Docker 透明地处理每个 Docker 守护进程与目标容器之间的数据包的路由。其他解决方案均使用 Docker 远程网络驱动，属于第三方解决方案。

overlay 是一种新的数据格式，其在不改变现有网络基础设施的前提下，通过某种通信协议，将二层报文封装在 IP 报文之上，以充分利用成熟的 IP 进行数据分发。overlay 采用扩展的隔离标识位数，能够突破 VLAN 最多为 4094 个的限制，支持高达 1600 万个的用户，并在必要时可将广播流量转化为组播流量，避免了广播数据泛滥。因此，overlay 网络实际上是目前主流的容器跨节点数据传输和路由方案。

### 2. Swarm 模式的 overlay 网络

只要建立 Swarm 集群，并将其他主机加入集群，集群内的服务就自动建立了 overlay 网络。连接到同一个 overaly 网络的容器，无论位于哪台主机上，都能相互通信；不同 overlay 网络内的容器之间是相互隔离的。

Swarm 模式的 overlay 网络具有以下特性。

（1）多个服务可以连接到同一个 overlay 网络。

（2）可以配置使用 DNS 轮询而不使用虚拟 IP 地址提供外部访问服务。

（3）使用 Swarm 模式的 overlay 网络时，集群中各节点需要开放 TCP/UDP 端口 7946 用于容器网络发现，开放 UDP 端口 4789 用于容器通过 overlay 网络通信。

（4）默认情况下，服务发现为每个 Swarm 服务分配一个虚拟 IP 地址和 DNS 名称，使得在同一个网络中的容器可以使用服务名称相互通信。

在 Docker 主机上初始化 Swarm 集群，或者将 Docker 主机加入现有的 Swarm 集群，都会自动在 Docker 主机上创建以下两个网络。

（1）ingress 网络。该网络的驱动为 overlay，作用域为 Swarm 集群，用于处理与 Swarm 服务相关的控制流量和数据流量。ingress 是 Swarm 模式默认 overlay 网络的名称，Swarm 集群的每个节点都能使用 ingress，如果创建的 Swarm 服务没有明确指定网络，则集群中的容器会连接到该网络。

（2）docker_gwbridge 网络。该网络的驱动为 bridge，作用域为本地，用于将 ingress 网络连接到 Docker 主机的网络接口，使流量可以在 Swarm 管理器节点和工作者节点之间直接传输。它是一个虚拟网桥，存在于 Docker 主机的内核中，但并不存在于 Docker 设备中。

默认的 overlay 网络并不是生产环境的最佳选择。在生产环境下部署服务时建议使用自定义的 overlay 网络，可以使用 docker network create 命令创建用户自定义的 overlay 网络。

### 3. Swarm 模式的路由网

Swarm 模式使用路由网将内部服务暴露到非容器网络（如 Docker 主机网络、主机外部网络或互联网）中，并通过发布服务端口对外提供访问。名称为 ingress 的默认 overlay 网络就是一个路由网。为 Swarm 集群中运行的任何服务协调发布端口之后，路由网使用每个节点时都接收对发布端口的访问请求，即使集群中的某些节点上没有运行任何任务。路由网将可用节点发布端口上的所有传入请求路由到一个活动状态的容器中，这种发布模式又称 ingress 模式。通过-p 或者--publish 选项发布服务，可以保证外部用户通过 Swarm 集群内的任何节点都能访问该服务。使用路由网时，不能确定具体由哪个 Docker 节点响应客户端请求。

也可以绕过路由网，直接在运行服务的节点上发布该服务，这种发布模式必须使用--publish 选项，并将 mode 参数设置为 host，因而又称为主机模式，所发布的服务只能通过运行服务副本的节点来访问。

### 4. Swarm 服务发现与服务间通信

将所有服务对外发布，可能会将不必要的服务同时暴露到外部环境，从而增加安全隐患。而使用服务发现，可以在集群内部实现服务之间的通信，从而让多个容器或服务跨节点通信。

Docker 利用内置的 DNS 服务为 Swarm 模式下的服务提供服务发现功能。Swarm 模式会为每个节点的 Docker 引擎内置 DNS 服务器，各个节点间的 DNS 服务通过 Gossip 协议互相交换信息，以实现容器之间的服务发现。每个容器都有域名解析器，可以将域名查询请求转发到 Docker 引擎上的 DNS 服务中。Docker 引擎收到请求后，就会在发出请求的容器所在的网络中检查域名对应的是容器还是服务，再从存储的域名库中查找对应的 IP 地址，并把这个 IP 地址（对服务来说是虚拟 IP 地址）返回给发起请求的域名解析器。Docker 服务发现的作用范围是整个网络，这也就意味着同一个网络上的容器或服务才能利用内置 DNS 服务实现服务发现。

## 9.3 项目实施

### 9.3.1 配置 Docker Swarm 集群环境

在创建 Swarm 集群之前，需要准备其基本运行环境，具体要完成以下任务。

**1. 准备主机**

集群主机可以是物理机、虚拟机或以其他方式托管的主机。

（1）为每台主机更改名称。

为方便实验，此示例使用 3 台运行 CentOS 7.6 操作系统的 VMware 虚拟机（可以直接复制虚拟机以快速安装操作系统）建立小规模集群，将其中一台主机改名为 manager01，作为管理器节点（同时作为工作者节点），另外两台主机改名为 worker01 和 worker02，作为工作者节点。

在第 1 台虚拟机上，更改主机名称为 manager01，执行命令如下。

```
[root@localhost ~]# hostnamectl set-hostname manager01
[root@localhost ~]# bash
[root@manager01 ~]#
```

在第 2 台虚拟机上，更改主机名称为 worker01，执行命令如下。

```
[root@localhost ~]# hostnamectl set-hostname worker01
[root@localhost ~]# bash
[root@worker01 ~]#
```

在第 3 台虚拟机上，更改主机名称为 worker02，执行命令如下。

```
[root@localhost ~]# hostnamectl set-hostname worker02
[root@localhost ~]# bash
[root@worker02 ~]#
```

（2）为每台主机安装 Docker。

在每台主机上安装 Docker，确保 Docker 守护进程在每台机器上都能正常运行，尽量配置镜像加速器。

（3）设置主机的 IP 地址。

集群中的所有主机必须能够通过 IP 地址访问管理器节点。管理器节点应使用固定的 IP 地址，以便其他节点可以通过其 IP 地址进行访问。此示例中 3 台主机的 IP 地址分别为 192.168.100.101、192.168.100.102 和 192.168.100.103。

以 manager01 主机为例，修改其 IP 地址及相关参数，执行命令如下。

```
[root@localhost ~]# vim  /etc/sysconfig/network-scripts/ifcfg-ens33
```

命令执行结果如下。

```
修改选项：
BOOTPROTO=dhcp--->static              // 将 DHCP 配置为静态
ONBOOT=no--->yes                      //是否激活网卡，配置为激活状态
增加选项：
IPADDR=192.168.100.101                //配置 IP 地址
PREFIX=24 或 NETMASK=255.255.255.0    //配置网络子网掩码
GATEWAY=192.168.100.2                 //配置网关
DNS1=8.8.8.8                          //配置 DNS 服务器的 IP 地址
[root@localhost ~]# systemctl restart network    //重启网络服务
```

（4）各主机开放相应的端口。

必须为每台主机开放 TCP 端口 2377（用于集群管理通信）、TCP/UPD 端口 7946（用于节点之间的通信）、UDP 端口 4789（用于 overlay 网络流量监测）。如果要使用加密方式（使用—optencrypted 选项实现）创建 overlay 网络，则要确保允许 IP 号为 50 的封装安全负载（Encapsulating Security Payload，ESP）通信。

### 2. 创建 Swarm 集群

完成上述准备工作之后，需要确保各主机上的 Docker 守护进程已经启动。

（1）在 manager01 主机上使用 docker swarm init 命令创建一个新的 Swarm 集群，执行命令如下。

```
[root@manager01 ~]# docker swarm init --advertise-addr 192.168.100.101
```

命令执行结果如下。

```
Swarm initialized: current node (t5zpmft5nzvjs1zop57gutbt6) is now a manager.
To add a worker to this swarm, run the following command:
    docker swarm join --token SWMTKN-1-6bdpto05ag760mknksmlclsgoygmv9ahvjegftu5pkmhcr263u-2ido4i0rzrk0hoiueqcw8zf8i 192.168.100.101:2377

To add a manager to this swarm, run 'docker swarm join-token manager' and follow the instructions.

[root@manager01 ~]#
```

从命令执行结果可知当前节点已成为管理器，还给出将工作者加入此集群的 docker swarm join --token 命令，该命令提示将管理器节点加入此集群需要使用 docker swarm join --token manager 命令。

（2）复制并使用上述命令"docker swarm join --token SWMTKN-1-6bdpto05ag760mknksmlclsgoygmv9ahvjegftu5pkmhcr263u-2ido4i0rzrk0hoiueqcw8zf8i 192.168.100.101:2377"，将工作者 worker01 和 worker02 加入该集群。在 worker01 主机上进入容器终端，执行命令如下。

```
[root@worker01 ~]# docker swarm join --token
```

命令执行结果如下。

```
SWMTKN-1-6bdpto05ag760mknksmlclsgoygmv9ahvjegftu5pkmhcr263u-2ido4i0rzrk0hoiueqcw8zf8i 192.168.100.101:2377
This node joined a swarm as a worker.
[root@worker01 ~]#
```

如果使用 docker swarm join 命令时出现错误提示"Error response from daemon: This node is already part of a swarm. Use "docker swarm leave" to leave this swarm and join another one."，则说明该节点已经加入集群。解决这个问题的方法是删除相关的集群配置信息（如

在/etc/docker/daemon.json 或/etc/systemd/system/docker.service.d 目录下的.conf 文件中删除与集群相关的配置），重启 Docker。

（3）在 worker02 主机上使用与 worker01 主机相同的命令，将它添加为工作者节点，执行命令如下。

[root@worker02 ~]# docker swarm join --token

命令执行结果如下。

SWMTKN-1-6bdpto05ag760mknksmlclsgoygmv9ahvjegftu5pkmhcr263u-2ido4i0rzrk0hoiueqcw8zf8i 192.168.100.101:2377
This node joined a swarm as a worker.
[root@worker02 ~]#

（4）在 manager01 主机上使用 docker info 命令查看 Swarm 集群的当前状态，执行命令如下。

[root@manager01 ~]# docker info

命令执行结果如下。

```
Client:
  Context:    default
  Debug Mode: false
  Plugins:
    app: Docker App (Docker Inc., v0.9.1-beta3)
    buildx: Build with BuildKit (Docker Inc., v0.5.1-docker)
Server:
  Containers: 10
   Running: 6
   Paused: 0
   Stopped: 4
  Images: 38
  Server Version: 20.10.5                          #版本信息
  Storage Driver: overlay2                         #存储驱动类型
   Backing Filesystem: xfs
   Supports d_type: true
   Native Overlay Diff: true
  Logging Driver: json-file
  Cgroup Driver: cgroupfs
  Cgroup Version: 1
  Plugins:
   Volume: local
   Network: bridge host ipvlan macvlan null overlay
   Log: awslogs fluentd gcplogs gelf journald json-file local logentries splunk syslog
  Swarm: active                                    #集群处于激活状态
   NodeID: t5zpmft5nzvjs1zop57gutbt6               #节点 ID
   Is Manager: true                                #管理器角色
   ClusterID: uinjsrhcxa0jk5jkee4a4i9ra            #集群 ID
   Managers: 1                                     #管理器数量
   Nodes: 3                                        #节点数量
   Default Address Pool: 10.0.0.0/8                #默认地址范围
   SubnetSize: 24                                  #子网长度
```

```
    Data Path Port: 4789                              #数据路径端口（用于 overlay 网络流量监测）
   Orchestration:                                    #调度
    Task History Retention Limit: 5                   #任务历史记录保留限制
   Raft:                                             #Raft 一致性共识算法
    Snapshot Interval: 10000                          #快照间隔
    Number of Old Snapshots to Retain: 0              #要保留的旧快照数
    Heartbeat Tick: 1
    Election Tick: 10
   Dispatcher:
    Heartbeat Period: 5 seconds                       #节点报告其健康状态时间隔的时间
   CA Configuration:                                 #CA（证书认证机构）配置
    Expiry Duration: 3 months                         #有效期
    Force Rotate: 0
   Autolock Managers: false                          #没有自动锁定管理器
   Root Rotation In Progress: false
   Node Address: 192.168.100.101                     #节点 IP 地址
   Manager Addresses:                                #管理器 IP 地址和端口
    192.168.100.101:2377
  Runtimes: io.containerd.runc.v2 io.containerd.runtime.v1.linux runc
  Default Runtime: runc
  Init Binary: docker-init
  containerd version: 269548fa27e0089a8b8278fc4fc781d7f65a939b
  runc version: ff819c7e9184c13b7c2607fe6c30ae19403a7aff
  init version: de40ad0
  Security Options:
   seccomp
    Profile: default
  Kernel Version: 3.10.0-957.el7.x86_64
  Operating System: CentOS Linux 7 (Core)
  OSType: linux
  Architecture: x86_64
  CPUs: 1
  Total Memory: 3.683GiB
  Name: manager01
  ID: E6VC:A6IE:U64P:PNGU:3TXX:XR3Y:ZERY:WYDQ:C6LZ:3FUR:TVS2:HSHV
  Docker Root Dir: /var/lib/docker
  Debug Mode: false
  Registry: https://index.docker.io/v1/
  Labels:
  Experimental: false
  Insecure Registries:
   192.168.100.100
   127.0.0.0/8
  Live Restore Enabled: false
  [root@manager01 ~]#
```

（5）在 manager01 主机上使用 docker node ls 命令查看有关节点的信息，执行命令如下。

```
[root@manager01 ~]# docker node ls
```

命令执行结果如下。

```
ID                          HOSTNAME     STATUS   AVAILABILITY   MANAGER STATUS   ENGINE VERSION
t5zpmft5nzvjs1zop57gutbt6 *  manager01    Ready    Active         Leader           20.10.5
z6phrvwu2dokpnt6qulposep4    worker01     Ready    Active                          20.10.5
lzqvl5htmp01ieyf7dzesx9r3    worker02     Ready    Active                          20.10.5
[root@manager01 ~]#
```

节点 ID 右侧的符号"*"指示当前连接的节点。至此，一个有 3 个节点的 Swarm 集群已经搭建成功。

### 3. 查看节点信息

可以使用 docker node ls 命令显示节点信息，但只能在管理器节点上进行查看。列表结果参见创建 Swarm 集群时的步骤（5）。

其中，ID 列表示节点 ID，节点 ID 是全局唯一的，主机加入集群后会被分配一个节点 ID；HOSTNAME 列表示节点主机名，Docker Swarm 自动将节点命名为主机名称；STATUS 列表示节点当前状态，Ready 表示正常，Down 表示已宕机；其余列的说明如下。

AVAILABILITY 列表示该节点的可用性状态，共有以下 3 种状态。

（1）活动（Active）：调度器能够安排任务到该节点。

（2）暂停（Pause）：调度器不能安排任务到该节点，但是已经存在的任务会继续运行。

（3）候选者（Drain）：调度器不能安排任务到该节点，且会停止已存在的任务，并将这些任务分配到其他处于活动状态的节点中。

MANAGER STATUS 列表示管理器状态，共有以下 4 种状态。

（1）领导者（Leader）：为 Swarm 集群做出所有管理和编排决策的主要管理器节点。

（2）候选者（Reachable）：如果领导者节点变为不可用，则候选者节点有资格成为新的领导者节点。

（3）不可用（Unavailable）：该节点不能和其他管理器节点产生任何联系，在这种情况下，应该添加一个新的管理器节点到集群中，或者将一个工作者节点升级为管理器节点。

（4）空白：表明该节点是工作者节点。

ENGINE VERSION 列表示的是 Docker 引擎版本。

在管理器节点上可以使用 docker node inspect 命令查看指定节点的详细信息，执行命令如下。

```
[root@manager01 ~]# docker node inspect worker01 --pretty
```

命令执行结果如下。

```
ID:                     z6phrvwu2dokpnt6qulposep4        #节点 ID
Hostname:               worker01                         #节点名称
Joined at: 2021-07-22 01:19:18.752901909 +0000 utc       #加入集群的时间
Status:
 State:                 Ready                            #状态正常
 Availability:          Active                           #可用性
 Address:               192.168.100.102                  #节点 IP 地址
Platform:
 Operating System:      linux                            #操作系统
 Architecture:          x86_64                           #架构
Resources:
 CPUs:                  1                                #CPU 数量
 Memory:                3.683GiB                         #内存容量
```

```
    Plugins:                                              #插件
     Log:         awslogs, fluentd, gcplogs, gelf, journald, json-file, local, logentries, splunk,
syslog
     Network:             bridge, host, ipvlan, macvlan, null, overlay
     Volume:              local                          #卷类型
    Engine Version:       20.10.5                        #Docker 引擎版本
    TLS Info:
     TrustRoot:
......
[root@manager01 ~]#
```

### 4. 让节点脱离集群

要将一个节点从 Swarm 集群中移除，可在该节点上使用 docker swarm leave 命令。当一个节点脱离集群时，它的 Docker 引擎停止以 Swarm 模式运行，编排器不再将任务安排到该节点。例如，将主机工作者节点 worker02 脱离集群，要在 worker02 主机上执行如下命令。

```
[root@worker02 ~]# docker swarm leave
```

命令执行结果如下。

```
Node left the swarm.
[root@worker02 ~]#
```

在管理器节点 manager01 上使用 docker node ls 命令查看相关节点信息，执行命令如下。

```
[root@manager01 ~]# docker node ls
```

命令执行结果如下。

```
ID                          HOSTNAME    STATUS   AVAILABILITY   MANAGER STATUS   ENGINE VERSION
t5zpmft5nzvjs1zop57gutbt6 * manager01   Ready    Active         Leader           20.10.5
z6phrvwu2dokpnt6qulposep4   worker01    Ready    Active                          20.10.5
lzqvl5htmp01ieyf7dzesx9r3   worker02    Down     Active                          20.10.5
[root@manager01 ~]#
```

此时，工作者节点 worker02 的状态已变为 Down，表明已不能工作。

worker02 节点脱离 Swarm 集群后，可以在管理器节点 manager01 上使用 docker node rm 命令，以从节点列表中删除 worker02 节点，执行命令如下。

```
[root@manager01 ~]# docker node rm worker02
```

命令执行结果如下。

```
worker02
[root@manager01 ~]#
```

此时，查看相关节点信息，可发现工作者节点 worker02 已不在节点列表中。如果节点变得不可达或者无响应，则使用 docker node rm 命令时可以使用 --force 选项强制删除节点。需要注意的是，在强制删除管理器节点前，必须先将其降级为工作者节点。如果降级或者删除管理器节点，则应确保集群始终拥有数个管理器节点。要让脱离集群的节点重新加入集群，要使用 docker swarm join 命令，节点重新加入时会被分配一个新的节点 ID。

### 5. 让节点以管理器角色加入集群

设置多个管理器节点有利于容错。创建集群之后，如果其他节点要以管理器角色加入集群，则应在管理器节点上获取成为管理器节点的命令（含令牌），执行命令如下。

```
[root@manager01 ~]# docker swarm join-token manager
```

命令执行结果如下。

```
To add a manager to this swarm, run the following command:
```

docker swarm join --token SWMTKN-1-6bdpto05ag760mknksmlclsgoygmv9ahvjegftu5pkmhcr263u-1z4zj0zeyr0nycyzk79v1mgom 192.168.100.101:2377

[root@manager01 ~]#

在 worker02 主机上，执行命令如下。

[root@worker02 ~]# docker swarm join --token

命令执行结果如下。

SWMTKN-1-6bdpto05ag760mknksmlclsgoygmv9ahvjegftu5pkmhcr263u-1z4zj0zeyr0nycyzk79v1mgom 192.168.100.101:2377

This node joined a swarm as a manager.

[root@worker02 ~]#

这样 worker02 主机就以管理器角色加入了集群，可以直接在该节点上查看当前节点列表信息，执行命令如下。

[root@worker02 ~]# docker node ls

命令执行结果如下。

| ID | HOSTNAME | STATUS | AVAILABILITY | MANAGER STATUS | ENGINE VERSION |
|---|---|---|---|---|---|
| t5zpmft5nzvjs1zop57gutbt6 | manager01 | Ready | Active | Leader | 20.10.5 |
| z6phrvwu2dokpnt6qulposep4 | worker01 | Ready | Active | | 20.10.5 |
| 2mmpdvaw5korys8v29n6fqypu * | worker02 | Ready | Active | Reachable | 20.10.5 |

[root@worker02 ~]#

从命令执行结果可以看出，其管理器状态显示为 Reachable，表明 worker02 节点是管理器候选者。

### 6. 降级和升级节点

在管理器节点上使用以下命令可以将指定的管理器节点降级为工作者节点。

docker node demote 管理器节点列表

使用以下命令可以将指定的工作者节点升级为管理器节点。

docker node promote 工作者节点列表

例如，将 worker02 主机降级为工作者节点，执行命令如下。

[root@worker02 ~]# docker node demote worker02

命令执行结果如下。

Manager worker02 demoted in the swarm.

[root@worker02 ~]#

此时，在管理器节点 manager01 主机上查看节点列表信息，执行命令如下。

[root@manager01 ~]# docker node ls

命令执行结果如下。

| ID | HOSTNAME | STATUS | AVAILABILITY | MANAGER STATUS | ENGINE VERSION |
|---|---|---|---|---|---|
| t5zpmft5nzvjs1zop57gutbt6 * | manager01 | Ready | Active | Leader | 20.10.5 |
| z6phrvwu2dokpnt6qulposep4 | worker01 | Ready | Active | | 20.10.5 |
| 2mmpdvaw5korys8v29n6fqypu | worker02 | Ready | Active | | 20.10.5 |

[root@manager01 ~]#

从命令执行结果可以看出，worker02 主机已经降级为工作者节点。

## 9.3.2 Docker Swarm 集群部署和管理服务

应用程序是以服务的形式部署到集群中的，要在 Docker 引擎处于 Swarm 模式时部署应用程序镜像，可以通过创建服务实现。在一些大规模应用中，服务通常会成为微服务的镜像。一个服务的示例包括 HTTP 服务、数据库，以及希望在分布式环境下运行的任何其他类型的可执行程序。单一的应用程序可通过服务直接在集群中部署。

### 1. 将服务部署到 Swarm 集群中

Swarm 集群创建完成之后，可以将服务部署到其中，在管理器节点上执行以下操作。

（1）创建名称为 swarm-web01 的服务，使用 docker service create 命令进行部署，执行命令如下。

```
[root@manager01 ~]# docker service create --name swarm-web01 nginx
```

命令执行结果如下。

```
079grix8nqgehnnl0svym1dv1
overall progress: 1 out of 1 tasks
1/1: running   [==================================================>]
verify: Service converged
[root@manager01 ~]#
```

（2）使用 docker service ls 命令，显示正在运行的服务列表信息，执行命令如下。

```
[root@manager01 ~]# docker service ls
```

命令执行结果如下。

```
ID              NAME          MODE         REPLICAS    IMAGE            PORTS
079grix8nqge    swarm-web01   replicated   1/1         nginx:latest
[root@manager01 ~]#
```

每个服务都有自己的 ID 和名称，REPLICAS 列以 "m/n" 的格式显示当前副本信息，n 表示服务期望的容器副本数，m 表示目前已经启动的副本数。如果 m 等于 n，则说明当前服务已经部署完成，否则意味着服务还没有部署完成。

（3）使用 docker service ps 命令显示任务列表信息，查看每个副本的运行节点和状态，执行命令如下。

```
[root@manager01 ~]# docker service ps swarm-web01
```

命令执行结果如图 9.5 所示。

```
[root@manager01 ~]# docker service ps swarm-web01
ID             NAME            IMAGE          NODE         DESIRED STATE   CURRENT STATE            ERROR    PORTS
9qk1ygruppfc   swarm-web01.1   nginx:latest   manager01    Running         Running 2 minutes ago
[root@manager01 ~]#
```

图 9.5 显示任务列表信息

服务的每个副本就是一个任务，有自己的 ID 和名称，名称格式为"服务名.序号"，如 "swarm-web01.1"，不同的序号表示依次分配的副本。默认情况下，管理器节点可以像工作者节点一样执行任务。DESIRED STATE 列表示当前的实际状态。为集群部署服务之后，可以使用 Docker 命令进一步查看服务的详细信息。

（4）使用 docker service inspect 命令显示有关服务的详细信息，--pretty 选项表示以易于阅读的格式显示，执行命令如下。

```
[root@manager01 ~]# docker service inspect --pretty swarm-test01
```

命令执行结果如下。

```
ID:              079grix8nqgehnnl0svym1dv1    #服务 ID
Name:            swarm-web01                  #服务名称
Service Mode:    Replicated                   #服务模式，这里为复制模式
 Replicas:       1                            #副本数
Placement:                                    #服务配置
UpdateConfig:                                 #服务更新配置
```

```
        Parallelism:     1
        On failure:      pause
        Monitoring Period: 5s
        Max failure ratio: 0
        Update order:    stop-first
     RollbackConfig:                                          #服务回滚配置
        Parallelism:     1
        On failure:      pause
        Monitoring Period: 5s
        Max failure ratio: 0
        Rollback order:  stop-first
     ContainerSpec:                                           #容器定义
        Image:           nginx:latest@sha256:c5aab9d8e259d54af91e0548abf1fa8188a43079eb86b
6ba8df9f482a5380720
        Init:            false
     Resources:
     Endpoint Mode:      vip                                  #端点模式
[root@manager01 ~]#
```

如果要以 JSON 格式返回服务的详细信息，则可在使用该命令时不添加--pretty 选项。

（5）在运行任务的节点上使用 docker ps 或 docker container ls 命令，查看有关任务容器的信息，如果服务不在当前节点上运行，则可使用 SSH 连接到运行服务的节点上进行操作，执行命令如下。

```
[root@manager01 ~]# docker ps
```

命令执行结果如图 9.6 所示。

```
[root@manager01 ~]# docker ps
CONTAINER ID   IMAGE          COMMAND                  CREATED         STATUS         PORTS    NAMES
332de5acdcb2   nginx:latest   "/docker-entrypoint.…"   14 minutes ago  Up 14 minutes  80/tcp   swarm-web01.1.9qk1ygruppfco3y87v6vy0uam
[root@manager01 ~]#
```

图 9.6　查看有关任务容器的信息

每个服务任务都作为容器在主机上运行，这些容器也有自己唯一的 ID 和名称。名称的格式为"服务名.序号.服务 ID"，如"swarm-web01.1.9qk1ygruppfco3y87v6vy0uam"。

### 2. 伸缩服务

一旦将服务部署到 Swarm 集群中，就可以使用 Docker 命令来伸缩服务，增减服务容器的数量。在服务中运行的容器被称为任务，每个任务就是一个服务的副本。

（1）增加服务副本数。

对于服务来说，运行多个实例可以实现负载均衡，同时能提高可用性。使用 Swarm 集群达成这个目标非常简单，增加服务的副本数即可。基于上述内容将 swarm-test01 服务部署在管理器节点中，执行以下操作。

更改在集群中运行的服务所期望的状态，服务副本数增加到 5，执行命令如下。

```
[root@manager01 ~]# docker service scale swarm-web01=5
```

命令执行结果如下。

```
swarm-web01 scaled to 5
overall progress: 5 out of 5 tasks
1/5: running   [==================================================>]
2/5: running   [==================================================>]
3/5: running   [==================================================>]
4/5: running   [==================================================>]
```

```
5/5: running    [==================================================>]
verify: Service converged
[root@manager01 ~]#
```

使用 docker service ps 命令查看更新的任务列表信息，执行命令如下。

```
[root@manager01 ~]# docker service ps swarm-web01
```

命令执行结果如图 9.7 所示。

```
[root@manager01 ~]# docker service ps swarm-web01
ID              NAME            IMAGE           NODE         DESIRED STATE    CURRENT STATE              ERROR    PORTS
9qk1ygruppfc    swarm-web01.1   nginx:latest    manager01    Running          Running 18 minutes ago
ydezatykv7p0    swarm-web01.2   nginx:latest    worker01     Running          Running about a minute ago
5wdddvgl38ms    swarm-web01.3   nginx:latest    worker02     Running          Running about a minute ago
3wcjb68pcv7n    swarm-web01.4   nginx:latest    worker02     Running          Running about a minute ago
hadycbthj1f9    swarm-web01.5   nginx:latest    manager01    Running          Running about a minute ago
[root@manager01 ~]#
```

图 9.7 查看更新的任务列表信息

从命令执行结果可以看出，Swarm 集群增加了 4 个新任务，共有 5 个运行的 nginx 实例，任务分布在集群的 3 个节点上，manager01 节点上运行了 2 个任务，worker01 节点上运行了 1 个任务，worker02 节点上运行了 2 个任务。

使用 docker container ls 命令查看节点上正在运行的任务，以 manager01 节点上的容器为例，执行命令如下。

```
[root@manager01 ~]# docker container ls
```

命令执行结果如图 9.8 所示。

```
[root@manager01 ~]# docker container ls
CONTAINER ID    IMAGE           COMMAND                  CREATED          STATUS          PORTS     NAMES
663e8c1b6df6    nginx:latest    "/docker-entrypoint…"    17 minutes ago   Up 17 minutes   80/tcp    swarm-web01.5.hadycbthj1f95afiet5o59jyw
332de5acdcb2    nginx:latest    "/docker-entrypoint…"    35 minutes ago   Up 35 minutes   80/tcp    swarm-web01.1.9qk1ygruppfco3y87v6vy0uam
[root@manager01 ~]#
```

图 9.8 查看节点上正在运行的任务

（2）减少服务副本数。

服务的缩减也就是减少副本数，执行下面的命令将上述服务的副本数减为 3。

```
[root@manager01 ~]# docker service scale swarm-web01=3
```

完成操作之后，可使用 docker service ps swarm-web01 命令查看更新的任务列表。

### 3. 删除 Swarm 服务

可以删除 Swarm 中运行的服务，执行命令如下。

```
[root@manager01 ~]# docker service rm swarm- web 01
```

命令执行结果如下。

```
swarm- web 01
[root@manager01 ~]# docker service ps swarm- web 01
```

命令执行结果如下。

```
no such service: swarm- web 01
[root@manager01 ~]#
```

### 4. 对服务的任务进行滚动更新

可以在服务部署时配置滚动更新策略。

（1）使用 docker service create 命令将 nginx 部署到集群中，并配置 8s 的更新延迟策略，执行命令如下。

```
[root@manager01 ~]# docker service create --replicas 3 --name my-web01 --update-delay 8s nginx
```

命令执行结果如下。

```
27d1ndv9je3k2bvnat39oi3rr
overall progress: 3 out of 3 tasks
```

```
1/3: running  [==================================================>]
2/3: running  [==================================================>]
3/3: running  [==================================================>]
verify: Service converged
[root@manager01 ~]#
```

--update-delay 选项用于配置更新一个或多个任务之间的延迟时间。时间可使用的单位有秒（s）、分钟（min）或小时（h），还可以组合使用多种单位的时间，如 5min30s，表示延迟 5 分钟 30 秒。

默认情况下，调度器一次更新一个任务，可以通过--update-parallelism 选项来配置调度器同时（并发）更新的最大服务任务数。

默认情况下，当对单个任务的更新完成并返回运行状态时，调度器会调度另一个任务来更新，直到所有任务被更新。如果在任务更新期间的任何时间都返回失败（FAILED）状态，则调度器会暂停更新。可以使用--update-failure-action 选项来控制 docker service create 或 docker service update 命令的行为。

（2）查看 my-web01 服务的详细信息，执行命令如下。

```
[root@manager01 ~]# docker service inspect --pretty my-web01
```

命令执行结果如下。

```
ID:             27d1ndv9je3k2bvnat39oi3rr
Name:           my-web01
Service Mode:   Replicated
 Replicas:      3
Placement:
UpdateConfig:                                    #更新配置
 Parallelism:   1                                #同时更新的最大任务数
 Delay:         8s                               #更新之间的延迟时间
 On failure:    pause                            #更新失败后的操作
 Monitoring Period: 5s                           #每个任务更新后的延迟时间
 Max failure ratio: 0                            #更新期间容许的失败率
 Update order:      stop-first                   #更新顺序
RollbackConfig:
 Parallelism:   1
 On failure:    pause
 Monitoring Period: 5s
 Max failure ratio: 0
 Rollback order:    stop-first
ContainerSpec:                                   #容器定义
 Image:         nginx:latest@sha256:c5aab9d8e259d54af91e0548abf1fa8188a43079eb86b6ba8df9f482a5380720
 Init:          false
Resources:
Endpoint Mode:  vip
[root@manager01 ~]#
```

（3）使用 docker service update 命令更新容器镜像，执行命令如下。

```
[root@manager01 ~]# docker service update --image nginx:latest my-web01
```

命令执行结果如下。

```
my-web01
overall progress: 3 out of 3 tasks
1/3: running   [==================================================>]
2/3: running   [==================================================>]
3/3: running   [==================================================>]
verify: Service converged
[root@manager01 ~]#
```

（4）手动回滚到前一个版本，执行命令如下。

[root@manager01 ~]# docker service update --rollback my-web01

命令执行结果如下。

```
my-web01
overall progress: rolling back update: 3 out of 3 tasks
1/3: running   [>                                                  ]
2/3: running   [>                                                  ]
3/3: running   [>                                                  ]
verify: Service converged
rollback: rollback completed
[root@manager01 ~]#
```

（5）使用 docker service ps 命令查看回滚状态信息，执行命令如下。

[root@manager01 ~]# docker service ps my-web01

命令执行结果如图 9.9 所示。

```
[root@manager01 ~]# docker service ps my-web01
ID            NAME         IMAGE          NODE         DESIRED STATE   CURRENT STATE           ERROR   PORTS
w63f1b7qk4wx  my-web01.1   nginx:latest   worker01     Running         Running 44 minutes ago
u79w0w8um77o  my-web01.2   nginx:latest   manager01    Running         Running 44 minutes ago
cwj32op3fvev  my-web01.3   nginx:latest   worker02     Running         Running 44 minutes ago
[root@manager01 ~]#
```

图 9.9 查看回滚状态信息

### 9.3.3 配置和管理 Docker Swarm 网络

Swarm 集群中的网络是使用 overlay 驱动程序的 Docker 网络，配置和管理 Swarm 集群网络的方法如下。

#### 1. 创建自定义 overlay 网络

在管理器节点上创建名为 nginx-net01 的自定义网络，执行命令如下。

[root@manager01 ~]# docker network create -d overlay nginx-net01

命令执行结果如下。

```
jgfv2d12philf6oz5kjjprou1
[root@manager01 ~]#
```

通过使用 docker network ls 命令查看该节点的已有网络的列表，发现其中有自定义的 overlay 网络，执行命令如下。

[root@manager01 ~]# docker network ls

命令执行结果如下。

```
NETWORK ID      NAME              DRIVER    SCOPE
0ee30d8d6613    alpine-net01      bridge    local
282cd2e4419c    bridge            bridge    local
d87661f4546d    docker_gwbridge   bridge    local
b32e4a93715b    harbor_harbor     bridge    local
```

| | | | |
|---|---|---|---|
| f3e71e645a6b | host | host | local |
| ljmnfe0mq63k | ingress | overlay | swarm |
| jgfv2d12phil | nginx-net01 | overlay | swarm |
| 46b647dfdd85 | none | null | local |

```
[root@manager01 ~]#
```

**2. 将 Swarm 服务连接到自定义 overlay 网络**

部署服务时,如果不使用--network 选项显式声明,则服务将连接到默认的 ingress 网络,在生产环境下,建议使用自定义 overlay 网络。

(1)创建服务时指定要连接的自定义 overlay 网络,在管理器节点上使用 docker service create 命令创建连接到 nginx-net01 网络的 Nginx 服务(3 个副本)。该服务对外发布 80 端口,所有服务都可以互相通信,不需要开放任何端口,执行命令如下。

```
[root@manager01 ~]# docker service create --name my-nginx01 --publish published=8000,target=80 --replicas=3 --network nginx-net01 nginx
```

命令执行结果如下。

```
lj6mplosfkihirsd8jx4px09y
overall progress: 3 out of 3 tasks
1/3: running   [==================================================>]
2/3: running   [==================================================>]
3/3: running   [==================================================>]
verify: Service converged
[root@manager01 ~]#
```

查看该服务的详细信息,可以发现该服务已连接到 nginx-net01 网络,执行命令如下。

```
[root@manager01 ~]# docker service inspect my-nginx01 --pretty
```

命令执行结果如下。

```
ID:             lj6mplosfkihirsd8jx4px09y            #服务 ID
Name:           my-nginx01                           #服务名称
Service Mode:   Replicated                           #服务模式(默认是复制模式)
 Replicas:      3                                    #副本数量
Placement:
UpdateConfig:
 Parallelism:   1
 On failure:    pause
 Monitoring Period: 5s
 Max failure ratio: 0
 Update order:      stop-first
RollbackConfig:
 Parallelism:   1
 On failure:    pause
 Monitoring Period: 5s
 Max failure ratio: 0
 Rollback order:    stop-first
ContainerSpec:
 Image:         nginx:latest@sha256:c5aab9d8e259d54af91e0548abf1fa8188a43079eb86b6ba8df9f482a5380720
 Init:          false
Resources:
```

```
Networks: nginx-net01
Endpoint Mode:  vip
Ports:
 PublishedPort = 8000                              #发布端口
  Protocol = tcp                                    #发布协议
  TargetPort = 80                                   #目标端口
  PublishMode = ingress                             #发布模式
[root@manager01 ~]#
```
其中，自定义 overlay 网络的服务发布模式仍然为 ingress，即通过路由网发布。

（2）为 Swarm 服务更换 overlay 网络连接。

① 使用 docker network create 命令创建新的 overlay 网络，名称为 nginx-net100，执行命令如下。

```
[root@manager01 ~]# docker network create -d overlay nginx-net100
```
命令执行结果如下。
```
owk14nj8u6v12l7xvmhtto9j3
[root@manager01 ~]#
```

② 使用 docker service update 命令更新 my-nginx01 服务，为该服务增加到 nginx-net100 网络的连接，执行命令如下。

```
[root@manager01 ~]# docker service update --network-add nginx-net100 my-nginx01
```
命令执行结果如下。
```
my-nginx01
overall progress: 3 out of 3 tasks
1/3: running   [==================================================>]
2/3: running   [==================================================>]
3/3: running   [==================================================>]
verify: Service converged
[root@manager01 ~]#
```

③ 查看该服务的详细信息，可以发现该服务已连接到 my-nginx01 网络，执行命令如下。

```
[root@manager01 ~]# docker service inspect my-nginx01 --pretty
```
命令执行结果如下。
```
ID:             lj6mplosfkihirsd8jx4px09y
Name:           my-nginx01
Service Mode:   Replicated
 Replicas:      3
……
Resources:
Networks: nginx-net01 nginx-net100                  # 网络连接
Endpoint Mode:  vip
……
[root@manager01 ~]#
```

④ overlay 网络在工作者节点上会随着服务的删除而自动删除，但在管理器节点上并不会自动删除，在管理器节点上依次执行以下命令删除上述服务和网络。

```
[root@manager01 ~]# docker service rm my-nginx01
[root@manager01 ~]# docker network rm nginx-net01 nginx-net100
```

### 3．验证 Swarm 服务发布模式

（1）创建有 2 个副本的服务，并以默认的路由网模式对外发布端口，执行命令如下。

```
[root@manager01 ~]# docker service create --name my-nginx01 --publish published=8080,target=80 --replicas 2 nginx
```
命令执行结果如下。
```
6k6pp19hghntpj8l36rf3jjeb
overall progress: 2 out of 2 tasks
1/2: running   [==================================================>]
2/2: running   [==================================================>]
verify: Service converged
[root@manager01 ~]#
```
（2）查看服务列表信息，执行命令如下。
```
[root@manager01 ~]# docker service ls
```
命令执行结果如下。
```
ID            NAME         MODE         REPLICAS   IMAGE          PORTS
6k6pp19hghnt  my-nginx01   replicated   2/2        nginx:latest   *:8080->80/tcp
[root@manager01 ~]#
```
（3）查看该服务的任务部署情况，执行命令如下。
```
[root@manager01 ~]# docker service ps my-nginx01
```
命令执行结果如下。
```
ID            NAME          IMAGE          NODE        DESIRED STATE   CURRENT STATE        ERROR   PORTS
je1y502u2qgc  my-nginx01.1  nginx:latest   worker01    Running         Running 3 minutes ago
d5yc5alu0nyv  my-nginx01.2  nginx:latest   manager01   Running         Running 3 minutes ago
[root@manager01 ~]#
```
（4）访问 worker02 节点上的服务（目前在 worker02 节点上未运行），执行命令如下。
```
[root@manager01 ~]# curl http://192.168.100.103:8080
```
命令执行结果如下。
```
<!DOCTYPE html>
……
[root@manager01 ~]#
```
命令执行结果表明路由网生效了，访问任一节点时，Docker 都会将请求路由到任何一个处于活动状态的容器上。

（5）创建有 2 个副本的服务，并以主机模式对外发布端口，执行命令如下。
```
[root@manager01 ~]# docker service create --name my-nginx02 --publish published=8088,target=80,mode=host --replicas 2 nginx
```
命令执行结果如下。
```
wq6jiguqpasinbiph7oh7reok
overall progress: 2 out of 2 tasks
1/2: running   [==================================================>]
2/2: running   [==================================================>]
verify: Service converged
[root@manager01 ~]#
```
（6）查看该服务的详细信息，执行命令如下。
```
[root@manager01 ~]# docker service inspect my-nginx02 --pretty
```
命令执行结果如下。

```
  ID:             wq6jiguqpasinbiph7oh7reok
  Name:           my-nginx02
  Service Mode:   Replicated
   Replicas:      2
  ......
  Endpoint Mode:  vip
  Ports:
   PublishedPort = 8088
    Protocol = tcp
    TargetPort = 80
    PublishMode = host                               #发布模式
[root@manager01 ~]#
```

（7）访问 worker02 节点上的服务（目前在 worker02 节点上未运行），发现访问被拒绝，执行命令如下。

```
[root@manager01 ~]# curl  http://192.168.100.103:8080
```

命令执行结果如下。

```
curl: (7) Failed connect to 192.168.100.103:8088; 拒绝连接
[root@manager01 ~]#
```

## 项目小结

本项目包含 5 个任务。

任务 9.1：Docker Swarm 概述，主要讲解了 Docker Swarm 主要概念、Docker Swarm 主要特性、为什么要使用容器集群、Swarm 集群管理命令、Swarm 节点管理命令、Swarm 服务管理命令。

任务 9.2：Docker Swarm 服务网络通信，主要讲解了容器的跨主机通信方案、Swarm 模式的 overlay 网络、Swarm 模式的路由网、Swarm 服务发现与服务间通信。

任务 9.3：配置 Docker Swarm 集群环境，主要讲解了准备主机、创建 Swarm 集群、查看节点信息、让节点脱离集群、让节点以管理器角色加入集群、降级和升级节点。

任务 9.4：Docker Swarm 集群部署和管理服务，主要讲解了将服务部署到 Swarm 集群中、伸缩服务、删除 Swarm 服务、对服务的任务进行滚动更新。

任务 9.5：配置和管理 Docker Swarm 网络，主要讲解了创建自定义 overlay 网络、将 Swarm 服务连接到自定义 overlay 网络、验证 Swarm 服务发布模式。

## 课后习题

**1. 选择题**

（1）docker swarm 子命令（    ）可将节点加入集群。
　　A. docker swarm init           B. docker swarm join
　　C. docker swarm leave          D. docker swarm update

（2）docker node 子命令（    ）可显示一个或多个管理器节点的详细信息。
　　A. docker node demote          B. docker node promote
　　C. docker node ps              D. docker node inspect

（3）docker node 子命令（　　）可将一个或多个管理器节点降级为工作者节点。
　　A. docker node ls　　　　　　B. docker node ps
　　C. docker node demote　　　　D. docker node promote
（4）docker service 子命令（　　）可显示服务列表。
　　A. docker service ps　　　　　B. docker service inspect
　　C. docker service scale　　　　D. docker service ls
（5）docker service 子命令（　　）可扩展一个或多个复制服务。
　　A. docker service scale　　　　B. docker service rollback
　　C. docker service inspect　　　D. docker service create
（6）docker service create 命令的选项非常多，用于对外提供服务的端口的选项为（　　）。
　　A. –replicas　　B. --publish　　C. --network　　D. --rollback-delay
（7）【多选】Docker Swarm 的主要特性为（　　）。
　　A. 可伸缩服务　　　　　　　　B. 实现与 Docker 引擎集成的集群管理
　　C. 状态自动调整　　　　　　　D. 去中心化设计
（8）【多选】Swarm 模式的 overlay 网络具有的特性有（　　）。
　　A. 多个服务可以连接到同一个 overlay 网络
　　B. 可以配置使用 DNS 轮询而不使用虚拟 IP 地址提供外部访问服务
　　C. 使用 Swarm 模式的 overlay 网络时，集群中的各节点需要开放 TCP/UDP 端口 7946 用于容器网络发现，开放 UDP 端口 4789 用于容器 overlay 网络通信
　　D. 默认情况下，服务发现为每个 Swarm 服务分配一个虚拟 IP 地址和 DNS 名称，使得在同一个网络中的容器可以使用服务名称相互通信

2. 简答题
（1）简述 Docker Swarm 的主要特性。
（2）为什么要使用容器集群？
（3）简述容器的跨主机通信方案。
（4）简述 Swarm 模式的 overlay 网络。
（5）简述 Swarm 模式的路由网。
（6）简述 Swarm 服务发现与服务间通信。

# 项目10
# Docker安全运维管理

## 【学习目标】

- 掌握Docker存在的安全问题。
- 掌握Docker自身的缺陷。
- 掌握Docker安全机制。
- 掌握Docker日志管理方法。

## 10.1 项目描述

在大多数情况下，启动 Docker 容器时以 root 权限进行。用户使用 root 权限可以进行的操作包括访问所有信息、修改任何内容、关闭机器、结束进程，以及安装各种软件等。容器安全性问题的根源在于容器和宿主机共享内核，如果容器中的应用导致 Linux 内核崩溃，那么整个操作系统就可能会崩溃。这与虚拟机是不同的，虚拟机并没有与主机共享内核，虚拟机崩溃一般不会导致宿主机崩溃。Docker 充分利用了 Linux 内核固有的安全性，采用多种手段来降低容器的安全风险，可以说容器在一般情况下非常安全，尤其是在容器中通过非特权用户运行进程时。除了 Docker 自身的安全性外，还可以使用通用的 IT 安全技术来加固 Docker 主机，为 Docker 增加额外的安全层。

## 10.2 必备知识

### 10.2.1 Docker 存在的安全问题

Docker 本身是有代码缺陷的，据官方记录，Docker 历史版本共有超过 20 项漏洞，可参见 Docker 官网。攻击者常用的攻击手段主要有代码执行、权限提升、令牌泄露、权限绕过等。目前，Docker 版本的更迭非常快，用户最好将 Docker 升级为最新的版本。

V10-1 Docker 存在的安全问题

**1. Docker 源代码问题**

Docker 提供了 Docker Hub，允许用户上传镜像，以便其他用户下载镜像后快速搭建环境，但同时带来了一些安全问题。

（1）攻击者上传恶意镜像。

如果攻击者在制作的镜像中植入特洛伊木马、后门等恶意软件，那么该镜像从一开始就已经不安全了，后续更没有什么安全性可言。

（2）镜像使用有漏洞的软件。

Docker Hub 上能下载的镜像中大多数安装了有漏洞的软件，所以，下载镜像后，需要检查软件的版本信息，看看对应的版本是否存在漏洞。

（3）中间人攻击篡改镜像。

镜像在传输过程中可能被篡改，目前新版本的 Docker 已经提供了相应的校验机制来预防这个问题。

**2. Docker 容器与虚拟机的安全性问题**

Docker 容器与虚拟机的安全性主要从隔离与共享、性能与损耗两方面分别进行介绍。

（1）隔离与共享。

虚拟机通过添加 Hypervisor 层虚拟出网卡、内存、CPU 等硬件。在这些硬件上建立虚拟机时，每个虚拟机都有自己的系统内核，安全性相对较高。而 Docker 容器则通过隔离的方式，对文件系统、进程、设备、网络等资源进行隔离，再对权限、CUP 资源等进行控制，最终让容器之间互不影响，同时容器无法影响宿主机，容器与宿主机共享内核、文件系统、硬件等资源。

（2）性能与损耗。

与虚拟机相比，容器的资源损耗更少。在同样的宿主机下，能够建立的容器也比能够建立的虚拟机多。但是虚拟机的安全性比容器更好，想从虚拟机攻破到宿主机或其他虚拟机，需要先攻破 Hypervisor 层，这将是极其困难的。而 Docker 容器与宿主机共享内核、文件系统等资源，更有可能对其他容器、宿主机产生影响。

### 10.2.2　Docker 架构的缺陷与安全机制

Docker 本身的架构与机制可能产生安全问题。例如，有这样一个攻击场景，攻击者已经控制了宿主机上的一些容器，或者通过在公有云上建立容器的方式，来对宿主机或其他容器发起攻击。

V10-2　Docker 架构的缺陷与安全机制

**1. Docker 架构的缺陷**

（1）容器之间的局域网攻击。

主机上的容器之间可以构成局域网，因此，针对局域网的地址解析协议（Address Resolution Protocol，ARP）欺骗、嗅探、广播风暴等攻击方式都有可能遇到。所以在一个主机上部署多个容器时需要合理地配置网络，设置 iptables 规则。

（2）DDos 攻击耗尽资源。

CGroups 安全机制就是用来防止分布式拒绝服务（Distributed Denial of Service，DDos）攻击的，不要为单一的容器分配过多的资源即可避免此类攻击产生。

（3）有漏洞的系统调用。

Docker 容器与虚拟机的一个重要区别就是 Docker 容器与宿主机共用一个操作系统内核。一旦宿主机内核存在可以越权或者提权的漏洞，尽管 Docker 容器使用普通用户身份运行，在容器被入侵时，攻击者仍然可以利用内核漏洞跳转到宿主机进行很多操作。

（4）共享 root 权限。

如果以 root 权限运行容器，容器内的 root 用户就拥有了宿主机的 root 权限，这就存在很大的安全隐患。

**2. Docker 安全机制**

Docker非常注重安全性，它本身具有一套完整而严密的安全机制，还可以通过开启 AppArmor、SELinux、GRSEC 或其他强化系统来提供额外的安全性。

（1）内核命名空间。

Docker 容器与 LXC 类似，它们具有相似的安全特性。通过使用 docker run 命令启动容器时，Docker 会在后台为这个容器创建命名空间和控制组。

Linux 内核从 2.16.15 版本开始引入命名空间机制。命名空间提供了第一个非常直接的隔离形式。在容器中运行进程时，看不到并且几乎不会影响在其他容器或主机操作系统中运行的进程。

每个容器还具有独立的网络栈，这意味着容器不会获得对另一个容器的套接字或接口的访问特权。当然，如果对主机操作系统进行相应设置，则容器可以通过各自的网络接口进行交互，就像与外部主机进行交互一样。当管理员为容器指定公共端口或使用网络时，容器之间的 IP 通信是被允许的。它们可以互相 ping 通，发送和接收 UDP 数据包，建立 TCP 连接，如果有必要也可以限制它们之间的连接。从网络体系结构的角度来看，特定 Docker 主机上的所有容器都位于网桥接口上，这意味着容器就像通过普通以太网交换机连接的物理机一样。

（2）控制组。

Linux 内核从 2.6.24 版本开始引入控制组。控制组是 LXC 的一个关键组件，它实现了资源核算和限制。控制组提供了许多有用的计量指标，且有助于确保每个容器公平地获得内存、CPU、磁盘 I/O，更为重要的是，单个容器无法耗尽任何一种资源，从而避免系统宕机。控制组不能阻止一个容器访问或影响另一个容器的数据和进程，这对防御一些拒绝服务攻击至关重要。它对于多租户平台尤其重要，即使在某些应用程序出现故障时，也能保证其他应用程序持续地正常运行。

（3）Docker 守护进程本身的受攻击面。

使用 Docker 运行容器和应用程序意味着要运行 Docker 守护进程。这个守护进程目前需要 root 特权，因此管理员应该了解一些重要的细节。

首先，只允许可信任用户控制 Docker 守护进程。这是一些强大的 Docker 功能所必须要求的，Docker 允许在 Docker 主机和容器之间共享目录，特别是在不限制容器访问权限的情况下。这意味着可以启动一个容器，其中/host 目录是主机上的目录，容器可以不受任何限制地改变主机文件系统。这与虚拟化系统允许文件系统资源共享的机制类似，无法阻止虚拟机共享主机的根文件系统，甚至是根块设备。这带来了很大的安全隐患。如果管理员通过 API 命令，使 Docker 通过 Web 服务器运行容器，则应该比平时更加仔细地进行参数检查，以确定恶意用户无法传递伪造的参数，确保 Docker 安全地创建容器。

考虑到这个安全隐患，REST API 端口使用 UNIX 套接字替代绑定到 127.0.0.1 的 TCP 套接字。这样就可以使用传统的 UNIX 权限检查来限制对 UNIX 套接字的访问。只要用户愿意，也可以通过 HTTP 公开 REST API。如果这样做，则要注意相关安全隐患，确保它只能从受信任的网络或虚拟专用网络（Virtual Private Network，VPN）访问，还可以使用 HTTPS 和证书来保护 API 端口。

其次，守护进程容易受到其他输入的潜在攻击。例如，通过 docker load 命令从磁盘加载镜像，或通过 docker pull 命令从网络拉取镜像，所有镜像都通过其内容的加密校验，从而限制了攻击者与现有镜像发生冲突的可能性。

最后，如果在服务器上运行 Docker，则建议专门运行 Docker，并将所有的其他服务移动到由 Docker 控制的容器内。

（4）Docker 内容信任签名验证。

可以将 Docker 引擎配置为仅运行签名的镜像。守护进程 dockerd 中内置 Docker 内容信任签名验证功能。该功能在 dockerd 配置文件中配置。要启用此功能，可在 daemon.json 文件中配置信任绑定，使得只有使用用户定义的 root 密钥签名的镜像仓库才能被下载和运行。

（5）其他的内核安全特性。

还可以在 Docker 中利用现有知名系统，如 TOMOYO、AppArmor、SELinux 和 GRSEC 等。Docker 不会干扰其他系统，这意味着有很多不同的方法可以用来加固 Docker 主机。

① 可以运行使用 GRSEC 和 PAX 的内核。GRSEC 用于加固 Linux 内核安全。PAX 是针对 Linux Kernel 的一个加固版本的补丁，它让 Linux 内核的内存页受限于最小权限原则。它们在编译时和运行时增加了许多安全检查，还通过地址随机化等技术防止了许多漏洞的出现。它不需要特定的关于 Docker 的配置，因为这些安全特性适用于系统范围，独立于容器。

② 如果 Linux 发行版带有用于 Docker 容器的安全模板，则可以直接使用。例如，有一个可与 AppArmor 配合使用的模板，而 RHEL 提供了适用于 Docker 的 SELinux 策略。这些模板提供了一个额外的安全网络。

③ 可以使用熟悉的访问控制机制来定义自己的策略，就像可以使用第三方工具来增强 Docker 容器一样。还存在一些用于强化 Docker 容器而无须修改 Docker 本身的工具。

### 10.2.3　Docker 容器监控与日志管理

在生产环境下往往会有大量的业务软件在容器中运行，因此对容器的监控越来越重要。监控的指标主要是容器本身和容器所在主机的资源使用情况及性能，具体涉及 CPU、内存、网络和磁盘。日志管理对保持系统持续稳定地运行以及排查问题至关重要。容器具有数量多、变化快的特性，生命周期往往短暂且不固定，因此记录日志就显得非常必要，尤其是在生产环境下，日志是不可或缺的。

**1. Docker 监控工具**

监控容器最简单的方法之一是使用 Docker 自带的监控命令，如 docker ps、docker top 和 docker stats 等，其运行方便、简单，适用于快速了解容器运行状态，只是输出的数据比较有限。要高效率地进行监控，需要使用第三方工具。谷歌公司提供的 cAdvisor 可以用于分析正在运行容器的资源占用情况和性能指标，是具有图形界面、易于入门的 Docker 容器监控工具。cAdvisor 以守护进程方式运行，负责收集、聚合、处理和输出运行中容器的数据，它可以监测资源隔离参数、历史资源使用情况和网络统计数据。

**2. 容器日志输出命令 docker logs**

Docker 自带的 docker logs 命令用于输出正在运行的容器的日志信息，而 docker service logs 命令用于显示服务的所有容器的日志信息，这个命令适用于集群环境。这里重点讲解 docker logs 命令。日志信息及其格式取决于容器的终端命令。默认情况下，docker logs 命令的输出类似于在终端中交互式运行命令时的输出。UNIX 和 Linux 中的命令在运行时通常会打开 3 个 I/O 流，分别为 STDIN、STDOUT 和 STDERR。STDIN 是命令的输入流，可能包括来自键盘的输入或来自另一个命令的输入；STDOUT 通常是命令的正常输出；而 STDERR 通常用于输出错误消息。默认情况下，docker logs 显示命令的 STDOUT 和 STDERR。也就是说，Docker 捕捉每一个容器进程的 STDOUT 和 STDERR，并将它们保存在磁盘上，此后用户即可使用 docker logs 命令进行查询。

需要注意的是，在某些情况下，docker logs 命令可能不会显示有用的信息，除非另外采取了必要的措施，以下列举其中两种情况。

（1）如果使用将日志发送到文件、外部主机、数据库或另一个后端日志系统的日志驱动，则 docker logs 命令不会显示有用信息，此时可以通过其他方式处理日志。

（2）如果镜像运行的是 Web 服务器或数据库等非交互式进程，那么应用程序可能会将输出发送到日志文件而不是 STDOUT 和 STDERR 中。例如，Nginx 镜像创建了一个从/dev/stdout 到 /var/log/nginx/access.log 的符号连接和一个从/dev/stderr 到/var/log/nginx/error.log 的符号连接，覆盖了日志文件并使所有日志发送到指定的相关设备中。

### 3. 第三方日志工具

docker logs 命令输出的日志可以用于简单的开发。但是，当想在更复杂的环境下使用 Docker，或者想要查看更多传统架构的 UNIX 后台程序的日志时，就需要考虑使用第三方日志工具。比较常用的是 3 个开源的组件——Elasticsearch、Logstash 和 Kibana 组成的 ELK 日志系统。其中，Elasticsearch 是分布式搜索软件；Logstash 可以对日志进行收集和分析，并将其存储下来供以后使用；Kibana 可以为 Elasticsearch 和 Logstash 提供日志分析 Web 界面，用来汇总、分析和搜索重要的日志数据。在 ELK 日志系统中，Logstash 用于获取 Docker 的日志，并将日志转发给 Elasticsearch 进行索引，Kibana 提供日志的分析和可视化。

### 4. 容器日志驱动

将容器日志发送到 STDOUT 和 STDERR 是 Docker 的默认日志行为。实际上，Docker 提供了多种日志机制帮助用户从运行的容器中提取日志信息。这些机制被称为日志驱动（Logging Driver）。Docker 默认的日志驱动是 json-file。在启动容器时，可以通过--log-driver 选项配置日志驱动，常用的日志驱动选项及其功能说明如表 10.1 所示。

表 10.1 常用的日志驱动选项及其功能说明

| 选项 | 功能说明 |
| --- | --- |
| none | 禁用容器日志，docker logs 命令不会输出任何日志信息 |
| local | 将日志信息写入本地 local 日志系统 |
| json-file | Docker 默认的日志驱动，该驱动将日志保存在 JSON 文件中，Docker 负责格式化其内容并输出到 STDOUT 和 STDERR |
| syslog | 将日志信息写入 syslog 日志系统，syslog 守护进程必须在主机上运行 |
| journald | 将日志信息写入 journald 日志系统，journald 守护进程必须在主机上运行 |
| gelf | 将日志信息写入诸如 Graylog 或 Logstash 这样的扩展日志格式（Graylog Extended Log Format，GELF）终端 |
| fluentd | 将日志信息写入 fluentd，fluentd 守护进程必须在主机上运行 |
| splunk | 将日志信息写入使用 HTTP 事件搜集器的 splunk 中 |

注意，使用 Docker 社区版时，docker logs 命令只能用于 local、json-file 和 journald 日志驱动。

### 5. 使用 docker logs 命令查看容器日志

对于一个运行的容器，Docker 会将日志发送到容器的 STDOUT 和 STDERR 上，可以将 STDOUT 和 STDERR 视为容器的终端。如果容器以前台方式运行，则日志会直接输出到当前的终端中；如果以后台方式运行容器，则不能直接看到输出的日志。对于这种情形，可以使用 docker attach 命令连接到后台容器的终端，查看输出的日志。但使用这种方法来查看容器日志就没有必要了，因为 Docker 自带的 docker logs 命令专门用于查看容器的日志，其语法格式如下。

docker logs [选项] 容器

docker logs 命令各选项及其功能说明如表 10.2 所示。

表 10.2　docker logs 命令各选项及其功能说明

| 选项 | 功能说明 |
| --- | --- |
| --details | 显示更为详细的日志信息 |
| --follow（-f） | 跟踪日志输出 |
| --since | 显示某个开始时间的所有日志 |
| --tail | 仅列出最新 N 条容器日志 |
| --timestamps（-t） | 显示时间戳 |
| --until | 显示到某个截止时间的所有日志 |

**6. 查看 Docker 服务器的各种事件信息**

可以使用 docker events 命令查看 Docker 服务器的各种事件信息，包括容器、镜像、插件、卷、网络，以及 Docker 守护进程等的事件。不同的对象具有不同的事件，以方便调试、使用。其语法格式如下。

```
docker events [选项]
```

docker events 命令各选项及其功能说明如表 10.3 所示。

表 10.3　docker events 命令各选项及其功能说明

| 选项 | 功能说明 |
| --- | --- |
| -f | 表示根据条件过滤事件 |
| --since | 表示显示自某个时间戳开始的所有事件，如果没有该选项，则该命令将只返回新的事件或实时事件 |
| --until | 表示显示截至指定时间的所有事件 |

## 10.3　项目实施

### 10.3.1　容器监控及其配置

Docker 安全规则是基于 Docker 安全标准来实现的，要检查 Docker 是否正在运行，与操作系统无关的一种方式是使用 docker info 命令，直接进行查看。当然，也可以使用提供的工具，如 systemctl is-active docker、systemctl status docker 或 service docker status，还可以直接使用 ps 或 top 之类的 Linux 命令在进程列表中检查 dockerd 进程。

**1. 查看当前容器列表信息**

可以使用 docker container ls 命令查看当前容器列表信息，执行命令如下。

```
[root@localhost ~]# docker container ls
```

命令执行结果如图 10.1 所示。

```
[root@localhost ~]# docker container ls
CONTAINER ID   IMAGE                        COMMAND                  CREATED      STATUS                PORTS                         NAMES
f2d40a5674bc   goharbor/harbor-db:v1.6.0    "/entrypoint.sh post…"   6 days ago   Up 2 hours (healthy)  5432/tcp                      harbor-db
9adffc83c787   goharbor/harbor-log:v1.6.0   "/bin/sh -c /usr/loc…"   6 days ago   Up 2 hours (healthy)  127.0.0.1:1514->10514/tcp     harbor-log
[root@localhost ~]#
```

图 10.1　查看当前容器列表信息

**2. 查看容器中运行的进程的信息**

可以使用 docker top 命令查看容器中运行的进程的信息，执行命令如下。

```
[root@localhost ~]# docker   top   harbor-db
```
命令执行结果如图 10.2 所示。

```
[root@localhost ~]# docker  top  harbor-db
UID       PID      PPID     C    STIME    TTY    TIME       CMD
root      13739    13663    0    12:03    ?      00:00:00   su - postgres -c postgres -D /var/lib/postgresql/data
polkitd   14632    13739    0    12:03    ?      00:00:00   postgres -D /var/lib/postgresql/data
polkitd   14970    14632    0    12:03    ?      00:00:00   postgres: checkpointer process
polkitd   14971    14632    0    12:03    ?      00:00:00   postgres: writer process
polkitd   14972    14632    0    12:03    ?      00:00:00   postgres: wal writer process
polkitd   14973    14632    0    12:03    ?      00:00:00   postgres: autovacuum launcher process
polkitd   14974    14632    0    12:03    ?      00:00:00   postgres: stats collector process
[root@localhost ~]#
```

图 10.2　查看容器中运行的进程的信息

### 3. 查看容器的系统资源使用情况

可以使用 docker   stats 命令实时查看容器的系统资源使用情况，执行命令如下。

```
[root@localhost ~]# docker   stats   --all   harbor-db
```
命令执行结果如图 10.3 所示。

```
[root@localhost ~]# docker   stats   --all   harbor-db
CONTAINER ID   NAME        CPU %    MEM USAGE / LIMIT     MEM %    NET I/O         BLOCK I/O         PIDS
f2d40a5674bc   harbor-db   0.14%    17.33MiB / 3.683GiB   0.46%    595kB / 0B      54.6MB / 265kB    7
CONTAINER ID   NAME        CPU %    MEM USAGE / LIMIT     MEM %    NET I/O         BLOCK I/O         PIDS
f2d40a5674bc   harbor-db   0.14%    17.33MiB / 3.683GiB   0.46%    595kB / 0B      54.6MB / 265kB    7
CONTAINER ID   NAME        CPU %    MEM USAGE / LIMIT     MEM %    NET I/O         BLOCK I/O         PIDS
f2d40a5674bc   harbor-db   0.00%    17.33MiB / 3.683GiB   0.46%    595kB / 0B      54.6MB / 265kB    7
CONTAINER ID   NAME        CPU %    MEM USAGE / LIMIT     MEM %    NET I/O         BLOCK I/O         PIDS
f2d40a5674bc   harbor-db   0.00%    17.33MiB / 3.683GiB   0.46%    595kB / 0B      54.6MB / 265kB    7
^C
[root@localhost ~]#
```

图 10.3　查看容器的系统资源使用情况

### 4. 查看容器相关信息

（1）查看容器是否正在运行，可以使用 systemctl   is-active   docker 命令，执行命令如下。

```
[root@localhost ~]# systemctl   is-active   docker
```
命令执行结果如下。

```
active
[root@localhost ~]#
```

（2）查看 Docker 版本信息，可以使用 docker   info 命令，执行命令如下。

```
[root@localhost ~]# docker   info
```
命令执行结果如下。

```
Client:
  Context:    default
  Debug Mode: false
  Plugins:
    app: Docker App (Docker Inc., v0.9.1-beta3)
    buildx: Build with BuildKit (Docker Inc., v0.5.1-docker)
Server:
  Containers: 10
    Running: 5
    Paused: 0
    Stopped: 5
  Images: 38
  Server Version: 20.10.5
  Storage Driver: overlay2
……
[root@localhost ~]#
```

（3）查看 Docker 运行状态，可以使用 systemctl   status   docker 或 service   docker   status 命令，执行命令如下。

```
[root@localhost ~]# systemctl  status  docker
```

命令执行结果如图 10.4 所示。

```
[root@localhost ~]# systemctl  status  docker
● docker.service - Docker Application Container Engine
   Loaded: loaded (/usr/lib/systemd/system/docker.service; enabled; vendor preset: disabled)
   Active: active (running) since 五 2021-07-23 12:03:45 CST; 2h 14min ago
     Docs: https://docs.docker.com
 Main PID: 9842 (dockerd)
    Tasks: 19
   Memory: 154.5M
   CGroup: /system.slice/docker.service
           ├─ 9842 /usr/bin/dockerd -H fd:// --insecure-registry 192.168.100.100 --containerd=/run/containerd/containerd.sock
           └─13643 /usr/bin/docker-proxy -proto tcp -host-ip 127.0.0.1 -host-port 1514 -container-ip 172.18.0.5 -container-port 10514

7月 23 12:03:38 localhost dockerd[9842]: time="2021-07-23T12:03:38.055868163+08:00" level=info msg="Default bridge (docker0) is ass...address"
7月 23 12:03:39 localhost dockerd[9842]: time="2021-07-23T12:03:39.115470055+08:00" level=error msg="2ddc3b83b705801a71878e9c5d41a8...ntainer"
7月 23 12:03:39 localhost dockerd[9842]: time="2021-07-23T12:03:39.115509912+08:00" level=error msg="failed to start container" con...refused"
7月 23 12:03:39 localhost dockerd[9842]: time="2021-07-23T12:03:39.115574641+08:00" level=error msg="45defc9a9a396c0677efedb001bc49...ntainer"
7月 23 12:03:39 localhost dockerd[9842]: time="2021-07-23T12:03:39.115590247+08:00" level=error msg="failed to start container" con...refused"
7月 23 12:03:44 localhost dockerd[9842]: time="2021-07-23T12:03:44.301203866+08:00" level=info msg="Loading containers: done."
7月 23 12:03:44 localhost dockerd[9842]: time="2021-07-23T12:03:44.713667122+08:00" level=info msg="Docker daemon" commit=363e9a8 g...=20.10.5
7月 23 12:03:44 localhost dockerd[9842]: time="2021-07-23T12:03:44.713832759+08:00" level=info msg="Daemon has completed initialization"
7月 23 12:03:45 localhost systemd[1]: Started Docker Application Container Engine.
7月 23 12:03:45 localhost dockerd[9842]: time="2021-07-23T12:03:45.075369925+08:00" level=info msg="API listen on /var/run/docker.sock"
Hint: Some lines were ellipsized, use -l to show in full.
[root@localhost ~]#
```

图 10.4　查看 Docker 运行状态

### 5. 查看容器日志

可以使用 docker　logs 命令查看容器日志，执行命令如下。

```
[root@localhost ~]# docker  logs  harbor-db
```

命令执行结果如下。

```
......
LOG:  incomplete startup packet
here1
LOG:  database system was interrupted; last known up at 2021-07-19 21:05:40 UTC
LOG:  database system was not properly shut down; automatic recovery in progress
LOG:  invalid record length at 0/1601DE0: wanted 24, got 0
LOG:  redo is not required
LOG:  MultiXact member wraparound protections are now enabled
LOG:  database system is ready to accept connections
LOG:  autovacuum launcher started
[root@localhost ~]#
```

### 6. 将容器的日志重定向到 Linux 日志系统

在运行 Linux 操作系统的 Docker 主机上，可以通过配置日志驱动将容器的日志重定向到 Linux 日志系统。

（1）将容器日志记录到 syslog 中。

syslog 一直都是 Linux 标配的日志记录工具，rsyslog 是 syslog 的多线程增强版，也是 CentOS 7 默认的日志系统。syslog 主要用于收集系统产生的各种日志，日志文件默认存放在/var/log 目录下。选择 syslog 作为日志驱动可将日志定向输出到 syslog 日志系统中，前提是 syslog 守护进程必须在容器所在的 Docker 主机上运行。在 CentOS 7 主机上，syslog 记录的日志文件是/var/log/messages。

（2）打开一个终端，使用 tail 工具实时监控系统日志文件/var/log/messages，执行命令如下。

```
[root@localhost ~]# tail  -f  /var/log/messages
```

（3）复制会话终端，打开另一个终端，将该容器的日志记录到 syslog 日志系统中，执行命令如下。

```
[root@localhost ~]# docker  run  -dit  --log-driver  syslog  --name  my-web01  nginx
```

命令执行结果如下。

```
053bf1393172a4060d7b6321a74482a92481f14480ccdc3a393b97c13587b251
[root@localhost ~]#
```

（4）返回到 tail 工具监控容器终端，发现显示了该容器相应的日志信息，显示信息如下。

[root@localhost ~]# tail  -f  /var/log/messages

命令执行结果如下。

Jul 23 14:39:41 localhost avahi-daemon[9064]: Registering new address record for 172.17.0.1 on docker0.IPv4.

Jul 23 14:39:41 localhost avahi-daemon[9064]: Registering new address record for fe80::42:24ff:fec8:952 on br-b32e4a93715b.*.

Jul 23 14:39:41 localhost avahi-daemon[9064]: Registering new address record for 172.18.0.1 on br-b32e4a93715b.IPv4.

……

Jul 23 14:39:41 localhost avahi-daemon[9064]: Registering HINFO record with values 'X86_64'/'LINUX'.

Jul 23 14:40:01 localhost systemd: Started Session 21 of user root.

[root@localhost ~]#

（5）使用 docker  logs 命令查看刚创建的容器 my-web01 的日志信息，执行命令如下。

[root@localhost ~]# docker  logs   my-web01

命令执行结果如图 10.5 所示。

```
[root@localhost ~]# docker ps
CONTAINER ID   IMAGE                        COMMAND                  CREATED        STATUS                  PORTS                        NAMES
053bf1393172   nginx                        "/docker-entrypoint.…"   7 minutes ago  Up 7 minutes            80/tcp                       my-web01
f2d40a5674bc   goharbor/harbor-db:v1.6.0    "/entrypoint.sh post…"   6 days ago     Up 3 hours (healthy)    5432/tcp                     harbor-db
9adffc83c787   goharbor/harbor-log:v1.6.0   "/bin/sh -c /usr/loc…"   6 days ago     Up 3 hours (healthy)    127.0.0.1:1514->10514/tcp    harbor-log
[root@localhost ~]# docker  logs   my-web01
/docker-entrypoint.sh: /docker-entrypoint.d/ is not empty, will attempt to perform configuration
/docker-entrypoint.sh: Looking for shell scripts in /docker-entrypoint.d/
/docker-entrypoint.sh: Launching /docker-entrypoint.d/10-listen-on-ipv6-by-default.sh
10-listen-on-ipv6-by-default.sh: info: Getting the checksum of /etc/nginx/conf.d/default.conf
10-listen-on-ipv6-by-default.sh: info: Enabled listen on IPv6 in /etc/nginx/conf.d/default.conf
/docker-entrypoint.sh: Launching /docker-entrypoint.d/20-envsubst-on-templates.sh
/docker-entrypoint.sh: Launching /docker-entrypoint.d/30-tune-worker-processes.sh
/docker-entrypoint.sh: Configuration complete; ready for start up
2021/07/23 06:38:57 [notice] 1#1: using the "epoll" event method
2021/07/23 06:38:57 [notice] 1#1: nginx/1.21.1
2021/07/23 06:38:57 [notice] 1#1: built by gcc 8.3.0 (Debian 8.3.0-6)
2021/07/23 06:38:57 [notice] 1#1: OS: Linux 3.10.0-957.el7.x86_64
2021/07/23 06:38:57 [notice] 1#1: getrlimit(RLIMIT_NOFILE): 1048576:1048576
2021/07/23 06:38:57 [notice] 1#1: start worker processes
2021/07/23 06:38:57 [notice] 1#1: start worker process 31
[root@localhost ~]#
```

图 10.5  查看容器 my-web01 的日志信息

### 10.3.2  Docker 守护进程配置与管理

Docker 守护进程是 Docker 中的后台应用程序，进程名称为 dockerd，可以直接使用 dockerd 命令进行配置和管理。在 Docker 的运行过程中，可能需要进行自定义配置，手动配置守护进程，发生问题时还需要排查故障和调度守护进程。

**1. 格式化命令的输出**

使用 Docker 的主要工作是创建和使用各类对象，如镜像、容器、网络、卷、插件等。Docker 使用 Go 模板管理某些命令和日志驱动的输出格式。另外，Docker 提供一套基本函数处理模板。下面以使用 docker  inspect 命令为例进行示范，该命令通过--format 选项控制输出格式，其他命令的自定义输出格式可以参照该命令的输出格式。

（1）join。

使用 join 函数对一组字符串进行连接以创建单个字符串，它在列表中的每个字符串元素之间放置一个分隔符，执行命令如下。

[root@localhost ~]# docker  inspect  --format  '{{join .Args  ","}}'  my-web01
nginx,-g,daemon off;

命令执行结果如下。

[root@localhost ~]#

（2）json。

使用 json 函数将元素编码为 JSON 字符串，执行命令如下。

[root@localhost ~]# docker inspect --format '{{json .Mounts}}' my-web01

命令执行结果如下。

[]

[root@localhost ~]#

（3）lower。

使用 lower 函数将字符串转换为小写形式，执行命令如下。

[root@localhost ~]# docker inspect --format '{{lower .Name}}' my-web01

命令执行结果如下。

/my-web01

[root@localhost ~]#

（4）title。

使用 title 函数将字符串的首字母转换为大写形式，执行命令如下。

[root@localhost ~]# docker inspect --format '{{title .Name}}' my-web01

命令执行结果如下。

/My-Web01

[root@localhost ~]#

（5）upper。

使用 upper 函数将字符串转换为大写形式，执行命令如下。

[root@localhost ~]# docker inspect --format '{{upper .Name}}' my-web01

命令执行结果如下。

/MY-WEB01

[root@localhost ~]#

（6）println。

使用 println 函数使输出的每个值占一行，执行命令如下。

[root@localhost ~]# docker inspect --format '{{range .NetworkSettings.Networks}}{{println .IPAddress}}{{end}}' my-web01

命令执行结果如下。

172.17.0.2

[root@localhost ~]#

如果想知道被输出的内容，则可以以 JSON 格式显示全部内容，执行命令如下。

[root@localhost ~]# docker container ls --format '{{json .}}'

命令执行结果如下。

{"Command":"\"/docker-entrypoint....\"","CreatedAt":"2021-07-23 14:38:55 +0800 CST","ID":"053bf1393172","Image":"nginx","Labels":"maintainer=nginx Docker Maintainers \u003cdocker-maint@nginx.com\u003e","LocalVolumes":"0","Mounts":"","Names":"my-web01","Networks":"bridge","Ports":"80/tcp","RunningFor":"3 hours ago","Size":"1.09kB (virtual 133MB)","State":"running","Status":"Up 3 hours"}

……

[root@localhost ~]#

## 2. 从 Docker 守护进程获取实时事件

Docker 守护进程将所有数据保存在一个目录下，用来跟踪与 Docker 有关的一切对象，包括容器、镜像、卷、服务定义和机密数据。默认情况下，在 Linux 操作系统中，该目录是/var/lib/docker，在 Windows 操作系统中，该目录是 C:\ProgramData\docker。Docker 守护进程的状态保存在该目录下，确保为每个守护进程使用专用的目录。如果两个守护进程共享同一目录，则一旦出现问题将很难排除。

（1）打开一个终端，执行事件监听命令，执行命令如下。

```
[root@localhost ~]# docker  events
```

（2）复制会话终端，打开另一个终端。

```
[root@localhost ~]# docker  create  --name  web-test01  nginx  top
```

命令执行结果如下。

```
b5a099f4879cc312428e97e164934bc2548837f237186ec8d5a4f0db3b4579c5
[root@localhost ~]# docker  start  web-test01
```

命令执行结果如下。

```
web-test01
[root@localhost ~]# docker  stop  web-test01
```

命令执行结果如下。

```
web-test01
[root@localhost ~]#
```

（3）切换到之前的终端，会发现显示了上述操作的详细信息，显示内容如下。

```
2021-07-23T18:17:49.229505619+08:00  container  exec_create:  /docker-healthcheck.sh
f2d40a5674bc9ac75b37a27c8065b2600e62b9b1ee1fdbdbfacfc4120780ae8c
(build-date=20180816,
com.docker.compose.config-hash=21ed747c6e0bfecab4da9e8645316e94bd9b3c65a074fe88e44f
b6daf55b0367, com.docker.compose.container-number=1,
......
```

（4）按 Ctrl+C 组合键退出 docker  events 命令。

**3. 查看 Docker 守护进程日志**

Docker 守护进程日志有助于诊断问题，操作系统配置和所有的日志记录子系统决定了日志的保存位置。

可以使用 journalctl  -u  docker.service 命令查看 Docker 守护进程日志，执行命令如下。

```
[root@localhost ~]# journalctl  -u  docker.service
```

命令执行结果如图 10.6 所示。

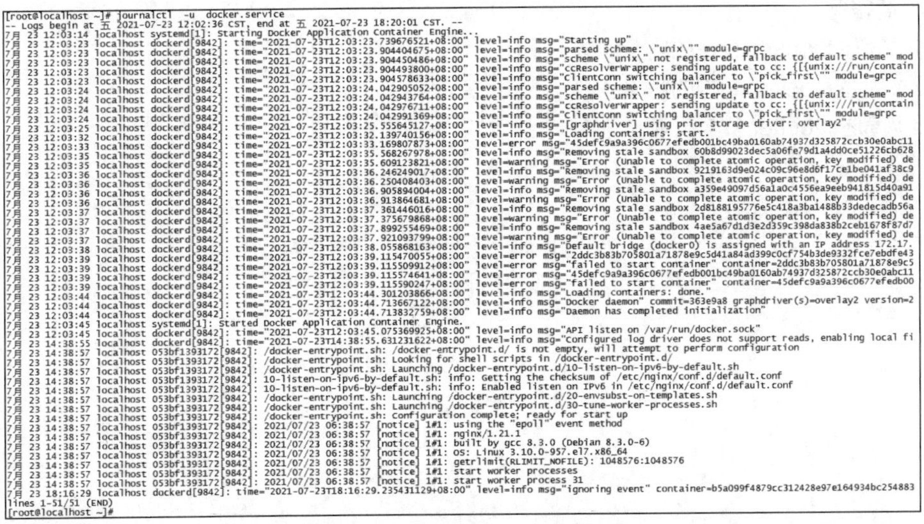

```
[root@localhost ~]# journalctl  -u  docker.service
-- Logs begin at 五 2021-07-23 12:02:36 CST, end at 五 2021-07-23 18:20:01 CST. --
7月 23 12:03:14 localhost systemd[1]: Starting Docker Application Container Engine...
7月 23 12:03:23 localhost dockerd[9842]: time="2021-07-23T12:03:23.739676521+08:00" level=info msg="Starting up"
7月 23 12:03:23 localhost dockerd[9842]: time="2021-07-23T12:03:23.904404675+08:00" level=info msg="parsed scheme: \"unix\"" module=grpc
7月 23 12:03:23 localhost dockerd[9842]: time="2021-07-23T12:03:23.904450486+08:00" level=info msg="scheme \"unix\" not registered, fallback to default scheme" mod
7月 23 12:03:23 localhost dockerd[9842]: time="2021-07-23T12:03:23.904493800+08:00" level=info msg="ccResolverWrapper: sending update to cc: {[{unix:///run/contain
7月 23 12:03:23 localhost dockerd[9842]: time="2021-07-23T12:03:23.904578633+08:00" level=info msg="ClientConn switching balancer to \"pick_first\"" module=grpc
7月 23 12:03:24 localhost dockerd[9842]: time="2021-07-23T12:03:24.042905052+08:00" level=info msg="parsed scheme: \"unix\"" module=grpc
7月 23 12:03:24 localhost dockerd[9842]: time="2021-07-23T12:03:24.042943764+08:00" level=info msg="scheme \"unix\" not registered, fallback to default scheme" mod
7月 23 12:03:24 localhost dockerd[9842]: time="2021-07-23T12:03:24.042976711+08:00" level=info msg="ccResolverWrapper: sending update to cc: {[{unix:///run/contain
7月 23 12:03:24 localhost dockerd[9842]: time="2021-07-23T12:03:24.042991369+08:00" level=info msg="ClientConn switching balancer to \"pick_first\"" module=grpc
7月 23 12:03:25 localhost dockerd[9842]: time="2021-07-23T12:03:25.555645127+08:00" level=info msg="[graphdriver] using prior storage driver: overlay2"
7月 23 12:03:32 localhost dockerd[9842]: time="2021-07-23T12:03:32.139740156+08:00" level=info msg="Loading containers: start."
7月 23 12:03:33 localhost dockerd[9842]: time="2021-07-23T12:03:33.169807873+08:00" level=error msg="45defc9a9a396c0677efedb001bc49ba0160ab74937d325872ccb30e0abc11
7月 23 12:03:35 localhost dockerd[9842]: time="2021-07-23T12:03:35.568267978+08:00" level=info msg="Removing stale sandbox 60b8d99023dec5a06fe79d1a4dd0ce51226cb628
7月 23 12:03:35 localhost dockerd[9842]: time="2021-07-23T12:03:35.609123821+08:00" level=warning msg="Error (Unable to complete atomic operation, key modified) de
7月 23 12:03:36 localhost dockerd[9842]: time="2021-07-23T12:03:36.246249017+08:00" level=info msg="Removing stale sandbox 9219163d9e024c09c96e8d6f17ce1be041af38c9
7月 23 12:03:36 localhost dockerd[9842]: time="2021-07-23T12:03:36.250408403+08:00" level=warning msg="Error (Unable to complete atomic operation, key modified) de
7月 23 12:03:36 localhost dockerd[9842]: time="2021-07-23T12:03:36.905894004+08:00" level=info msg="Removing stale sandbox a359e49097d56a1a0c4556ea9eeb941815d40a91
7月 23 12:03:36 localhost dockerd[9842]: time="2021-07-23T12:03:36.913864681+08:00" level=warning msg="Error (Unable to complete atomic operation, key modified) de
7月 23 12:03:37 localhost dockerd[9842]: time="2021-07-23T12:03:37.361446016+08:00" level=info msg="Removing stale sandbox 2d8188195776e5c418a3ba1488b33dedecadb56a
7月 23 12:03:37 localhost dockerd[9842]: time="2021-07-23T12:03:37.375679868+08:00" level=warning msg="Error (Unable to complete atomic operation, key modified) de
7月 23 12:03:37 localhost dockerd[9842]: time="2021-07-23T12:03:37.899255469+08:00" level=info msg="Removing stale sandbox 4ae5a67d1d3e2d359c398da838b2ceb1678f87d7
7月 23 12:03:37 localhost dockerd[9842]: time="2021-07-23T12:03:37.921093799+08:00" level=warning msg="Error (Unable to complete atomic operation, key modified) de
7月 23 12:03:38 localhost dockerd[9842]: time="2021-07-23T12:03:38.055868163+08:00" level=info msg="Default bridge (docker0) is assigned with an IP address 172.17.
7月 23 12:03:39 localhost dockerd[9842]: time="2021-07-23T12:03:39.115470055+08:00" level=error msg="2ddc3b83b705801a71878e9c5d41a84ad399c0cf754b3de9332fce7ebdfe43
7月 23 12:03:39 localhost dockerd[9842]: time="2021-07-23T12:03:39.115509912+08:00" level=error msg="failed to start container" container=2ddc3b83b705801a71878e9c5
7月 23 12:03:39 localhost dockerd[9842]: time="2021-07-23T12:03:39.115574641+08:00" level=error msg="45defc9a9a396c0677efedb001bc49ba0160ab74937d325872ccb30e0abc11
7月 23 12:03:39 localhost dockerd[9842]: time="2021-07-23T12:03:39.115590247+08:00" level=error msg="failed to start container" container=45defc9a9a396c0677efedb00
7月 23 12:03:44 localhost dockerd[9842]: time="2021-07-23T12:03:44.301203866+08:00" level=info msg="Loading containers: done."
7月 23 12:03:44 localhost dockerd[9842]: time="2021-07-23T12:03:44.713667122+08:00" level=info msg="Docker daemon" commit=363e9a8 graphdriver(s)=overlay2 version=2
7月 23 12:03:44 localhost dockerd[9842]: time="2021-07-23T12:03:44.713832759+08:00" level=info msg="Daemon has completed initialization"
7月 23 12:03:45 localhost systemd[1]: Started Docker Application Container Engine.
7月 23 12:03:45 localhost dockerd[9842]: time="2021-07-23T12:03:45.075369925+08:00" level=info msg="API listen on /var/run/docker.sock"
7月 23 14:38:55 localhost dockerd[9842]: time="2021-07-23T14:38:55.631231622+08:00" level=info msg="Configured log driver does not support reads, enabling local fi
7月 23 14:38:57 localhost 053bf1393172[9842]: /docker-entrypoint.sh: /docker-entrypoint.d/ is not empty, will attempt to perform configuration
7月 23 14:38:57 localhost 053bf1393172[9842]: /docker-entrypoint.sh: Looking for shell scripts in /docker-entrypoint.d/
7月 23 14:38:57 localhost 053bf1393172[9842]: /docker-entrypoint.sh: Launching /docker-entrypoint.d/10-listen-on-ipv6-by-default.sh
7月 23 14:38:57 localhost 053bf1393172[9842]: 10-listen-on-ipv6-by-default.sh: info: Getting the checksum of /etc/nginx/conf.d/default.conf
7月 23 14:38:57 localhost 053bf1393172[9842]: 10-listen-on-ipv6-by-default.sh: info: Enabled listen on IPv6 in /etc/nginx/conf.d/default.conf
7月 23 14:38:57 localhost 053bf1393172[9842]: /docker-entrypoint.sh: Launching /docker-entrypoint.d/20-envsubst-on-templates.sh
7月 23 14:38:57 localhost 053bf1393172[9842]: /docker-entrypoint.sh: Launching /docker-entrypoint.d/30-tune-worker-processes.sh
7月 23 14:38:57 localhost 053bf1393172[9842]: /docker-entrypoint.sh: Configuration complete; ready for start up
7月 23 14:38:57 localhost 053bf1393172[9842]: 2021/07/23 06:38:57 [notice] 1#1: using the "epoll" event method
7月 23 14:38:57 localhost 053bf1393172[9842]: 2021/07/23 06:38:57 [notice] 1#1: nginx/1.21.1
7月 23 14:38:57 localhost 053bf1393172[9842]: 2021/07/23 06:38:57 [notice] 1#1: built by gcc 8.3.0 (Debian 8.3.0-6)
7月 23 14:38:57 localhost 053bf1393172[9842]: 2021/07/23 06:38:57 [notice] 1#1: OS: Linux 3.10.0-957.el7.x86_64
7月 23 14:38:57 localhost 053bf1393172[9842]: 2021/07/23 06:38:57 [notice] 1#1: getrlimit(RLIMIT_NOFILE): 1048576:1048576
7月 23 14:38:57 localhost 053bf1393172[9842]: 2021/07/23 06:38:57 [notice] 1#1: start worker processes
7月 23 14:38:57 localhost 053bf1393172[9842]: 2021/07/23 06:38:57 [notice] 1#1: start worker process 31
7月 23 18:16:29 localhost dockerd[9842]: time="2021-07-23T18:16:29.235431129+08:00" level=info msg="ignoring event" container=b5a099f4879cc312428e97e164934bc254883
lines 1-51/51 (END)
[root@localhost ~]#
```

图 10.6  查看 Docker 守护进程日志

在其他操作系统中也可以查看相应的日志文件，常用 Linux 操作系统中的 Docker 守护进程日志位于/var/log/messages 目录下。

## 项目小结

本项目包含 5 个任务。

任务 10.1：Docker 存在的安全问题，主要讲解了 Docker 源代码问题、Docker 容器与虚拟机的安全性问题。

任务 10.2：Docker 架构的缺陷与安全机制，主要讲解了 Docker 架构的缺陷、Docker 安全机制。

任务 10.3：Docker 容器监控与日志管理，主要讲解了 Docker 监控工具、容器日志输出命令 docker logs、第三方日志工具、容器日志驱动、使用 docker logs 命令查看容器日志、查看 Docker 服务器的各种事件信息。

任务 10.4：容器监控及其配置，主要讲解了查看当前容器列表信息、查看容器中运行的进程的信息、查看容器的系统资源使用情况、查看容器相关信息、查看容器日志、将容器的日志重定向到 Linux 日志系统。

任务 10.5：Docker 守护进程配置与管理，主要讲解了格式化命令的输出、从 Docker 守护进程获取实时事件、查看 Docker 守护进程日志。

## 课后习题

**1. 选择题**

（1）docker logs 的选项（　　）用于显示某个开始时间的所有日志。

　　A. --details　　B. --follow　　C. --since　　D. --until

（2）docker events 的选项（　　）用于表示根据条件过滤事件。

　　A. –f　　B. --since　　C. --until　　D. --details

**2. 简答题**

（1）简述 Docker 存在的安全问题。

（2）简述 Docker 架构的缺陷。

（3）简述 Docker 安全机制。